高山の大気環境と渓流水質

― 屋久島と高山・離島 ―

永淵 修・海老瀬 潜一 著

技報堂出版

書籍のコピー，スキャン，デジタル化等による複製は，
著作権法上での例外を除き禁じられています。

序章にかえて──大気環境・沈着物と渓流水質

　日本の大河の第一歩は高山に始まる。そこは，山岳大気と流域の高山との接点であり，河川源流域の渓流水質の定まる場である。大気由来の沈着物負荷に，地理・地形や岩石・土壌等の地質と，その地表と気候・気象に適用した植生が重なる。高山には，地域特有の上昇気流や高層大気の気団移動に左右される湿性および乾性沈着物が負荷される。この河川源流域への沈着物負荷の入力（input）に対して，源流域というフィールドの応答（response）の結果としての出力（output）が渓流水質である。したがって，高山源流域は渓流水質形成の場であり，降水から陸水への水質変換の場として重要なフィールドである。

　河川は流下に伴い土地利用が変化して人為汚濁が加わるため，源流域の渓流水質が人為汚濁のない自然状態の流出でのバックグラウンド水質，あるいは，ベース水質の位置を占める。この渓流水質濃度，すなわち，バックグラウンド水質あるいはベース水質を知ることが，河川の水質管理には肝要であり，渓流の水質レベルは河川行政の基礎資料ともなる。

　沈着物（deposition）は大気塊の移動によって運ばれ，雨や雪，霧等の水蒸気に含まれて沈着する湿性沈着物（wet deposition）と，晴天時にガス・エアロゾル・粒子状物質等で沈着する乾性沈着物（dry deposition）がある。それらは地表から巻き上げられた微小の土壌粒子や生物起因の有機物細片，花粉などのほか，山火事等の排煙や火山の噴出物，海面からの海塩（sea salt）のような自然起源のものや，工場・家庭・自動車・船舶・航空機等からの排煙・排ガスのような人為起源のものからなる。これらが流域地表面に負荷され，自然の循環系に加わって渓流に流出する。この大気からの種々の負荷の沈着過程は大気環境化学のフィールドである。この大気と高山との接点が河川源流域であり，その沈着過程を明らかにして，渓流水質の高度分布や方位分布への影響を評価することには意義がある。

　岩石・土壌や植生由来の地表からの流出物と，大気からの沈着物を加えた負荷の流出は，気象・水文条件に支配されるが，負荷される沈着物量には地域差がある。地理・地形因子に加えて，降水量，風向・風速，気温，日照時間など気象には方位や高度により差異が見られる。したがって，渓流の水質濃度や負荷量にも高度や方位に分布が生じる。地理・地形および気象・水文条件は渓流水質変化の重要な支配因子となり，調査対象フィールドの立地条件によっては，その影響を色濃く反映した結果を顕著にとらえることができる。

　とくに，孤立峰高山や脊梁山地では風上側と風下側で降水量の差違が見られ，気象学的には注目される特異なフィールドである。卓越風と山腹斜面に沿った上昇気流がぶつかる高山の高度や形状の条件の違いで影響の現れ方が異なる。気流の障壁となる高山形状と，その典型的な地理的立地条件として，日本海・東シナ海側の円錐形状高山の四周斜面や南北に連なる脊梁山脈の東西両側斜面などが挙げられる。

　これら特異な形状と地理的立地条件下では，大気汚染を反映した高山への沈着物負荷の影響結果としての渓流群水質分布には差違が生じる。渓流群の方位的配置に恵まれ，渓流数の多いものが，

統計解析上では望ましい調査対象となる。この渓流水質の流出過程は水質水文学のフィールドである。同一の水文条件で多数の渓流群の水質の高度分布や季節変化を統計的に明らかにし，降雨時流出等の水質流出特性を知ることは，人為汚染のないバックグラウンドの特性を理解する上での必須事項である。しかし，大気環境化学と水質水文学の両方をカバーした専門書はこれまでなかった。

　卓越風として偏西風帯に位置する日本列島で，近隣の人為的な大気汚染源等による沈着影響を避けて，中国大陸方面からの大気汚染物質の長距離輸送による沈着影響に注目すれば，東シナ海・日本海に面した規模の大きな高山や山地で，その影響が顕著となる。その中でも，地形的には，孤立峰の高山，円錐形状で人口の少ない離島，南北に連なる脊梁山地がその有力な対象フィールドである。また，凸状の孤立峰高山の対照として，凹状窪地で四周を高山群に囲まれた盆地に流下する渓流群も注目に値する。

　まだ知り合っていなかった著者の二人が期せずして選び，1992年の夏にひと月違いで足を踏み入れた調査フィールドの屋久島は，不思議な島である。ほぼ円形の島中央部に1 800 mを超える8つもの高峰が集中し，円形と言うよりも平べったい円錐形といえる。琉球弧とも呼ばれる琉球諸島を含む南西諸島の北端にあり，薩南諸島の中で北寄りの大隅諸島に属している。火山島や珊瑚礁の島ではなく，東シナ海と太平洋を分けて屹立し，海中から隆起した九州一の高山の宮之浦岳を擁する。冬季には冠雪し，中国大陸の上海とは800 kmの真西に対峙する位置にあって，普段は偏西風の通り道であるが，夏季には北太平洋上で発生した台風の常襲コースでもある。

　この屋久島を主対象にして，沈着物負荷や渓流水質分布の特性を見極めるにとどまらず，全国の高山や離島を選んで比較した貴重なフィールド調査研究のおよそ数十年間の成果をまとめたものがこの書である。近隣からの人為汚染影響がほとんどない環境の高山や離島では，大気中の汚染物質濃度だけでなく，渓流水も沈着した降水そのものに近いこともあって，低濃度のため計測にも試料採取に劣らぬ苦労を伴う。

　高山や離島のフィールドへのアクセスは容易でなく，マンパワーに頼らざるをえないことが少なくない。多難を伴うフィールド調査ゆえに，その多くの実態計測は貴重な産物であろう。読者のフィールド調査への興味を引き起こし，実態探求の冒険心をかき立てるのに，少しでも役立つことが著者らの望みである。

　屋久島の大気・渓流・生態調査や，高山・離島の大気・渓流調査では，すべてマンパワーが頼りです。多くの共同研究者や研究協力者の助けや支えがあったからこそ，長年継続できたのです。豪雨や積雪下あるいは夜間に，急峻な山腹をともに登攀し，急流の岩場に張り付いて試料採取や測定を遂行して頂き，機器の運搬や点検などでもご苦労をおかけ致しました。これらの調査でご協力頂いた多くの方々に，まず深甚の感謝を申し上げ，本書が刊行できましたことをご報告させて頂きます。ありがとうございました。本書の刊行では技報堂出版の石井洋平氏をはじめ皆様方にたいへんお世話になりました。厚く御礼申し上げます。

目　　次

第1章　屋久島の地理・地形・気象と大気環境 —— 1

   1.1　屋久島の地理・地形的特徴 …………………………………… 1
   1.2　地質の特徴 …………………………………………………………… 3
   1.3　気象・水文 …………………………………………………………… 3
   1.4　気候と生態的特徴 …………………………………………………… 6
   1.5　大気汚染と沈着物負荷の観測 ……………………………………… 7

第2章　屋久島の沈着物負荷特性 —— 11

   2.1　沈着物負荷とは ……………………………………………………… 11
   2.2　屋久島の調査フィールドとしての意味 …………………………… 13
   2.3　樹氷とは ……………………………………………………………… 14
   2.4　樹氷と雪の化学成分 ………………………………………………… 15
   2.5　屋久島の樹氷 ………………………………………………………… 19
   2.6　屋久島の粒子状物質 ………………………………………………… 21
   2.7　屋久島の水銀沈着負荷量の高度分布 ……………………………… 23
   2.8　西部林道での林内雨・林外雨 ……………………………………… 26

第3章　屋久島の越境大気汚染の現状と森林生態系への影響 —— 29

   3.1　越境大気汚染の現状 ………………………………………………… 29
   3.2　オゾンの植生への影響評価 ………………………………………… 32
   3.3　大気汚染物質による樹木衰退の現状 ……………………………… 35
   3.4　乾性沈着物の針葉への影響 ………………………………………… 36
   3.5　炭素・酸素安定同位体比による樹木影響評価 …………………… 39
   3.6　年輪解析 ……………………………………………………………… 40
   3.7　口永良部島の火山噴火影響 ………………………………………… 42

第4章　渓流水質の高度分布・方位分布 —— 47

   4.1　渓流水質と高度 ……………………………………………………… 47
   4.2　河川地形と流下時間 ………………………………………………… 48

4.3	中央山岳部渓流水質	49
4.4	屋久島渓流水の水質形成過程	52
4.5	安房川・宮之浦川	58
4.6	小楊子川・黒味川・鯛之川	60
4.7	川原川・半山川	62
4.8	全島河川の方位分布	68
4.9	山腹斜面の方位による水質差違	72
4.10	豪雨時の渓流水質の変化	73
4.11	初期降雨による渓流水質の変化	76
4.12	一湊川とヤクシマカワゴロモ	77
4.13	全島河川の水質の経年変化	81

第5章　孤立峰の沈着物負荷の特徴 ―――――――――――――――― 85

5.1	富士山	85
5.2	漢拏山	89
5.3	伊吹山	91
5.4	大山の樹氷	96
5.5	九州山地の樹氷	98
5.6	利尻山	100
5.7	乗鞍岳	102
5.8	谷川岳	106

第6章　孤立高山の渓流水質方位分布 ―――――――――――――― 113

6.1	孤立峰の気象・水文特性と渓流調査	113
6.2	羊蹄山・大雪山・十勝岳	115
6.3	下北半島恐山	122
6.4	岩木山・鳥海山・大山	125
6.5	月山・朝日岳・飯豊山	134
6.6	筑波山	142
6.7	御嶽山	145
6.8	多良岳・九重山・国東半島両子山	147

第7章　脊梁山脈と渓流河川 ―――――――――――――――――― 155

| 7.1 | 脊梁山脈と障壁作用 | 155 |
| 7.2 | 両白山地 | 156 |

  7.3 伊吹山地 ··· 159

第 8 章 離島の渓流水位分布 ──────────────────────── 163

  8.1 離島の山地と渓流 ·· 163
  8.2 利尻島 ·· 163
  8.3 佐渡島大佐渡山地 ·· 165
  8.4 隠岐島後 ·· 168
  8.5 天草下島 ·· 171
  8.6 対馬上島・下島 ··· 173

第 9 章 盆地形状山麓渓流の水質分布 ─────────────── 179

  9.1 凸状山地に対する凹状盆地 ··· 179
  9.2 甲府盆地 ·· 179
  9.3 琵琶湖湖西流域 ··· 182
  9.4 琵琶湖湖北流域 ··· 184
  9.5 琵琶湖比良山地 ··· 189

索　引 ··· 195

第1章　屋久島の地理・地形・気象と大気環境

1.1　屋久島の地理・地形的特徴

　1993年にユネスコ（UNESCO）の世界自然遺産に登録された屋久島（面積505 km^2）は，図-1.1.1に示す日本列島の南西部に位置し，鹿児島県の大隅半島南端の佐田岬からは南南西に約60 kmの距離にある。大きくは南西諸島に属してその北端にあり，中国大陸の上海からは東に約800 kmの近さである。屋久島のほぼ中心にそびえる九州一の高山の宮之浦岳（標高1 936 m）は，ほぼ北緯30°20′，東経130°30′の位置にある。

　東側約13 km沖にあり，細長い形状で，最高標高が282 mの種子島（面積445 km^2）や，西側約

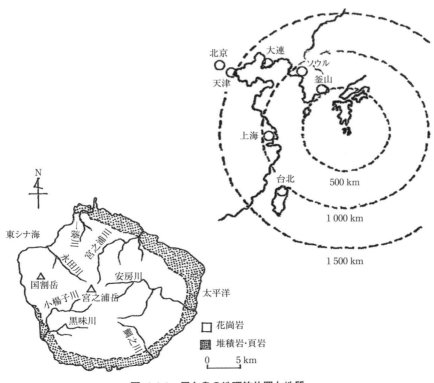

図-1.1.1　屋久島の地理的位置と地質

12 km 沖にあって 2015 年 5 月 29 日に大規模噴火した口之永良部島（面積 38 km²）などとともに，薩南諸島の中の大隅諸島に属している。これらの島々は東シナ海と太平洋を分ける形となり，東西両側を黒潮が流れる。

　屋久島の面積は，本州等の四島を除くと 9 番目の大きさとなる。島の形状は，**図 -1.1.2** のように，五角形に近い半径約 13 km のほぼ円形であり，島全体的としては，勾配が 1：6.7（約 15 ％）の平べったい円錐形状でもある。海岸部に平地がほとんどないため，海から立ち上がった山岳島としての自然が残されている。

　屋久島中央の高山部には，九州地方で最高峰の宮之浦岳（標高 1 936 m）をはじめ，北側からネマチ（同 1 814 m），永田岳（同 1 886 m），宮之浦岳，栗生岳（同 1 867 m），翁岳（同 1 860 m），安房岳（同 1 830 m），投石岳（同 1 830 m），黒味岳（同 1 831 m）の 1 800 m を超える 8 座などの奥岳群と，それらの外側を取り囲むように位置する 1 500 m 前後の山々の前岳群がある。屋久島は海上に屹立するこれらの高山群で構成され，冬季には冠雪する冬山状況が出現し，洋上アルプスと称される高山島である。このような高山島は，日本国内では他に，北海道の北端に位置し，島嶼で 18 番目に大きい面積の利尻島（約 182 km²，利尻山（標高 1 721 m））が存在するくらいである。

　宮之浦岳は島の中央よりやや南西寄りであるが，1 800 m を超える奥岳群から円周形状の海岸部に向かって多数の渓流河川群が放射状に流下している。渓流の流域内では基盤岩層が露出し，多くの滝の存在からもわかるように，すべてが急勾配の渓流である。しかも，年間を通して多雨のため，急峻な斜面は浸食作用を受けて土壌層厚さが薄いという特徴にもかかわらず，植生が密で水が枯れることもなく，流水が常時存在するのが特徴である。

　島全体が山岳島となっているため，平地は海岸部に海成段丘としてわずかに存在するだけで，と

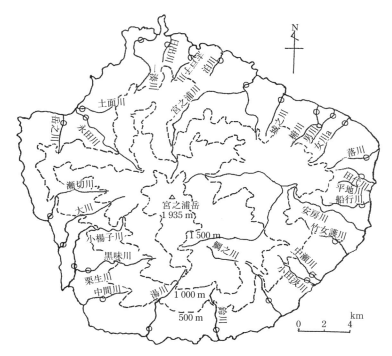

図 -1.1.2　屋久島の主要な渓流と調査地点

くに西南部は海岸から切り立った山岳となっており，平地は存在しない。水田は，北西側の永田川左岸側と一湊川下流部などにまとまって存在するほかは，東や南側に少しずつ存在するのみである。丘陵地は南東や東側に多く，たんかん・ぽんかんの柑橘類や茶のほか，甘藷等の野菜や花卉類を主要作物とする樹園地や畑地なっている。

1.2　地質の特徴

　大隅諸島は，全体的には西南日本外帯の四万十帯に属する。屋久島の北西側を除いた海岸低地（海成段丘）は 4000 万年ほど前の日向層群（熊毛層群）の第三紀堆積岩から成り，中央寄りの高地部と北西側海岸部は 1550 万年前にマグマが上昇し，屋久島花崗岩として広く覆っている。すなわち，過去 4000 万年の間に，日向層群を貫入した花崗岩が隆起して山岳高地が形成された地形となっている[1)-3)]。したがって，北西側を除いた周縁海岸部は砂岩や泥岩の堆積層の低地部と，わずかに南西寄りの中央高地部が花崗岩で構成された分布状況となっている[4)]。

　中央部の基盤岩はこの花崗岩で構成され，正長石の結晶を含む花崗岩は，風化によって正長石のみが取り残された形で見られることも多い。表層部の日向層群や花崗岩は屋久島特有の強雨や多雨による浸食作用を受けて，花崗岩が地表に露出し，急斜面を崩落して，現在の低地谷部の渓流河床付近に集まっている。

　屋久島の北西側約 50 km の鬼界カルデラから 6300 年前に噴出した火砕流（幸屋火砕流）が屋久島を襲ったため，植生は全滅状態となり，軽石を含む堆積物が覆ったとされ，屋久島の動植物の生命体のほとんどはこれ以降に芽生えたものと推測されている。この火山灰の堆積物の厚さは多い所で 1 m，少ない所で 20～30 cm と報告されており，この土壌層が豪雨による浸食作用を受けて流出したため，島内全般に土壌層は薄くなっている[1),5)]。

　屋久島内の南部の平内，湯泊および尾之間のほか，北東部の楠川に温泉があり，北部の一湊には大浦温泉があった。これらはいずれも海岸沿いにあって，断層の割れ目に地下水が侵入して湧き出したと考えられる。楠川温泉と大浦温泉が単純泉で，他は硫黄泉である。また，屋久島内には，かつては北東側や東および南側山麓部にタングステン鉱山も存在した[1)]。

　東側の田代の海岸部には枕状溶岩が見られるほか，日向層群に砂岩・礫岩も見られる。北西側の永田川河口部の永田浜は永田川・土面川・岳之川などから供給された砂浜となっており，アカウミガメが産卵するため，2005 年にラムサール条約の登録地となった。南西側の栗生の海岸部には離水サンゴ礁が見られるほか，メヒルギ等のマングローブ林も形成されている。

1.3　気象・水文

　屋久島は，アジアモンスーン気候帯の東端にあり，太平洋と東シナ海を分けて位置する高山島であるが，黒潮（日本海流）や対馬海流にわかれた世界最大の暖流に取り囲まれており，亜熱帯気候と温帯気候の境界付近にあるため，温暖多湿の気候である。

　屋久島の気象観測所は，かつては北端部の矢筈崎の付け根に当たる一湊地区の，一湊川河口部右岸側の松山に，1937 年 10 月 28 日から測候所として存在した。東側の小瀬田地区に屋久島空港

が建設されることになり，空港の建設前の空港予定地に空港出張所が開設されていたが，1975 年 4 月 1 日に現在の屋久島空港に正式に移設された。屋久島は北太平洋上で発生した台風の通り道で，人工衛星による気象観測が始まるまで九州をはじめ日本列島への進路を見極める重要な位置を占め，署員が常在する気象官署であった。しかし，近年の気象観測の自動化と通信設備の高度化に伴って，2008 年 10 月 1 日に屋久島測候所は富士山測候所などとともに，特別地域気象観測所として無人化された。ちなみに，隣の種子島測候所は屋久島よりも 1 年早い 2007 年 10 月 1 日に同様の措置がとられている。

　屋久島南部の尾之間には，地域気象観測所（AMeDAS：Automated Meteorological Data Acquisition System）が 1977 年 3 月 4 日から存在する。これら 2 箇所の気象観測所では，1981 年以降の 30 年間の同じ地点でのデータが存在するので，1981～2010 年の平年値で一般的な気象特性を論じることができる。屋久島特別地域気象観測所と尾之間地域気象観測所の 1981～2010 年の平年値の年降水量，平均気温，日照時間および最多風向を**表 -1.3.1** に示す[6]。これら両観測地点の月別降水量の平年値を**図 -1.3.1** に，年降水量の経年変化を**図 -1.3.2** に示す。

　島東側の屋久島空港（小瀬田）と南側の尾之間は直線距離で約 15 km ある。小瀬田は平均気温が 19.4℃ で 0.8℃，平均最低気温は 16.3℃ で 1.1℃，平均最高気温は 22.6℃ で 0.8℃，尾之間より低い。同じく年降水量は 4 477 mm と多く，尾之間の年降水量 3 246 mm のおよそ 1.4 倍である。また，小瀬田の年間日照時間の平年値は 1 531 時間と全国平均並みの値であるが，尾之間では東側より約 400 時間も多い。

表 -1.3.1　屋久島と尾之間の気象平年値の比較（1981～2010 年：＊のみ 1986～2010 年）

	月	1月	2月	3月	4月	5月	6月	7月	8月	9月	10月	11月	12月	年間
気温 (℃)	屋久島	11.6	12.1	14.3	17.7	20.8	23.6	26.9	27.2	25.5	21.9	17.9	13.6	19.4
	尾之間	12.5	13	15.1	18.3	21.4	24	27.4	27.6	26.1	22.6	18.8	14.6	20.2
降水量 (mm)	屋久島	273	287	428	422	441	774	312	269	406	300	304	263	4 477
	尾之間	138	158	299	352	374	608	275	263	252	202	179	110	3 246
日照時間 (hrs)	屋久島	74	79	107	138	152	116	221	201	145	120	96	84	1 531
	尾之間	133	128	139	153	162	121	220	221	183	179	144	146	1 927
最多風向＊	屋久島	NW	NW	NW	NW	NW	S	WSW	SSE	WSW	NW	NW	NW	NW

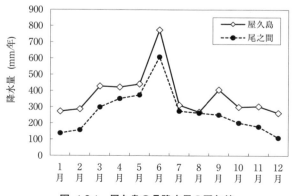

図 -1.3.1　屋久島の月降水量の平年値

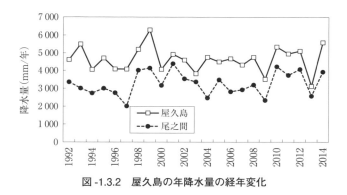

図-1.3.2　屋久島の年降水量の経年変化

　このように，尾之間は小瀬田より日照時間が多く，気温が高くて晴天も多い。尾之間の最多風向の観測値はないが，平均風速は小瀬田で5.5 m/s，尾之間で3.4 m/sと，尾之間は小瀬田より風も弱くて，静穏である。この高山島で，海岸低地にある東側と南側の2つの観測地点から見ても，気象条件に地域的な差違が見られる。

　したがって，高度差があって，かつ，前岳と奥岳とに囲まれた複雑な地形の山岳部内でも，気象条件の違いが予測できる。屋久島の高山群は冬季に冠雪し，積雪が見られる日本の南限でもある。島内中央高山部では，海岸低地部よりはるかに多い年降水量が観測されており[6),7)]，蒸発散による水蒸気発生量に加えて降水時間や降水量の多さによって，山腹上空での偏西風でもたらされる大気汚染物質を捕捉する機会が多くなる[9)]。この湿性の酸性沈着物量の多いことと[11),12)]，東側で観測された北西の最多風向によって，渓流水質の方位分布への影響が大きいと考えられる。

　ちなみに，屋久島の年降水量の平年値は，かつての気象官署全体の中でも最多の記録であろう。その最多年降水量は1975年以降では，1999年の6 294.5 mmで，最少年降水量は2013年の3 126 mmである。一方，AMeDAS地域気象観測所での年降水量の平年値は，宮崎県えびのの4 393 mmが最多である。えびのでは最多年降水量が1993年の8 670 mmで，気象官署の屋久島での1995年の6 294.5 mmよりもかなり多い。

　屋久島が，1964年3月16日に霧島国立公園（2013年からは独立した屋久島国立公園に改編された）へ編入されるに伴って行われた生物を中心とした自然科学の研究では，地理・地形・地質や生物に加えて気象調査が行われている。林道や登山道等で比較的アクセスしやすい高山部における調査報告書では，安房川中流部の小杉谷小・中学校跡地（標高約660 m）の1年間降水量が約7 000 mmと大きいことが示された。さらに，1998年から屋久島森林管理署によって，島内の高山部5箇所で降水量の自動観測が継続されている。その結果では，鯛之川上流部の宮之浦岳登山口（標高約1 370 m）での1年間降水量が8 000 mmを超えている[8)]。これら実測値の調査期間が暦年区切りの1年間ではないため，他の記録との直接比較は難しいが，年降水量の多さの実態を明らかにした貴重な記録である。

　流量観測は，尾立ダム湖新設を含む水力発電所の建設に際して，安房川の中流部の本・支川で実施されている。今でも本川の小杉谷上流の尾立ダム取水堰の上流側には，流量観測用ゴンドラ施設が残されている。尾立ダム湖では，水位記録によって貯水量変化として流入量が推定できる。それはつまり安房川本川からの取水量と荒川支川からの流入量の合計値である。鯛之川の千尋滝にもさらに小規模の水力発電所があり，取水計画時には流量観測されていたと推測される。ちなみに，岳

之川には島内最古の水力発電設備がある。

　過去には，永田川や小楊子川・黒味川でもダム湖を含む水力発電計画があり，同様の流量観測用ゴンドラ施設が残されている。いずれの場合も，急流の河床には巨岩がゴロゴロ存在するため，比較的穏やかな流下区間に設けられている。しかし，多雨で豪雨が頻発する屋久島ゆえに，出水時の正確な流量計測はきわめて困難であったと予測できる。このように，屋久島では比較的規模の大きな河川であっても，現在，流量観測は行われていない状況にある。

1.4　気候と生態的特徴

　屋久島は，南から北上する黒潮に洗われる位置にあり，海岸低地部の気温は高くて，亜熱帯気候と言われる温暖さである。しかし，島中央部の高山は1 800 mの標高に達するため，冬季に冠雪するほど気温は低く，亜寒帯の気候を呈している。平均気温は，海岸部の20℃前後から山頂付近のおよそ8℃までの鉛直分布となる。また，海面から突き出た形の山岳島の屋久島は，平地がほとんどなく，平均標高はおよそ600 mと高く，山麓から高山部にかけて多様な生態系となっている。

　氷河期には海面が低下して九州や近隣の島々などとともに中国大陸と陸続きであった。およそ6300年前に，北西側約50 kmの海中の鬼界カルデラの噴火に伴う火砕流に襲われた屋久島では，その後，離島として動植物が独自の進化をとげて，固有種となった生物が多い。さらに，島西部の国割岳（標高1 323 m）山腹斜面の照葉樹林帯にわずかに生存するヤクタネゴヨウや，高山部の岩の裂け目に生存するヤクシマリンドウのように絶滅危惧種であるものも少なくない。

　暖流の黒潮に洗われる島南側の栗生地区では，南東側の海岸近くの岩礁部に，多くはないがサンゴ礁が見られ，熱帯に生息する色鮮やかな魚やウミガメの遊泳も見られる。また，栗生浜付近の浅い海岸部にはメヒルギなどのマングローブ林も存在する。

　屋久島の植生では，ヤクスギに代表されるように，全体的な林相としては，スギを主とした針葉樹が島の多くを覆っている。しかし，南西部寄りの西部林道側には照葉樹林帯があり，世界自然遺産地区に入っている[9]-[12]。この照葉樹林帯には，種子島と屋久島のみにわずかに生息するヤクタネゴヨウという貴重種の存在もある。山岳の中腹部では，ヤクシマアセビの群落や，春季にヤマザクラやサクラツツジ，初夏にはヤクシマシャクナゲの花々が見られる。ヤクシマシャクナゲは，夏に着けたつぼみが冬を越して咲く。その生育分布は，標高1 600 mの森林限界近くから中腹部の林内まで高低方向に幅広く，咲き始めのピンクから満開時の純白への変化が見られる。また，渓流の水辺近くには晩春から夏季までサツキの花が見られる。山麓にはテッポウユリが見られる[13]。

　高山の尾根筋は風当たりがきわめて強い。屋久島は台風の通り道でもある。その風に大気汚染物質が高濃度で含まれていれば，その被害はさらに大きくなる。根元での水分の保持も難しい地形の険しさのため，多雨にもかかわらず水ストレスにも陥りかねない。尾根筋で何とか生長できても，他から抜きんでた樹高になると，強い風に枝葉をもぎ取られ，幹も捩れて，ついには尖端部を折られて力尽きて，白骨樹となってしまう木々が多い。冬季には，水分を多量に含む積雪が枝葉をもぎ取る被害をもたらす。その白骨樹の多くはヤクスギである。

　海面から山麓を経て急勾配の山腹斜面を上昇する水蒸気は霧状となって，上空では冷やされて偏西風とぶつかり，高山部に大量の降雨をもたらす。多雨で常時流水の存在する渓流群がたくさんあ

り，水の島とも称されるゆえんである。その温暖な気候により，海面や植生から活発な蒸散に伴う霧状の水蒸気が山腹斜面を駆け上がるため，山地の湿度が高くて，地表の土壌表面はもとより，湿原のほか樹皮上や岩石上にもコケが密生する。

屋久島は約600種とも言われる多種多様なコケに覆われるコケの島でもある[14]。しかも，その急斜面上での付着基盤条件の悪さを補うように，密集したコケ群落内に多量の降水を溜めながら生息し続けているのも特徴である。水蒸気が立ち上り，たれ込む高山部は雲霧帯と言われ，日照時間の少ない中で育ったヤクスギにはコケの着生する木が多いのに対して，落葉樹で高木のヒメシャラは毎年樹皮を更新するためにコケの着生がないのが特徴でもある。また，屋久島はスギが自生する南限とも言われる。

ヤクスギランドや紀元杉の先の宮之浦岳登山口から淀川を越えて宮之浦岳登山道沿いには，小花之江河（標高1 620 m）や花之江河（同1 640 m）の高層湿原が存在し，この高層湿原も日本の南限になる。湿原表面はミズコケで覆い尽くされている。森林限界とされる標高1 600 m付近から高山部はヤクザサが優占する。

島内の大型動物はヤクシカとヤクザルである。近年，ヤクシカの増加が目立ち，ヤクシカによる樹皮の食性被害が多く報告されている。雨が多い環境のためか，登山道では大きめで動きの鈍いヤクシマタゴガエルやヒキガエルを見かけることも多い。山内のいくつかの地域にはヒルが生息し，主として夏季に，調査中に取り付かれることもある。

北西部の永田地区の海岸は，永田川・土面川・岳之川などからの砂の豊富な供給があり，砂浜が続いて，アカウミガメの産卵地ともなっている。アカウミガメの上陸数は，日本で最多と言われている。この地区は，2005年にラムサール条約の指定を受けて，住民によるアカウミガメの観察・保護が続けられている。屋久島には，沖縄本島や奄美大島のような島固有の野鳥はいないが[15]，東南アジアからこれら南方の島々を経て日本列島を経由して，朝鮮半島やシベリアに渡る旅鳥が立ち寄る島である。また，1年中島内で暮らす留鳥も多く，海岸部や山間部でも見かけることが多い。

渓流の上流部は，河床勾配が急で，流速が大きく，付着藻類等生物膜の増殖には不向きな上に，頻繁な豪雨の流出による剥離が加わって，その現存量はきわめて少ない。しかし，鹿児島で養殖されたヤマメがかつて放流され，流域規模の大きい河川上流部には今も魚影によりその生息が確かめられている。

島北側の一湊川は，島内で唯一，中下流部で狭い低地部を蛇行して流下する。下流部には海水が侵入する汽水域が存在するが，中流部の淡水域には絶滅危惧種に指定されるヤクシマカワゴロモが生息している。これについては，著者の一人がその生態と環境状況について詳細な実態調査を行っているので，4.12節で詳しく述べる。

1.5　大気汚染と沈着物負荷の観測

日本では，昭和46年度以降から公害対策として地上での大気汚染物質の濃度観測を行う全国監視システムが構築されてきた。近隣の工場群や交通量の多い沿道の自動車排ガス等を対象にして，人の健康に対する環境基準値とのチェックが行われてきた。大気汚染物質の国設測定局は，2015年度は札幌，箆岳，東京，名古屋，大阪，松江，川崎，尼崎，大牟田の9箇所である。このほか，

都市内での全体的な大気汚染状況の把握ための一般環境測定局（一般局）と，交通量の多い道路沿いの自動車排ガス影響を把握するための自動車排ガス測定局（自排局）に分けて，都道府県や政令指定市等の大規模都市を中心に，全国的な大気汚染物質の常時監視システムが設置されている[16]。

　2013年度では，一般局が1 478局で，自排局が417局であるが，各局での測定項目数が異なっている。二酸化窒素は平均値で，1971年度の一般局0.055 ppm，自排局0.044 ppmから，2013年度にはそれぞれ0.010 ppmと0.020 ppmに減少している。二酸化硫黄では，1971年度は両局で0.027 ppmと0.036 ppmであったが，1985年度までに一般局で0.006 ppm，自排局で0.010 ppmと大きく減少し，その後は漸減して2013年度には両局とも0.002 ppmとなっている。浮遊粒子状物質は，自排局では1974年度の0.162 mg/m^{3}から1980年度の0.042 mg/m^{3}に急減して2013年度の0.022 mg/m^{3}に，一般局では1974年度の0.058 mg/m^{3}から2013年度の0.020 mg/m^{3}に漸減した。光化学オキシダントとしてのO_3濃度は1976年度の両局での0.054 ppmと0.057 ppmから1982年度の一般局0.035 ppm，自排局0.027 ppmに減少した後，漸増を続けて2013年度はそれぞれ0.047 ppm，0.042 ppmと近年は横ばい傾向にある[16]。

　このような大気汚染物質濃度を観測する一般局や自排局は，近隣の大気汚染物質の排出源を対象にして，住民の健康を守るためにその現況濃度の環境基準値とのチェックのために，都市域と交通量の多い道路沿いに設置されている。したがって，平地で人口の密集地域に偏在しており，気象観測の測候所のように，半島尖端の岬や高山山頂付近の遠隔地や過疎地のように，バックグラウンド濃度を呈する地点には，ほとんどないのが特徴である。

　もちろん，屋久島は，大規模で人為的な近隣の大気汚染物質の排出源のない離島であるが，大気汚染物質は国設酸性雨測定所で観測が行われている。屋久島最北端の一湊の標高250 mの山腹で，大気中のSO_2濃度も測定されており，2008〜2012年度は平均値で他の遠隔地の測定所の2倍以上の高濃度の2.2 ppb，O_3濃度は39 ppbであった[17]。

　また，全球的な温暖化監視システムとして，日本でも温室効果ガスの観測を続けている。三陸海岸の岩手県大船渡市三陸町綾里では1987年から観測が行われており，現在では太平洋上の東京都の南鳥島や沖縄県の与那国島，および，南極大陸の昭和基地でも行われている。これらすべて，近隣の人為的汚染源から遠い地点が選ばれている。ちなみに，綾里（標高272 m）での風配図ではわずかに北寄りで西風が卓越風である。

　環境省は1983年度から全国の大気汚染測定所のうちの23箇所で，酸性雨の実態把握，大気汚染物質の長距離輸送の機構解明，大気汚染物質等の生態影響の解明などのためのモニタリングを目的として，国設酸性雨測定所として酸性雨測定を開始した。その後，1994年度に増設や改廃等を行い，2014年度では図-1.5.1のように，北は利尻島から南は沖縄本島辺戸岬まで全国31箇所で，湿性沈着物負荷量や大気汚染物質濃度のモニタリングを行っている。各種試料は自動採取されるため，機器の不具合等が一時的には見られることもあるが，これまで25年以上にわたって測定が継続されている[18]。

　屋久島には国設酸性雨測定所があり，北端の一湊地区の旧一湊中学西側の，東経130°28′51″，北緯30°26′42″の標高250 mの山腹に位置する。その2008〜2012年度の湿性沈着物平均濃度は，平均3 807 mmの降水量に対して，pHは4.6，nss-SO_4^{2-}は11.8 μmol/l，NO_3^-は10.3 μmol/l，NH_4^+は11.9 μmol/l，nss-Ca_2^+は1.4 μmol/lである。この中で，nss-SO_4^{2-}やH^+濃度が他の地点より高い。

1.5 大気汚染と沈着物負荷の観測

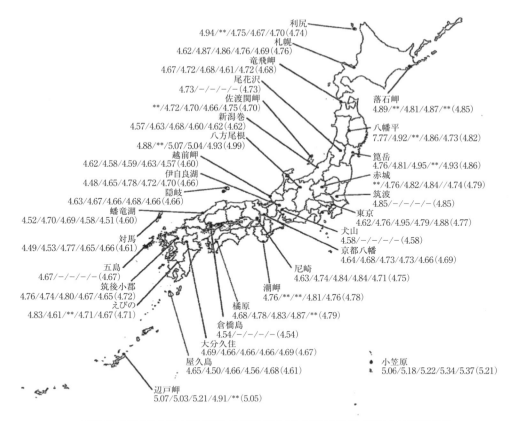

平成20年度/平成21年度/平成22年度/平成23年度/平成24年度（5年間平均値）
－ 測定せず
＊＊ 当該年平均値が有効判定基準に適合せず，棄却された
注1　平均値は降水量加重平均により求めた
注2　尾花沢，筑波，犬山，倉橋島および五島は平成20年度末で測定を休止

図-1.5.1　国設酸性雨測定所によるpH分布図

したがって，沈着物負荷量は，年間降水量の多さもあって，すべての水質項目で他の多くの地点と比べても大きな値となり，nss-SO_4^{2-}やH^+の沈着物負荷量で全地点の中で最大であった[17]。

また，全国の都道府県等の環境関連部局が個々に，同様の湿性および乾性沈着物モニタリングとして観測を継続している。とくに，1991年度から全国環境研協議会の酸性雨広域大気汚染調査研究部会がこれらの測定値の取りまとめを行って，その結果を全国環境研会誌に公表している。初めは「酸性雨調査研究部会」として，第1次調査（1991～1993年度），第2次調査（1995～1997年度），第3次調査（1999～2001年度）を行い，その間の1年間ごとに測定値の取りまとめをしている。湿性沈着物を中心に3年間ごと，その後は乾性沈着物を含めて第4次調査（2003～2008年度）として6か年の調査の後，「酸性雨広域大気汚染調査研究部会」と改称した第5次調査（2009～2013年度）が，継続実施されている[18]。

以上の2つは，1年間を通しての観測値であるが，調査継続中に調査地点の一部変更や調査項目数にも増減が見られる。全国環境研協議会の第1次調査は，現在の第5次調査の2倍以上で，140地点もの調査であったことは特筆される。これらの調査地点以外にも，断続的や単発の研究デー

として観測された結果がある。

　全国的に見れば，屋久島，隠岐島後および大山近傍のH^+とSO_4^{2-}の全沈着量は，本州北西部日本海側にある岩木山や鳥海山近辺よりも大きく，屋久島での多さが際立っている。屋久島では，SO_4^{2-}の沈着物平均濃度は特別に高いわけではない。H^+の沈着量は本州北西部日本海側のおよそ1.5倍を超えており，H^+とSO_4^{2-}の沈着量とも年降水量の大きさが負荷量としての沈着量の多さをもたらしている。

　たとえば，佐渡島の大佐渡山地北端の佐渡関岬（標高136 m）ではpHは4.7前後と低くてnss-SO_4^{2-}濃度は高いけれども，年降水量1 200 mm弱と少ないために，H^+やnss-SO_4^{2-}の沈着物負荷量はさほど大きくない[17]。

　隠岐島後には，西北西寄りの海岸部の福浦地区御崎（標高90 m）に国設酸性雨測定所が存在する。真西約330 kmに朝鮮半島があり，中国東北部や南北朝鮮の大気汚染物の影響が考えられる。東シナ海や日本海の他の測定所と比べて年降水量が1 300 mm前後と少ない。湿性沈着物のpHはおよそ4.6で低く，NO_3^--NおよびSO_4^{2-}の濃度はともに全国的に見ると高いけれども，沈着物負荷量では多い方ではない[15]。島内には高山がないため，四周からの海塩の影響は著しいが，酸性沈着物の影響度は明らかではない。

　本州では，岐阜県西北部で福井県境にも近い伊自良湖地点（標高140 m）では，pHは4.6前後と低く，nss-SO_4^{2-}濃度は高い。年降水量が3 000 mm前後と多いために，H^+やnss-SO_4^{2-}の沈着量は屋久島と同じくらいに大きい[17]。伊自良湖は，冬季の積雪が多く，大気汚染物質の長距離輸送や南東側の中京圏からの近隣大気汚染の影響を受けていて，屋久島がほぼ長距離輸送のみの影響であるのとは異なっているのが特徴である。

◎文　献

1) 小笠原正継，齋藤眞，下司信夫，長森英明 (2008)：屋久島の地質—世界遺産の島，四千万年の歴史，グラフィックシリーズ（A1版）9，産業技術総合研究所地質標本館，つくば
2) 岩松暉，小川内良人 (1984)：屋久島小楊子川流域の地質，屋久島原生自然環境保全地域調査報告書，27-39，環境庁自然保護局，p.720
3) 屋久島環境文化財団 (2012)：屋久島の地質ガイド，p.124
4) 奥村公男 (1995)：日本地質図大系，(3)九州地方，p.130，朝倉書店，東京
5) 沼田真 (1984)：序—調査をふりかえって—，屋久島原生自然環境保全地域調査報告書，環境庁自然保護局，p.720
6) 気象庁 (2015)：気象統計情報，http：//www.data.jma.go.jp/
7) 江口卓 (1984)：屋久島の気候—とくに降水量分布の地域特性について，3-26，屋久島原生自然環境保全地域調査報告書，環境庁自然保護局，p.720
8) 屋久島森林環境保全センター (2000)：洋上アルプス，45，林野庁九州森林管理局
9) 高原宏明，松本淳 (2002)：屋久島の降水量分布に関する気候学的研究，地学雑誌，111，pp.726-746
10) 太田五雄 (1993)：屋久島の山岳，p.340，八重岳書房，東京
11) 田川日出夫 (1994)：世界の自然遺産 屋久島，NHKブックス，686，p.192，日本放送出版協会，東京
12) 湯本貴和 (1995)：屋久島—巨大の森と水の島の生態学，ブルーバックス，B-1067，p.206，講談社，東京
13) 屋久島環境文化財団 (2005)：屋久島の植物ガイド，p.133
14) 屋久島環境文化財団 (2005)：屋久島のコケガイド，p.80
15) 屋久島環境文化財団 (2001)：屋久島の野鳥ガイド，p.88
16) 環境省 (2015)：環境白書，平成27年版，http：//www.env.go.jp/polycy/hakusho/h27/
17) 環境省地球環境局 (2013)：越境大気汚染・酸性雨長期モニタリング報告書，平成20～24年度
18) 全国環境研協議会 (2007, 2010-2014)：第4-5次酸性雨全国調査報告書（平成17-24年度），全国環境研会誌，32，pp.35-39

第2章　屋久島の沈着物負荷特性

2.1　沈着物負荷とは

　越境大気汚染問題は，1970年以降に顕在化して，2016年の現在でもシリアスな環境問題であり，早急に解決すべき課題の一つである．まず，1970年代に酸性雨問題が，大きな社会問題として取り上げられた．酸性雨とは，化石燃料の燃焼により大気中に排出された亜硫酸ガス（SO_2）や窒素酸化物（NO_x）が大気中で化学反応を起こし，硫酸や硝酸となり，それが雨，雪，霧あるいはエアロゾル等に吸収・吸着されて，地上に沈着する現象である．ここでは，火山ガス等の自然現象によって生じる酸性雨については除外する．

　この人間活動に由来する酸性雨による環境影響については，ヨーロッパや北米でまず顕在化して，深刻な問題となった．一方，わが国でも酸性雨による建築物の腐食や，山岳地域の植生被害が懸念されている．日本では，雨水の平均pHは4.5〜4.7（第1次酸性雨調査〜第5次酸性雨調査）[1]であるが，とくに，日本海側の地域では，酸性沈着物質中のSO_x負荷量と国内発生源から計算したSO_x負荷量との間でマスバランスがとれず，余剰分は偏西風により中国大陸から輸送されたものではないかと推察されている[2]．

　図-2.1.1のように光化学オキシダントについては，わが国の環境基準では1時間値の平均値が0.06 ppm以下と設定されている．最近のその基準達成率はきわめて悪く，全国に100局程度ある測定局のうち，2009〜2011年度に0.06 ppmを一度も超過しなかった局は0.5 %にも満たない．この光化学オキシダント濃度の増加は，図-2.1.1からもわかるように，国内では原因物質であるNO_xと非メタン炭化水素（NMHC）濃度が減少しているにもかかわらず，オゾン濃度が上昇していることに起因している．すなわち，わが国で発生したものに，中国大陸からの輸送分が上乗せされていることを，示していると考えられる．

　粒子状物質（PM）については，図-2.1.2に示すように，2013年1月〜2月に北京での高濃度汚染がマスコミを賑わせた．しかし，$PM_{2.5}$に関しては，2013年1月に突然濃度が高くなったわけでなく，最近5年間では大きな変動はなかった．しかし，わが国でも2009年に$PM_{2.5}$が環境基準に設定され，2013年1月の北京の高濃度によって，一般に大きな関心をもたれるようになった．$PM_{2.5}$も，光化学オキシダントと同様に環境基準の達成率は低く，越境大気汚染についても同様に議論されている．

　このような大気汚染物質の越境汚染を考察する上で，九州は日本の西側に位置しており中国大陸からの酸性物質の輸送を考察するのに最適の場所である．なぜなら，北半球中緯度域での卓越風

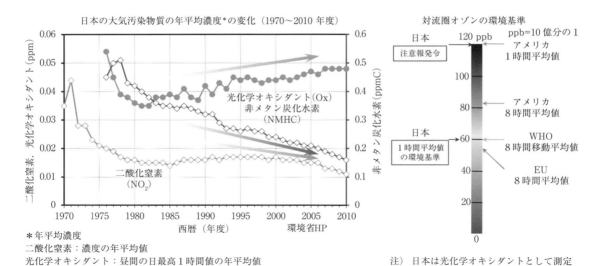

図-2.1.1　日本の大気汚染の状況の変化（環境省ホームページより）

図-2.1.2　北京における大気汚染の状況（2015年10月撮影）（北京空港近く，飛行機の高度が下っているが，かすんでいて地上がぼんやりとしか見えない）

（主な風向）は偏西風であり，化石燃料の消費量の多い地域の東側に位置する地域で最も影響を受けやすい。すなわち，わが国は地理的に東アジア圏の東側に位置しており，その西側である中国大陸で，近年，化石燃料の消費量が増大していることから問題となっている。とくに，中国は世界第2位の石炭産出国であり，エネルギー消費でも図-2.1.3に示すように，米国・ロシアに次いで世界第3位である。このように，わが国の越境大気汚染問題を考えるとき，東アジア圏の経済活動の飛躍的な伸びを考慮に入れて検討する必要がある。

　大気汚染物質の長距離輸送に関する汚染気塊の流跡を追うのによく使われる気象データは，高度850 hPa（約1 500 m）のものである[3]。この高度は大気境界層の上端付近にあたり，地表面の影響をあまり受けない。したがって，海陸風のような局地風の影響が少なく，大気汚染物質を長距離輸送する気団の代表高度とみなすことができる。この高度は，九州高山帯の山頂付近の高度とよく一

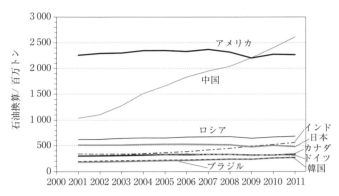

図-2.1.3 東アジア地域における石炭燃料消費量の経年変化（BP statistical review of world energy 2012 より）

致している。しかし，標高1700～1900 mの高地に観測機器を設置することは困難である。なぜなら，九州山岳地帯の山頂部への到達手段（高度差1000 m）は大部分，徒歩に頼らざるを得ないからである。そこで，大気汚染質の長距離輸送に関する情報入手の手段の一つに，冬季に九州山岳地帯の山頂付近に着氷する樹氷がある。この樹氷に着目して，その成分の分析から，大陸起源の汚染物質が長距離輸送によってわが国に飛来していることを解明することができる。

2.2　屋久島の調査フィールドとしての意味

　屋久島は，鹿児島県大隅半島の南端から南に約60 km，上海から東に約800 km，北京から南東に約1500 kmの海上に位置する。周囲約132 kmで，面積が約505 km^{2}のほぼ円形の小さな島であるが，九州最高峰の宮之浦岳（標高1935 m）をはじめとして，標高1000 m以上の山々が40座以上も連なる急峻な高山島である。屋久島の周囲は暖流の黒潮が流れ，この暖かい海水の蒸発と急峻な山岳のために，年降水量が非常に多い。年降水量は沿岸部で4000 mm，山岳部で10000 mmを超えると言われる。実際に，屋久島森林環境署が1999年に調査した結果，年間降水量で10000 mm以上となることが観測された[4]。この豊富な降水量のため，屋久島には渓流を含めた河川が多く，大小合わせておよそ140余りもある。さらに，屋久島には，この豊富な降水量に支えられた森がある。それも，非常に特長ある2つの森を擁する。1つは，緑豊かな照葉樹林の森，もう1つは，霧雨に煙るヤクスギの森である。屋久島の森林帯は，図-2.2.1（図-1.1.2参照）のように分類されている。この亜熱帯から冷温帯までの植生の垂直分布が，屋久島の貴重な生態系の財産の1つであり，1993年12月に世界遺産条約の自然遺産登録地となった1つの理由でもある。

　この屋久島の大気汚染の状況はどうであろうか。北半球中緯度域での主要な卓越風は西風である。したがって，化石燃料消費量の多い地域の東側に位置する地域が最も影響を受けやすい。屋久島は，日本列島で最も西側に位置する地域の一つである。一方，わが国の西側にある中国大陸では，近年，化石燃料消費量の増大が著しい。この中国大陸と屋久島の間には東シナ海があるのみで人為的大気汚染物質の発生源はない。したがって，屋久島は大気汚染物質の越境汚染を考察するのに最適なサイトであり，さらに，その森林への影響および陸水への影響を検討する格好のサイトである。

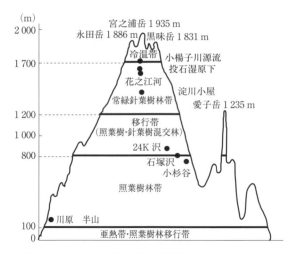

図-2.2.1　屋久島の植生区分図（環境省パンフレットを改変）

2.3　樹氷とは

　山岳部，とくに自由大気の高度は，地上の影響を受けず，ローカルな人為汚染源の直接的な影響が少ない。また，高度 850 hPa（ヘクトパスカル）面（約 1 500 m）は，大気境界層と自由大気の境界にあたり，自由大気層を長距離輸送されてくる汚染物質の影響を受けやすい高度であり[3]，広域的な大気汚染物質の動態を把握し，その長距離輸送を観測するのに最適の場である。しかし，一般に山岳地帯での大気汚染物質の観測は，きびしい気象条件や器材の運搬に労力を費やすなどの理由により困難を伴うことが多い。さらに商用電源が使えることは稀である。そのため，山岳地帯におけるこれらの測定例は少なく，とくに，冬季の観測例は非常に少ない[5)-11)]。

　冬季の山岳部に付着する樹氷（採取方法は 2.4 節参照）は，図-2.3.1 に示すように，雲粒などの過冷却水滴が樹木，岩などに連続的に衝突して凍結したもので，氷状の構造物として観察される[12]。

図-2.3.1　九州山岳部の樹氷

樹氷の物理的特徴は，よく研究されており，送電線への着氷や船舶への着氷等に関する研究が多くある[13)-19)]。富士山頂においても「芙蓉」[20)]に記載されているように，富士山測候所気象測器への着氷も芙蓉の主人公を悩ませ，その後も富士山測候所における着氷落としは冬季の恒例行事となった。

2.4 樹氷と雪の化学成分

樹氷と雪は，図-2.4.1に示すように，九州の山岳地帯（屋久島山岳地域を含む）および漢拏山で採取した。樹氷はアクリル製のパイプにテフロンネットでカバーしたものに着氷したもの，あるいは，樹木・岩に着氷したものを，よく洗浄したポリエチレン容器自身で直接かきとるか，すくい取ることで採取し，雪は樹氷と同地点でなるべく新雪を表面の0.5～1cmを除いて採取した。樹氷と雪は，実験室に持ち帰り，クリーンベンチにおいて室温で融かした。その後，速やかにメンブレンフィルターでろ過して，溶解性成分と不溶解性成分に分離した。溶解性成分では，pHはガラス電極法で，電気伝導度は電気伝導度計で，塩素イオン，硝酸イオン，硫酸イオン，ナトリウムイオン，アンモニウムイオン，カルシウムイオン，マグネシウムイオンおよびカリウムイオン（以下Cl^-，NO_3^-，SO_4^{2-}，Na^+，NH_4^+，Ca^{2+}，Mg^{2+}，K^+）はイオンクロマトグラフで，微量元素と鉛同位体比はICP/MSを用いて，測定した。鉛同位体比は米国NIST（National Institute of Standard and Technology）のSRM981を標準試料として用いた。フィルター上の不溶解性成分は電子顕微鏡で形態分析と成分分析を行った。

樹氷と雪中のイオン成分については，Na^+とCl^-の間の等量濃度の比が海水の1.17：1とほぼ同

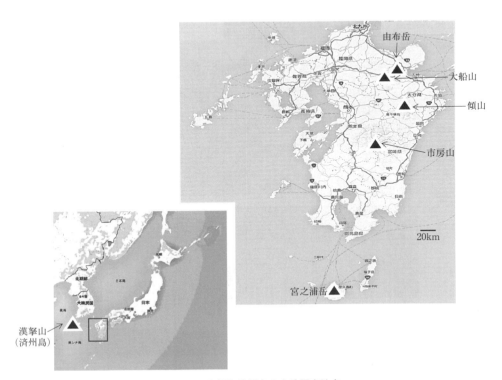

図-2.4.1 九州と済州島の山岳調査地点

じ値であり，これらのイオンが海塩由来であることが示された。そこで，SO_4^{2-}とCa^{2+}について，Na^+濃度を用いて海塩性（ss-）と非海塩性（nss-）に分離した。その結果，非海塩性のSO_4^{2-}とCa^{2+}は大部分が90%以上であり，海塩由来でないことを示している。

樹氷と雪に含まれる汚染物質の起源解析には以下の分析を用いて行った。

樹氷に含まれる粒子は，走査型電子顕微鏡（SEM）による観察で図-2.4.2に示すフライアッシュ(1)炭素系球形粒子（SCP）と(2)無機系球形粒子（IAS）であることが確認された。SCPは化石燃料の燃焼の際，不完全燃焼により発生することが知られている[22]。一方，IASは化石燃料に含まれる無機物が高温燃焼の際に焼結し，球形になったものである。環境中に存在するIASの80%は石炭燃焼由来であり[23]，石油燃焼由来は0.1%程度であると言われている[24]。

樹氷と雪に含まれる微量金属の比，たとえば，鉛と亜鉛の比（石炭燃焼の指標）やバナジウム（V）とマンガン（Mn）の比（重油燃焼の指標），さらに，鉛同位体比が使用される。

たとえば鉛同位体比についてみると，自然界には，質量数の異なる鉛204，206，207，208が存在し，それぞれの平均的な存在比は1.4：24.1：22.1：52.4%である。ただし，鉛を含む物質（ここでは化石燃料）の同位体比は，その産地によって微妙に異なっており，その違いから産地を推定することが可能である。ここでは，$^{207}Pb/^{206}Pb$と$^{208}Pb/^{206}Pb$の比で検討した結果を示す（図-2.4.3）。各都市の大気環境中の鉛同位体比は，使用する化石燃料の産地や，近傍の鉛鉱山の同位体比に依存している[25]。

鉛の安定同位体のうち質量数が206，207および208は放射性起源の鉛であり，ウランとトリウムの崩壊によって最終的に生成する。これらの同位体は，時間とともに増加することになる。ウランとトリウムの崩壊速度は決まっているので，これらの同位体間の比の変化量はウランとトリウムが鉛の周囲にどれだけの量で存在するか，あるいは，その環境の持続時間に依存する。鉛鉱物が形成されると，その時点で鉛だけが濃縮され，ウランとトリウムから分離されるので，同位体比はそ

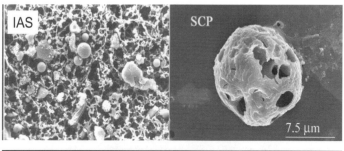
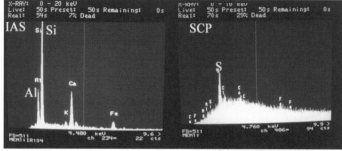

図-2.4.2　上段　樹氷中無機系球形粒子（IAS；左），樹氷中多孔質の炭素系球形粒子（SCP；右），下段　それぞれの粒子のEDSによる分析結果

の時点で崩壊が停止する。したがって，太古の昔に形成した鉛鉱山の鉛同位体比は，ウランとトリウムからの鉛の寄与が相対的に少ない[26]。

日本列島の形成は時代的には比較的新しく，日本の鉛鉱山の鉛は，ウランとトリウムからの寄与が相対的に大きい。このように，鉛鉱山の鉛はその形成過程や時代によって異なる同位体比を有している。さらに，石炭や地殻中に含まれる鉛は，ウランとトリウム崩壊から生じた鉛の寄与を現在でも受け続けているので，それらの寄与の大きい同位体比を示すことになる。したがって，環境化学では，この鉛同位体比の違いを利用し，大気中の鉛の起源を明らかにすることができる。

さらに，樹氷付着時の気塊の移動経路を検討するために，後方流跡線解析（アメリカ海洋大気局NOAA：National Oceanic and Atmospheric Administration）によりWeb（http：//ready.arl.noaa.gov/HYSPLIT.php）で提供されているHYSPLIT-4（Hybrid Single Particle Lagrangian Integrated Trajectory）モデルを使用した[27]。後方流跡線解析により，任意の時間（$t=0$ h）に，任意の場所と高度を出発点として，時間を遡って気塊の位置の遷移を見ることが可能である。

これらの手法を組み合わせて，樹氷と雪に含まれる大気汚染物質の起源を探っている。

前述したように樹氷は，試料採取用のテフロンネットを巻きつけたアクリル管を採取地点にセットして，それに付着した樹氷を試料とするのがよい。しかし，定点以外では，樹木や岩に着氷した樹氷を採取することになる。このとき重要なことは，樹木に着氷した樹氷成分に樹木からの影響がないことを確認することである。

まず，同一採取地点において，異なる種類の植物に着氷した樹氷中のアニオンやカチオンとそれぞれの組成比を比較した。解析方法は次式に示すDistance Index（D.I.）の概念を利用した[28]。

$$\text{D.I.}_{j,k} = (I(X_{ji}-X_{ki})^2)^{1/2} \quad (2.4.1)$$

ここで，X：総アニオンおよび総カチオンに対する各アニオン・カチオン成分の相対組成比（％），I：各アニオン・カチオン成分，j，k：表-2.4.1のSample No.に対応している。

D.I.は2つの試料間の類似度を示す値であり，試料間のアニオンとカチオンの相対組成がまったく同じであれば，D.I. = 0 である。試料間のアニオンとカチオンそれぞれの相対組成の差がすべて1 ％と仮定すると，アニオンとカチオンそれぞれのD.I.は1.7と2.2となる。この値が小さければ小さいほど，それらの試料が類似していることを表している。すなわち，樹氷成分に植物の影響がなければ，同一地点の異なる種類の植物に付着した樹氷中のアニオンとカチオンのそれぞれのD.I.は小さい値となるはずである。

1992年1月に市房山の山腹2地点と山頂：マユミ（*Euonymus sieboldianus*），コツクバネウツギ（*Abelia serrata*），シロモジ（*Lindera triloba*），北西斜面：マンサク（*Hamanelis japonica*），アケボノツツジ（*Rhododendron pentaphyllum*），ブナ（*Fagus crenata*）に着氷した樹氷を採取した。それらの植物に着氷した樹氷成分のD.I.の計算結果を，表-2.4.2に示す。市房山の山頂のD.I.はアニオンが1.5〜3.9に対してカチオンが0.8〜3.9であり，市房山の北西斜面のアニオンは1.6〜3.8に対してカチオンは1.0〜1.9と小さく，それぞれの地点での樹氷成分の類似度が高かった[9]。

さらに，個々のアニオンの相対組成の変動係数（C.V.）を見ると，市房山の山頂ではCl^-：3.32 ％，NO_3^-：4.46 ％，SO_4^{2-}：3.45 ％，市房山の北西斜面ではCl^-：1.44 ％，NO_3^-：7.22 ％，SO_4^{2-}：3.24 ％であり，ほとんどが5 ％未満で変動が小さかった。このように同一地点において異なる種類の植物に着氷した樹氷成分に差はなく，植物からの溶出する成分による樹氷成分への影響は，ほとんど

表-2.4.1　九州山岳地帯の樹氷，雪の pH，EC およびイオン濃度

Sample No	Date	pH	EC (mS/m)	SO_4^{2-}	NO_3^-	Cl^-	NH_4^+ (mg/l)	Ca^{2+}	Mg^{2+}	K^+	Na^+	植物名
1	1992/1/25	3.77	11.6	14.3	7.64	13.5	3.13	1.28	0.96	0.90	7.69	*Euonymus siebo*
2	1992/1/25	3.92	10.2	12.2	6.78	13.1	3.13	1.29	0.93	0.79	7.47	*Abelia serrate*
3	1992/1/25	3.83	13.1	16.4	9.59	16.1	3.12	1.53	1.11	1.10	8.86	*Lindera triloba*
4	1992/1/25	3.64	22.2	34.1	17.5	21.0	7.11	2.45	1.72	1.96	13.2	*Hamamelis japonica*
5	1992/1/25	3.59	25.1	41.9	23.0	25.2	8.41	3.10	2.21	2.33	16.8	*Rhododendron pentaphyllum*
6	1992/1/25	3.65	24.4	37.1	23.3	24.1	7.99	2.96	2.04	2.21	15.3	*Fagus crenate*
7	1992/1/25	4.25	3.10	2.97	1.09	2.59	0.66	0.11	0.16	0.17	1.24	―
8	1992/1/25	4.29	3.00	3.22	1.27	2.71	0.66	0.21	0.17	0.32	1.41	―

No.1〜6 樹氷　　No.1〜3：市房山（標高 1 721 m）山頂　　No.7：市房山（標高 1 721 m）山頂
No.7〜8: 雪　　　No.4〜6：市房山（1 690 m）北西斜面　　No.8：市房山（1 690 m）北西斜面

表-2.4.2　九州山岳地帯の樹氷，雪に含まれるアニオンおよびカチオンの Distance Index

Sample No.	1	2	3	4	5	6	7	8
1		<u>3.9</u>	1.5	12.9	13.9	12.6	<u>5.2</u>	4.8
2	<u>0.8</u>		3.2	16.8	17.7	16.3	<u>7.3</u>	7.7
3	3.3	4.0		13.8	14.6	13.1	<u>6.6</u>	6.3
4	7.0	6.4	10.1		<u>1.6</u>	<u>3.8</u>	13.0	<u>11.4</u>
5	5.2	4.6	8.3	<u>1.9</u>		<u>3.0</u>	14.3	<u>12.7</u>
6	6.3	5.7	9.3	<u>1.0</u>	<u>1.2</u>		14.1	<u>12.5</u>
7	8.3	7.9	11.3	5.7	5.9	6.2		1.6
8	6.6	6.7	9.0	6.9	6.3	7.0	4.3	

Sample No. は表-2.4.1 に対応　　上段：アニオン　　下段：カチオン

ないものと考えられる。したがって，樹氷採取用パイプに着氷した樹氷と同様に，樹木や岩に着氷した樹氷も大気環境評価のために使用できる。

　樹氷と雪のろ液の pH と EC の頻度分布を検討すると，前者の pH は 4.0 前後に多く出現し，後者は 4.0〜5.0 に多く出現している。一方，EC の頻度分布を見ると，前者はかなり広い範囲に分布している。その中でも最も出現頻度の多いのは，10〜15 mS/m である。後者は 5 mS/m 以下の出現回数が最も多く，大部分が 10 mS/m 以下に存在している。このように pH と EC だけからみても，樹氷と雪には違いが見られる。また，これらのイオン成分についても，雪と樹氷との関係は同様である。イオン濃度和は 3.34 倍，水素イオン濃度は 1.81 倍と，雪より樹氷の方が高く，両者の間には顕著な差が認められた[11),29),30)]。しかし，濃度に差違が認められても，それらの起源が異なるとは断言できない。さらに同一地点，同一日の樹氷と雪の成分を比較しても，樹氷の濃度が高い。また，濃度の高低だけでなくアニオンやカチオンの構成比も異なっており，それぞれの由来が違っていることが示される。そこで，同一地点で同一日に降った雪と，着氷した樹氷のアニオンおよびカチオンの相対組成に違いがあるかどうかを検討するために，D.I. 値によってその類似性を検討した（表-2.4.2）。その結果，アニオンおよびカチオンはともに大きな値（D.I. = 11.6〜36.6）を示し，類似性が低いことを示している。また，鉛同位体比については，屋久島の同一地点で採取した樹氷と雪について図-2.4.3 に示すように，樹氷は大陸の同位体比を雪は国内のそれを示していた。すなわち，樹氷と雪に含まれる汚染物質の起源が異なることが示された。これらの結果から，雪より樹氷の方が採取地点の大気環境をよく反映していると考えられた。

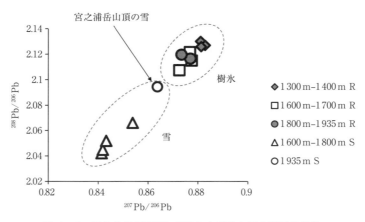

図-2.4.3 屋久島の標高別に採取した樹氷と雪の鉛同位体比
凡例の数値は標高，Rは樹氷，Sは雪

2.5 屋久島の樹氷

　冬季に屋久島の中央山岳部で着氷する樹氷中成分を用いて，大陸起源の大気汚染物質の長距離輸送を検証した．樹氷中に大気汚染物質が含まれることを，イオン成分，粒子および鉛同位体比を用いて解説する．表-2.5.1に屋久島で採取した雨，雪および樹氷のpH，ECおよびイオン成分濃度を示す．雨や雪とを比較して，樹氷中には多くの大気汚染物質が含まれていることがわかる．信じがたいことであるが，冬季の屋久島の山岳地帯はこのような酸性物質に曝露されているのである．

　走査型電子顕微鏡（SEM）による観察からは，樹氷中の不溶解性成分中に多くの球形粒子が観察された．球形粒子には，多孔質の炭素系粒子（SCP）と，パール状の無機系粒子（IAS）が存在する（2.4節参照）．屋久島山岳地帯の樹氷中に含まれる球形粒子の大部分はIASであり，SCPは少なかった．IASのEDS付SEMによる分析結果から，粒子の主成分はシリカとアルミナであり，無機系の粒子であることが確認されている（2.4節参照）．

　それでは，屋久島山岳地帯で採取された樹氷中のIASはどこからやって来るのだろうか？　中国

表-2.5.1　屋久島で採取した雨，雪および樹氷のpH，ECおよびイオン成分濃度

site	Date	pH	EC (mS/m)	Cl^-	NO_3^-	SO_4^{2-}	Na^+	NH_4^+	K^+	Mg^{2+}	Ca^{2+}
						(mg/l)					
1	28th Feb '94	4.37	2.97	3.03	1.46	3.20	1.60	0.46	0.41	0.33	0.50
2	12th Jan '97	4.00	46.7	119	3.74	28.2	65.1	1.19	0.90	10.3	3.74
3	17th Feb '97	4.11	80.8	297	14.8	87.6	124	6.62	6.45	16.8	11.0
3	17th Feb '97	4.30	17.2	51.1	7.94	18.0	32.4	1.33	1.47	3.01	3.43
4	18th Feb '97	4.20	32.4	67.2	14.1	29.8	32.4	3.34	1.87	4.57	5.98
5	10th Feb '98	4.20	9.17	15.9	6.59	13.4	6.20	3.48	0.89	0.97	1.19
4	13th Jan '99	4.04	24.0	49.3	2.98	14.9	22.9	0.09	1.11	2.97	1.36
3	14th Jan '99	4.00	28.8	57.6	3.58	18.6	27.8	1.61	1.32	4.27	1.93
6	14th Jan '99	4.01	14.3	18.3	2.21	10.9	10.5	0.68	0.53	1.44	1.06
7	12th Mar '99	6.28	8.15	17.5	3.95	9.29	9.57	2.14	2.40	0.98	1.49
6	12th Mar '99	6.01	7.37	13.6	4.79	6.84	6.58	1.63	1.39	0.86	1.12

1：黒味岳山頂，2：投石平，3：平石，4：高塚山山頂付近，5：宮之浦岳山頂直下，6：宮之浦岳山頂，7：投石谷

大陸あるいは日本国内からであろうか？　屋久島の樹氷は寒気団来襲で付着し，寒気団が去ると脱落することを繰り返しているため，樹氷付着時の気塊を特定しやすい。したがって，樹氷付着時の気塊に対して後方流跡線解析[27]を行うことで，目的の気塊がどこから来たかを推定することができる。

　1997年1月と2月の樹氷付着時は，かなりの精度で着氷時を推定できた。1月12日7時に採取した樹氷は，1月11日の21時以降に着氷したものである。なぜなら，11日の夜，登山し，21時頃投石平に到着したが，その時点では樹氷は付着してなかった。したがって，その時刻以降朝までに樹氷は付着したことになる。2月17日の場合は，新高塚小屋から宮之浦岳まで樹氷採取のため登山したが，往きは宮之浦岳山頂まで樹氷は付着してなかった。しかし，下山中，平石（1700 m）付近に樹氷が付着していた。この樹氷は3時間程度の間に着氷したものである。この予測される樹氷付着時間について後方流跡線解析を行った結果を図-2.5.1に示す。樹氷付着時の気塊は，すべて中国大陸を経由してくることがわかる。このように，これらの粒子は大気汚染物質の長距離輸送のマーカーとして利用できる。また，IASより粒子径の大きいSCPの数が少ないことは，採取地点近傍にSCPの発生源がないことを示している。

　これら樹氷はその風の方向に成長し，その方向は北あるいは北西が大部分である。屋久島の北から北西には，東シナ海を隔てて中国大陸があり，これら粒子が大陸起源であることは，ほぼ間違いない。このように，環境中のIASの80%は石炭燃焼由来であり[23]，屋久島の北西側にはIASの国内発生源はない。また，後方流跡線解析の結果から，渤海上空をゆっくり飛来してきた気塊が最も汚染された大気を輸送していることも認められた。これら気塊が中国大陸起源であることの証明として，樹氷中に含まれる溶解成分としての鉛と亜鉛の比，さらに図-2.4.3のように，鉛同位体比が日本起源のものと異なる比を持っていること，が挙げられる。このように，冬季の九州山岳地帯の樹氷中に含まれる物質はローカルな汚染物質でなく，中国大陸から長距離輸送によって運ばれた大気汚染物質であることが推測された。

　なお，ここに屋久島の主な調査地点を示しておく（図-2.5.2）。

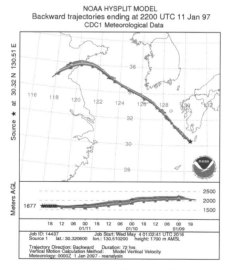 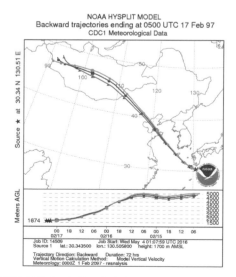

図-2.5.1　1997年1月と2月の樹氷付着時の気塊の流跡線

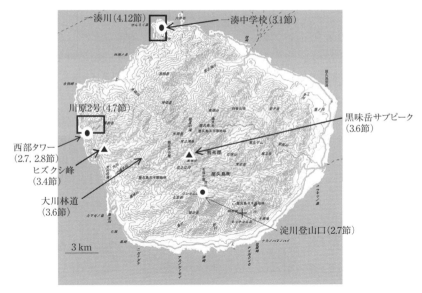

図-2.5.2 屋久島における大気・水の主な調査地点

2.6 屋久島の粒子状物質

　2013年1月から2月にかけて，西日本，とくに，九州を中心に微小粒子状物質（$PM_{2.5}$）が高濃度で観測された。発生源と見られる中国大陸の北京の汚染状況とともに，マスコミが大きく取り上げた。著者らは，日本からの大気汚染の影響をほとんど受けない屋久島西部地域で，2012年末から2013年6月まで連続して$PM_{2.5-10}$と$PM_{1.0-2.5}$の観測を行った。観測は，屋久島西部地域の3地点（西

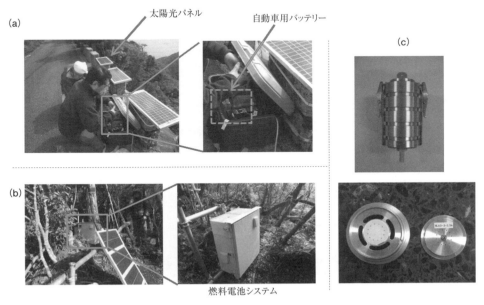

図-2.6.1　屋久島大川林道（800m）における電源システムとPM採取用カスケードインパクター
　　　　　(a) 2013年までのシステム　(b) 2014年以降のシステム　太陽電池と燃料電池のハイブリッドシステム
　　　　　(c) PM採取用小型カスケードインパクター

部タワー（標高 200 m），ヒズクシ峰（標高 410 m），大川林道（標高 800 m））と中央山岳部の 1 地点（黒味岳サブピーク（標高 1 800 m））の標高別の 4 地点で行った（図-2.5.2）。これらの地点には商用電源がないため，観測装置用の電力供給が最も切実な問題であった。2013 年の観測では，図-2.6.1 (a) に示すように，太陽電池による方法を用いた。しかし，調査時期が 1～5 月であったため，1～2 月の冬季には日照時間不足によるポンプ停止や欠測が時々生じた。そこで，2014 年からは燃料電池を太陽電池と組み合わせによる改善で，欠測のない観測が可能となった（図-2.6.1 (b)）。

ここでは図-2.6.2 に示す 2013 年の測定値を解析データとして用いた。観測場の 4 地点の詳細は，西部タワー（2015 年に撤去）は，森林内にあり，タワー高は 12 m で，ヒズクシ峰は 410 m のピークの頂にあり，この両者は，森林内にあるが樹冠の上にある。黒味岳サブピークは，灌木の中のオープンスペースにある。これら 4 地点とも，屋久島内部からの人為的な影響がほとんど受けない地点である。観測間隔は，3～4 日を原則とした。PM（粒子状物質）は，図-2.6.1 に示すカスケードインパクターで，$10\,\mu m < PM$，$PM_{2.5\text{-}10}$，$PM_{1.0\text{-}2.5}$ および $1\,\mu m > PM$ の 4 画分を流速 3 l/min で採取した。フィルターはポリカーボネートフィルター（25 mmφ，孔径 0.25 μm）を用い，バックアップフィルターは同様にポリカーボネートフィルター（47 mmφ，孔径 0.25 mm）を使用した。

観測結果の一例として大川林道地点の $PM_{2.5\text{-}10}$ と $PM_{1.0\text{-}2.5}$ の硝酸イオンの濃度変化の結果を，図-2.6.2 に示している。硫酸イオンは $PM_{1.0\text{-}2.5}$ では濃度が高く，硝酸イオンは $PM_{2.5\text{-}10}$ で濃度が高かった。$PM_{1.0\text{-}2.5}$ の濃度変動を見ると，マスコミ報道を賑わした 1～2 月よりも 3～5 月の方が濃度は高かった。これは，図-2.6.3 に示す，月ごとの箱ひげ図からも明らかである。硝酸イオンの変動を

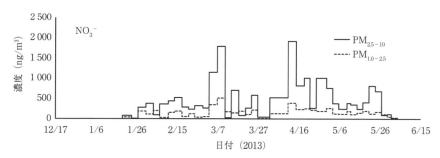

図-2.6.2　大川林道地点の $PM_{2.5\text{-}10}$ と $PM_{1.0\text{-}2.5}$ の硫酸イオンと硝酸イオンの濃度変化の結果

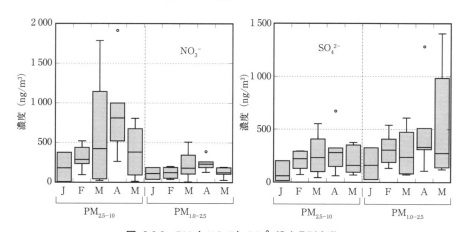

図-2.6.3　PM 中 NO_3^- と SO_4^{2-} 濃度月別変動

中央値で見ると，$PM_{2.5-10}$と$PM_{1.0-2.5}$がともに1月から4月まで上昇している。とくに，$PM_{2.5-10}$の画分で顕著であり，3〜5月の間の変動も激しいことがわかる。一方，硫酸イオンでは，1〜4月は濃度が上昇していて，硝酸イオンとは反対に$PM_{1.0-2.5}$の画分で濃度変動が激しいことを示している。このように，$PM_{1.0-2.5}$の濃度は春先から初夏にかけて上昇しているが，この時期にオゾン濃度の上昇だけでなく，黄砂の来襲もあって，ヒトや生態系への影響が大きくなると考えられる。

2.7 屋久島の水銀沈着負荷量の高度分布

　水銀は常温・常圧で液体である唯一の金属元素であり，他の金属と容易に結合しアマルガム（合金）をつくる。さらに，他の金属に比べて沸点が357℃と低いことから，気化しやすい性質を持っており，さまざまな発生源から大気中に放出されている。水銀の発生源は自然発生源と人為発生源に分けられ，自然発生源には火山活動や地熱地帯の噴気，地熱発電，水銀鉱床からの揮発などがある。一方，人為発生源としては発電施設における石炭など化石燃料の燃焼やゴミの焼却，金の精錬などが挙げられる[31)-33)]。

　さまざまな発生源から大気中に放出された水銀は，環境中では主に3つの形態で存在している。元素態のガス状水銀（Hg(0)，GEM：gaseous elemental mercury）と，2価のガス状水銀（Hg(II)，GOM：gaseous oxidized mercury）と，粒子状水銀（p-Hg：particulate mercury）である[34)]。GEMは，水への溶解度が低いことから大気からの除去速度が遅く，滞留時間は6〜24か月と長きにわたると考えられ，1年程度と見積もられることが多い[35)-37)]。そのため，GEMは大気中水銀の90〜95％を占めている[38)]。最終的には，O_3やハロゲンなどによる光化学反応によって，水溶性であるGOMへと酸化される[36)]。GOMは，HgO，$HgCl_2$，$HgBr_2$，$Hg(OH)_2$などの水溶性の2価のガス状水銀の形態で存在している[39)]。GOMとエアロゾルに付着したp-Hgは，降水などの湿性沈着物や乾性沈着物によって大気から除去される[40)]。これらのことから，発生源から離れた場所でも降水中水銀濃度は高くなることがわかる。

　沈着により大気中から除去された水銀は最終的に水域に入り，そこで微生物の代謝活動によりメチル化され，食物連鎖の過程において生物濃縮される。例えば，高次捕食者であるマグロやカジキなどの大型魚類は，海水に比べ1万倍〜10万倍に水銀を濃縮していると報告されている[41)]。また，メチル水銀はヒトの消化管から吸収されやすく，血液-脳関門および胎盤を容易に通過するため，水銀の高濃度曝露を受けると神経障害や発達障害が発生すると言われている。わが国において1950年代〜1960年代に発生した水俣病は，メチル水銀の高濃度曝露によって生じた[40)]。

　日本では2005年に，胎児への水銀影響を考慮し，厚生労働省から妊婦の魚介類摂取に注意を促す"妊婦への魚介類の摂食と水銀に関する注意事項"が出された[42)]。さらに，国連環境計画（UNEP）は，2005年に水銀に関するDecision 23/9 IVを採択して，各国政府機関および民間部門や国際機関に対して，環境への水銀放出量と健康リスクの削減を求めた[43)]。その要求を受けて2006年には，わが国を含めた6カ国で水銀の大気輸送に関する研究分野のGlobal Partnershipが発足した。これは水銀の長距離輸送や沈着過程などの水銀循環パターンを全球的に解明する研究を促すものであった[43)]。

　しかし，日本では水銀沈着に関するモニタリングが立ち遅れている。日本で報告されているモニ

タリングは，1か月ごとで行われていることが多い。調査地点も都市部が多くて，山岳や山間部・島嶼部においてはほとんど行われていない。松江市での湿性沈着中水銀の月平均濃度の季節変化は，大気中水銀濃度の季節変化と同様に，越境大気汚染の影響を受けていると報告されている[44]。しかし，水銀沈着のメカニズムや濃度変動，越境大気汚染の影響を考える上では，1か月ごとのサンプリングでは間隔が長すぎると考えられる。大気中の水銀濃度は気塊の移動経路によって変動しており，1か月間内でも濃度の変動が見られる[45]。湿性沈着物でも，同様の変動を示すのであれば，より短い期間でのモニタリングや気象条件との関係の解明が必要である。

　わが国は，人為発生源による大気中への水銀放出量の約60 % を占めているアジア地域の風下に位置している[46]。そのため，他国と比べて，アジアからの長距離輸送による大気汚染の影響を受けやすく，今後水銀沈着量が増加する可能性が非常に高いと考えられる。GOM は可溶性であるため湿性沈着物によって除去されやすく，湿性沈着物が水銀沈着量全体の大部分を占める[47]。しかし，湿性沈着物の水銀濃度は主要イオン濃度などと比べると低くて，サンプルの回収・保存や正確な分析が困難であり，濃度変動を詳細に調査した例がない。ここでは，図-2.7.1 のように，新規に開発した降水分取採取装置を屋久島の標高の異なる地点（西部観測タワーの上，淀川登山口（標高1 370 m）に設置して，降水量，水銀濃度，沈着量についての検討を行った。

　開発した装置は降水量ごと（可変）に採取できる装置であり，ISCO 社製の自動採水器を本体として利用した。また，雨量計をセンサーとして，特別にテフロン加工したボトルで作成した降水貯留槽に，指定したパルス数の降水が貯まればポンプが作動して，採水器中のボトルに導入するように設計した。この動作は繰り返し行える。なお，開発した降水採取装置はその後も改良されて，現在は1サイクル24本採取になっており，水銀用とイオン用を 250 ml ずつ採取する設計となっている。したがって，降水 10 mm ごとに採取する場合は，120 mm までの降水量の変化幅をとらえることができる。降水採取も山岳で行うことが多く，商用電源が利用できないため，電源はソーラーパネルとバッテリーの組み合わせで行っている。

　水銀の採取，保存，移送等の方法は，以下のようである[48]。サンプリングボトルには，フッ素

図-2.7.1　屋久島淀川登山口の自動降水採取装置

加工広口瓶 250 ml を用いた．ボトルは吸着している水銀を除去するため，塩化臭素水（BrCl）を用いて洗浄した．洗浄後，サンプリング中や回収の際に紫外線が当たって水銀が蒸発するのを防ぐため，アルミテープを隙間なく貼りつけ，サンプル内の水銀を保持するために，ボトル内に 0.1 % の L-システイン液を滴下して降水採水器内に設置した．なお，イオン用のボトルには何も添加していない．分析は，還元気化-金アマルガム水銀測定装置（マーキュリー/RA-3000FG＋：NIC 製）を用い，総水銀と溶存態水銀を別々に測定した．降水のろ過には，水銀を吸着しない FTFE フィルター（47 mm φ：孔径 0.45 μm）を用いた．

タワー上における 2013 年 5～8 月の林外雨の総水銀濃度は，26.6～0.66 ng/l の範囲内で変動し，平均値（平均±標準偏差）は 7.96±6.53 ng/l となった．淀川における同期間中の林外雨の総水銀濃度は，20.4～1.79 ng/l の範囲内で変動し，平均値（平均±標準偏差）は 7.66±5.43 ng/l となった．5～8 月の平均値には，地点間で差異は見られなかった．2013 年 7 月 28 日～8 月 5 日の期間に，両調査地点でそれぞれ 2 つの降雨イベントを観測した．タワー上では約 30 mm の降水量が観測され，淀川では約 110 mm の降水量が観測された．それぞれの地点における林外雨の総水銀濃度の変動を，図 -2.7.2 に示した．降水量が多くなると，林外雨の成分濃度は低くなることが多いが，8 月 4～5 日の降雨イベントでは，降水量の多かった淀川において総水銀濃度の平均値が高くなった．また，両地点における 7 月 28 日～8 月 5 日の水銀沈着量は，西部タワー（200 m）地点で 7.40 ng/m^3，淀川登山口（1 370 m）地点で 31.4 ng/m^3 となった．降水量の多い中央山岳部では西部地域と比べて，水銀沈着量が多くなる可能性が示された．

林外雨の水銀の大部分は，溶存態の Hg（Ⅱ）で占められていることが明らかになった．大気中の Hg（0）が酸化されて Hg（Ⅱ）が生成して，これが雨滴に取り込まれる．その取り込まれ方は，レインアウト（rain out）現象によると考えられる．したがって，降水量が増えても湿性沈着物の濃度は大きく減少しない．すなわち，降水量が多い屋久島では水銀の沈着量が他の地域より大きくなることが示唆された．

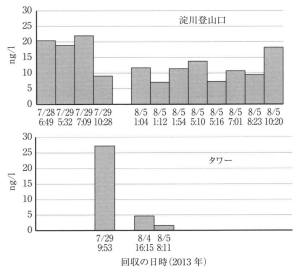

図 -2.7.2　水銀濃度の変動

2.8 西部林道での林内雨・林外雨

　西部タワーの最上部で林外雨を，タワー横の樹林帯（谷部）とタワーから山側へ 50 m 登った尾根部の 2 か所で林内雨を採取した。ここでは，1990 年代と 2010 年代の林外雨と林内雨の主要イオンを比較して，この 20 年間で環境変化が起こったか否か，の検討を行った。**図 -2.8.1** に 1990 年代と 2010 年代の林外雨と林内雨の結果を示す。

　1990 年代と 2010 年分の林外雨のアニオンの組成比をみると，1990 年代では，NO_3^- は 4〜6 %，SO_4^{2-} は 25 % 前後であったが，2010 年分では，年平均でみると Cl^- が 50 %，NO_3^- が 9.2 %，SO_4^{2-} が 40 % であった。人為的な起源である NO_3^- の変化が目立つ。近年，樹氷中の NO_3^- 濃度も上昇しており，その原因は大陸の窒素酸化物の排出の上昇とも関連付けることができる[49]。9.3，9.4 節でもこの仮説を取り上げる。そこで，2014 年の個別の降雨ごとのアニオンの組成とその特徴を検討した。2014 年 3 月 19〜20 日，4 月 13〜22 日，4 月 28 日，5 月 12〜14 日，5 月 20〜28 日の降雨での各組成比は Cl^- が 34〜49 %，NO_3^- が 11〜18 %，SO_4^{2-} が 37〜51 % の範囲であった。これらの降雨はすべて前線が北から移動しており[50]，大陸の気塊を持ち込んできたものと考えられる。また，2014 年 6 月 17〜18 日，6 月 20〜21 日，8 月 20 日〜9 月 3 日，11 月 1 日〜9 日の降雨での各組成比は，Cl^- が 16〜77 %，NO_3^- が 1.5 から 9.7 %，SO_4^{2-} が 12〜79 % であり，この時の前線は南海上から北上してきたものが大半であった[50]。さらに 2014 年 7 月 9 日〜10 日の降雨は台風によるものであり[50]，アニオンの組成比も他とは異なっていた。すなわち，Cl^- が 87 %，NO_3^- が 0.5 %，SO_4^{2-} が 12.3 % であり，太平洋上の気塊を巻き込んでいることが，明確である。

　これらの結果は，2010 年以降，大陸からの窒素酸化物の輸送が増大したことを物語っている。しかし，当量濃度で見た NO_3^- と SO_4^{2-} の比は 1990 年代と 2014 年では大きな変化は見られなかった。

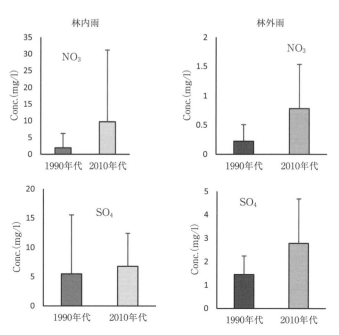

図 -2.8.1　1990 年代と 2010 年代の西部タワー周辺での林外雨と林内雨のイオン濃度の変遷

2000年の林外雨と林内雨を比較したところアニオンすべてが，林外雨より林内雨の方がより濃度が高く，組成比ではNO_3^-が顕著に増大していた（0.85〜5.18 %）。これは，乾性降下物や植物体から供給されたものと考えられる。

◎文　献

1) 環境省(2000)：第1次〜第5次酸性雨調査
2) 藤田慎一，外岡豊，太田一也(1992)：わが国における火山起源の二酸化硫黄の放出量の推計，大気汚染会誌，27，pp.36-343
3) 溝口次夫(1991)：地球環境保全と酸性雨，用水と排水，33，pp.13-19
4) 林野庁屋久島森林生態系保全センター(2000)：洋上のアルプス
5) 内山政弘，水落元之，福山力，矢野勝俊(1991)：蔵王の樹氷に含まれる不溶性物質の化学組成，日化誌，pp.517-519
6) 矢野勝俊(1991)：蔵王山のアイスモンスター(樹氷)，エアロゾル研究，6，pp.57-63
7) 森邦弘(2000)：谷川岳の霧，樹氷，降雪及び降雨，環境技術，29，pp.470-477
8) 森邦弘(1997)：谷川岳1275回登山で見た酸性雨・大気汚染の進行と自然環境の変化，環境技術，26，pp.633-641
9) 永淵修，田上四郎，石橋哲也，村上光一，須田隆一(1993)：樹氷中の溶解成分による大気環境評価の試み，地球化学，27，pp.65-72
10) 永淵修，須田隆一，石橋哲也，村上光一，下原孝章(1993)：長距離移流物質による大気汚染の解析－樹氷に含まれる酸性物質の起源－，日本化学会誌，No.6，pp.788-791
11) Nagafuchi, O., Suda, R., Mukai, H., Koga, M. & Kodama, Y.(1995)：Analysis of long-range transported acid aerosol in rime found at Kyushu mountainous regions, Japan, Wat. Air. Soil Pollut., 85, pp.2351-2356
12) 若浜五郎，矢野勝俊(1990)：雪氷辞典，日本雪氷学会編，古今書院，東京
13) Langmuir, L.(1948)：Deposition of Rime Cylinders, Spheres and Ribbons, Occasional Report No.1 Project Cirrus, G. E. Laboratory, Schenectady, NY, pp.7-9
14) Macklin, W. C.(1962)：The density and structure of ice formed by accretion, Quart. J. Royal Metero. Soc, 88, pp.30-50
15) Stallabrauss, J. R.(1978)：An appraisal of the single rotaing cylinder method of liquid water content measurement, Report LTR-LT-92, Div. of Mech. Engr., National Reseach Council, Canada, p.37
16) Rogers, D. C. Baumgardner, D. & Vali, D.(1983)：Determination of Super-cooled liquid water content by measurement rime rate, J. Appl. Meteor., 22, pp.153-162
17) Auer, A. H. & Veal, D. L.(1970)：An investigation of liquid water-ice content budgets within orographic cap clouds, J. Rech. Atmos., 4, pp.59-64
18) Hill, G. E. & Woffinden, D. S.(1980)：A balloon-boren instrument for the measurement of vertical profiles of supercooled liquid water concentration, J. Appl. Meteor., 19, pp.1285-1292
19) Cooper, W. A. & Saunders, C. P. R.(1980)：Winter storms over the San Juan Mountains. Part 2; Microphysical process, J. Appl. Meteor., 19, pp.927-941
20) 新田次郎(1971)：芙蓉の人，文藝春秋
21) Duncan, L. C.(1992)：Chemistry of rime and snow collected at asite in the Central Washington Cascades, Environ. Sci. Technol., pp.61-66
22) Rose, N. L., Juggins, S. & Watt, J.(1996)：Fuel-type characterization of carbonaceous fly-ash particles using EDS-derived surface chemistries and its application to particles extracted from lake sediments, Proc. R. Soc. Lond. A, 452, pp.881-907
23) Watt, J. D. & Thorne, D. J.(1965)：Composition and pozzolanic properties of pulverized fuel ashe from some British power stations and properties of their component particles, J. App. Chem., pp.585-594
24) Henry, W. M. & Knapp, K. T.(1980)：Compound forms of fossil fuel fly-ash emissions, Environ. Sci. Technol., 14, pp.450-456
25) 向井人史，田中敦，藤井敏博(1999)：降雪中の鉛同位体比と汚染の長距離輸送の関係，大気環境学会誌，34，pp.86-102
26) 向井人史(1999)：大気や降雪中の鉛同位体比が語るもの，国立環境研究所ニュース，18
27) Draxler, R.R., and Hess, G.D.(1998)：An overview of the HYSPRIT_4 modelling system for trajectories, dispersion and deposition, Australian meteorological Magazine, 37(4), pp.295-306
28) Sokal, R. R.(1961)：Distance as a measure of taxonomic similarity, Syst. Zool., 10, pp.71-79
29) 福崎紀夫，森邦広(1996)：谷川岳における降雪及び樹氷中の化学成分濃度，雪氷，58，pp.317-420
30) 今井昭二，黒谷功，伊東聡史，山本孝，山本裕史(2011)：四国・高知県梶が森山頂の冬期降雨、降雪、樹氷及び雨氷中の鉛とカドミウム濃度，BUNSEKI KAGAKU，60，pp.179-190

31) Pirrone, N., Keller, G. J. & Nriagu, J. O. (1996)：Regional differences in worldwide emissions of mercury to the atmosphere, Atmos. Environ., 30 (17), pp.2981-2987.
32) Pacyna, E. G. & Pacyna, J. M. (2002)：Global emission of mercury from anthropogenic source in 1995, Water Air Soil Pollut., 137, pp.149-165
33) Pacyna, E. G., Pacyna, J. M., Steenhuisen, F. & Wilson, S. (2006)：Global anthropogenic mercury emission inventory for 2000, Atmos. Environ., 40, pp.4048-4063
34) Munthe, J., Wangberg, I., Pirrone, N., Iverfeldt, A., Ferrara, R., Edinghaus, R., Feng, X., Gardfeldt, K., Keeler, G., Lanzillotta, E., Lindberg, S. E., Lu, J., Mamane, Y., Prestbo, E., Schmolke, S., Schroeder, W. H., Sommar, J., Sprovieri, F., Stevens, R. K., Stratton, W., Tuncel, G. & Urba, A. (2001)：Intercomparison of methods for sampling and analysis of atmospheric mercury species, Atmos. Environ., 35, pp.3007-3017
35) Landis, M. S., Vette, A. F. & Keeler, G. J. (2002)：Atmospheric mercuryin the Lake Michigan basin: Influence of the Chicago/Gary urban aria, Environ. Sci. Technol., 36, pp.4508-4517
36) Lin, C. J. & Pehkonen, S. O. (1999)：The chemistry of atmospheric mercury: A review, Atmos. Environ., 33, pp.2067-2079
37) Yatavelli, R. L. N., Fahrni, J. K., Kim, M., Crist, K. C., Vickers, C. D., Winter, S. E., Connell, D. P. (2006)：Mercury, PM2.5 and gaseous co-pollutants in the Ohio river valley region: Preliminary results from the Athens supersite, Atmos. Environ., 40, pp.6650-6665
38) 丸本幸治，坂田昌弘(2000)：大気中の水銀に関する研究の現状，地球化学，34，pp.59-75
39) Mae, G., Dan, J. (2010)：Reducing the uncertainty in measurement and understanding of mercury in the atmosphere, Environ. Sci. Technol., 44, pp.2222-2227
40) Steve, E. L, Steve, B, Lin, C. J., Karen, J. S., Matthew, S. L., Robert, K. S., Mike, G. & Andreas, R. (2002)：Dynamic oxidation of gaseous mercury in the arctic troposphere at polar sunrise, Environ. Sci. Technol., 36, pp.1245-1256
41) 板野一臣(2007)：海産魚介類等に含まれる水銀とその評価，生活衛生，51，pp.57-65
42) 厚生労働省(2005)：妊婦への魚介類の摂食と水銀に関する注意事項，薬事・食品衛生審議会食品衛生分科会，乳肉水産食品部会
43) Pirrone, N. & Mason, R. (Eds.) (2008)：Mercury fate and transport in the global atmosphere; Measurements, models and policy implications, Interim Report of the UNEP Global Mercury Partnership Mercury Air Transport and Fate Research Partnership Area
44) 電力中央研究所(2000)：大気及び降水中の水銀濃度の実態査―日本海側における水銀濃度の季節変化―，電力中研究所報告書 T99026
45) 工藤聖，松本依子，今村修，上野一憲，北岡宏道(2010)：大気中の水銀及び硫酸イオン濃度の変動要因に関する調査，平成21年度熊本県保健環境科学研究所報，39，103-106
46) Pacyna, E. G., Pacyna, J. M., Steenhuisen, F. & Wilson, S. (2006)：Global anthropogenic mercury emission inventory for 2000, Atmos. Environ., 40, pp.4048-4063
47) 丸本幸治(2010)：人間活動および天然の放出源が大気中水銀濃度に与える影響と大気中水銀の湿性沈着過程に関する研究，博士学位論文，鹿児島大学大学院理工学研究科
48) 菱田尚子，永淵修，田辺雅博(2014)：滋賀県北部における一降雨イベント内での水銀濃度変動，大気環境学会誌，49(2)，pp.79-85
49) 日刊自動車新聞社・日本自動車会議所編(2010)：自動車年鑑2010～2011年版，大日本印刷，東京
50) 気象庁(2014)：日々の天気図

第3章　屋久島の越境大気汚染の現状と森林生態系への影響

3.1　越境大気汚染の現状

　アジア，とくに東アジアでは経済発展に伴い，人為活動起源の窒素酸化物（NO_x），硫黄酸化物（SO_x）や揮発性有機化合物（VOC）をはじめとするさまざまな大気汚染物質の放出量が増大する傾向にある[1]。中国大陸で排出された大気汚染物質は，風下に位置する日本に輸送され，越境大気汚染問題として注目されている[2]。

　屋久島と中国大陸との間は東シナ海だけであり，顕著な大気汚染物質の発生源はない。屋久島でのNO_x濃度はおおむね10 ppb以下と低く[3,4]，屋久島の島内における人間活動の影響はごく小さい。ゆえに，屋久島は東アジアの大気汚染物質の越境輸送の影響が顕著に観察される場としてとらえることができる。2.5節でも述べたように，屋久島山岳部の樹氷に含まれるイオン成分，鉛安定同位体比分析，電子顕微鏡観察および後方流跡線解析の結果から，樹氷中の大気汚染物質の主な起源は中国大陸である[5-10]。また，屋久島西部地域においては，秋季から冬季にO_3濃度が90 ppb程度になり，冬季に林内雨の硫酸イオン（SO_4^{2-}）濃度が30 mg/lと高濃度になることが報告されている[4]。

　大気汚染物質の中でも対流圏のオゾン（O_3）は，NO_xとVOCの大気中での光化学反応で生成され，植物にも悪影響を及ぼすことが知られている[11,12]。そのほか，人間の健康にもダメージを与え，二酸化炭素とメタン同様に，温室効果ガスとして地球環境にも影響を与えていることが知られている[2]。

　光化学オキシダント（O_x）として知られている大気中の酸化物質の大部分はO_3である。最近，日本国内のO_x濃度は増加傾向にあり[13]，国内の光化学オキシダント注意報（O_x濃度の1時間値が120 ppbv以上）を発令した都道府県は28都府県に達し，O_xすなわちO_3による大気汚染は依然として拡大している。実際に，2007年5月8日から9日にかけて，九州を中心に西日本から東日本にわたる広範囲での高濃度O_3が観測されて，越境大気汚染の典型的な例として注目されている[14]。また，2009年5月8日から9日にも大分県と沖縄県を除く九州各県と山口県に光化学オキシダント注意報が発令された。5月8日の鹿児島県では観測史上はじめての注意報発令であった[15]。この時屋久島でも100 ppb程度のO_3濃度が観測され，同時に粒子状物質の濃度も上昇したことが報告されている[16]。さらに，近年，山岳や離島といった本来汚染の少ない地域の観測地点でも，O_3濃度の上昇が観測されている。たとえば，長野県八方尾根（標高1850 m）における春季（3～5月）のO_3濃度は，1998年から2006年で平均約1 ppbv/yearの増加比率で，その濃度上昇が著しい[17]。

　このように，日本でもO_3濃度は上昇傾向にあるものの，その前駆物質であるNO_xとVOCの一

部である非メタン炭化水素（NMHC）の国内濃度は1986年をピークに減少に転じて，両者は1986年以降減少傾向[2]にある（2.1節）。すなわち，前駆物質は減少しているのに対して，それらから生成するO_3濃度が上昇するという矛盾した現象が生じている（図-2.1.1）。これについては，地上・衛星観測，モデル研究，各種インベントリーで得られた知見などから，日本国内のO_3濃度上昇は，大気汚染物質の排出量の急増する東アジア地域からの越境輸送が要因の一つと考えられている[2]。

図-3.1.1に2009年7月13日から2011年7月29日までの屋久島でのO_3濃度（1時間平均値）の連続観測結果を示す。また，月別O_3濃度の平均値と標準偏差，最大値および最小値を図-3.1.2 (a)に示す。O_3濃度には明瞭な季節変化が見られた。すなわち，春季の3月から5月に月平均濃度が40 ppb前後で，月の最大濃度が70 ppb以上と1つのピークを形成した。その後，O_3濃度は減少して，6月から8月にかけて月平均濃度はほぼ20 ppb以下になった。9月に入るとO_3濃度はふたたび上昇して，10月は春季と同程度かやや高い濃度レベルになった。とくに，2010年10月の月平均

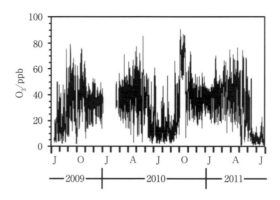

図-3.1.1　2009年7月13日から2011年7月29日までの屋久島でのO_3濃度（1時間平均値）の連続観測結果

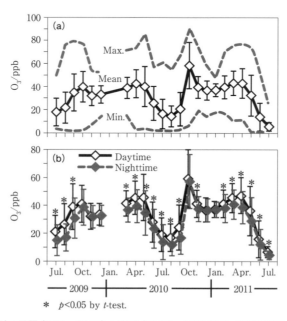

図-3.1.2　月別の昼間（6:00～18:00）と夜間（18:00～6:00）のO_3濃度の平均値と標準偏差

濃度および最大濃度は，この観測期間中最大となり，それぞれ 58.2 ppb, 90.4 ppb であった。

図-3.1.2 (b) に，月別の昼間（6：00～18：00）と夜間（18：00～6：00）の O_3 濃度の平均値と標準偏差を示す。観測した全期間を通して，O_3 濃度は夜間より昼間の方が高かった。4～5 月と，7～9 月において，両者の差違が顕著であり，平均濃度の低い 7 月から 9 月の方が相対的に昼夜の差違は大きかった。この時期，屋久島とその周辺では，昼間に大気中光化学反応により生成する O_3 濃度が相対的に大きく寄与していると考えられる。一方，10 月から 1 月は，昼夜の差が著しく小さく，かつ，標準偏差も小さくなった。このうち，2009 年 10～12 月と 2010 年 10 月，12 月および 2011 年 1 月の t 検定の結果では，各月で昼間と夜間との O_3 濃度には統計的な有意差はなく（$p > 0.05$），当該期間は屋久島およびその周辺での光化学的生成による O_3 の寄与は，きわめて小さいと考えられる。

このことから，2009 年と 2010 年の 10 月の高い O_3 濃度の大部分は，屋久島およびその周辺で光化学的に生成されたものではなく，屋久島へ長距離輸送されたものと推測される。

図-3.1.3 に屋久島の一湊中学校（標高 50 m）での月ごとの後方流跡線解析による気塊の起源地域の割合と，起源地域別の O_3 の平均濃度を示す。気塊の起源地域別区分（図-3.1.4）は，O_3 濃度と同

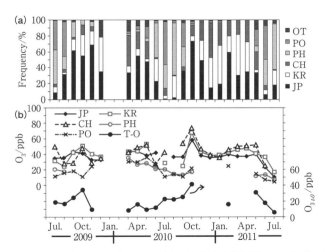

図-3.1.3　屋久島の一湊中学校（標高 50 m）での月ごとの後方流跡線解析による気塊の起源地域の割合と，起源地域別の O_3 の平均濃度

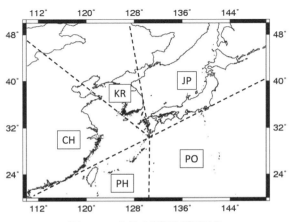

図-3.1.4　気塊の起源地域別区分

様に明瞭な季節変化を示した。すなわち，10～5月は日本とロシア(JP)，朝鮮半島と中国北部(KR)，中国(CH)の主に陸域起源が50％以上を占め，とくに，冬季を中心にその他(OT)を除いて100％となった。一方，6～8月は，フィリピン海(PH)と太平洋(PO)を主にした海洋起源が50％以上を占めた。とくに，2009年7月と2010年7～8月は80％以上を占めた。観測全期間を通しては陸域起源の気塊が65.2％と，3分の2近くを占めた。中でも，最終的に日本とロシアを通過して屋久島に飛来する気塊が最多となった。屋久島に飛来する気塊の起源地域がJPとされたもののうち，最終的に陸地上空を通過する前に日本とロシア以外のKRまたはCHの陸地上空を通過した気塊の割合も調べた。それらは観測全期間中で，それぞれ60.9％と7.7％を占めた。

　これらのことから，気塊の起源地域別の区分がJPとなったものでも，それ以前に大陸を通過し，その影響を受けているものが相当数含まれることが明らかになった。地表O_3の平均濃度は，主に陸域起源と主に海洋起源の気塊とで明瞭に異なった。観測全期間中の平均と標準偏差(1σ)は，CHが最も高くて44.4±14.2 ppb，次いでKR：42.7±10.3 ppb，JP：39.6±14.2 ppbと，上位はいずれも陸域起源となった。海洋起源はPH：16.6±10.4 ppbで，最も低かったPOで14.0±11.6 ppbであった。陸域起源の気塊の場合，月平均濃度は6月から9月を除けば30 ppb以上となった。とくに，O_3濃度が高かった2010年10月では，起源地域でCHの気塊の占める割合は12.9％とそれほど大きくなかったものの，O_3平均濃度は73.3 ppbと，観測全期間中の全区分の中でも最も高かった。後方流跡線解析から，この高濃度期間中の気塊の起源地域はJP，KRおよびCHのいずれかであり，JPでも1つを除いてすべてKRおよびCHの大陸上空を通過していた。このように，後方流跡線解析では，全般的に，中国大陸を起源地域とするKRとCHの気塊でO_3濃度が高くなることが多かった。一方，主に海洋起源では，気塊起源がPHとPOでは3～5月にO_3濃度が他の期間よりもやや高くなる傾向が見られた。この時期以外で両者の気塊起源のO_3の月平均濃度が30 ppbを超えることはなく，ほぼ20 ppb程度と低濃度だった。このように屋久島でのO_3濃度は，季節ごとに飛来する気塊が，大陸起源と海洋起源と明瞭に入れ替わることで，その濃度が大きく変化することが明らかになった。

　さらに，始点高度を500 mに加えて，1 000 mでも同様に後方流跡線解析を行った。その結果，観測全期間および季節ごとでも，始点高度500 mと比較して1 000 mの方が，大陸起源の気塊のうちJPの割合が少なく，逆に，KRとCHの割合が大きくなっていた。これは高度が上昇するにつれて，偏西風の影響を受けやすく，中国大陸方面からの影響が大きくなるためと考えられる。一方，海洋起源の気塊での両者の違いは，陸域起源の気塊ほど明瞭ではなかった。

　以上のことから，屋久島のO_3濃度は，10～5月までは，主に陸域起源の気塊が支配的となり，中でも人為活動起源の大気汚染物質濃度がとくに高い中国大陸起源の気塊の影響が大きい場合に，O_3濃度が高くなった。ところが，6～9月は人為活動由来の影響が小さく，主に海洋起源の気塊が卓越して，O_3濃度も20 ppb程度と清浄になることが明らかになった[18]。

3.2　オゾンの植生への影響評価

　屋久島の森林生態系において，大陸起源の越境大気汚染物質の影響が懸念されている種としてヤクタネゴヨウ(*Pinus armandii var. amamiana*)がある[4), 8), 19)]。ヤクタネゴヨウは，屋久島と種

子島にのみ自生するマツ科マツ属の常緑高木であり，屋久島に1 500〜2 000個体，種子島に300個体程度のみ残存して[20]，環境省のレッドリストでは絶滅危惧ⅠB類（EN）として記載される[21]。ヤクタネゴヨウは分布域が制限されることに加えて，種子生産量が少ないことや近交弱勢の影響がある。さらに，昭和50年代までの伐採やマツノザイセンチュウ病被害の影響が指摘されている。したがって，これらのさまざまな要因によって絶滅の危険性が非常に高まっていると考えられる[20]。

対流圏中のO_3は，植物に最も悪影響を与えていると考えられるガス状大気汚染物質である[11]。一般的に，リスク評価は(1)有害性評価と，(2)曝露評価に分けて定義される。植物に対するO_3のリスク評価の場合，(1)の有害性はO_3への感受性と言い換えられ，(2)の曝露評価は対象植物の分布地域でのO_3量であり，最終的なO_3のリスクは，感受性と曝露量の積で表される[22]。植物へのO_3の曝露量を示す指標として，欧米を中心に提案されているAOT40（Accumulated exposure over a threshold of 40 ppb）は，日射量が50 W/m^{2}以上の昼間において，40 ppbを超えたO_3濃度の時間積算量として計算される[11]。

$$AOT40 = \sum_{i=1}^{n} ([O_3]-40)_i, \quad [O_3]>40\,\text{ppb} \quad (3.2.1)$$

植物保護のためのクリティカルレベル（critical level，それ以上の濃度で存在すると植物に悪影響を及ぼす限界濃度）としてのAOT40は，4〜9月の6か月間に，10 %の乾物成長低下を引き起こす値として，ヨーロッパブナについて10 000 ppb·hや，最も感受性の高い樹種について5 000 ppb·hが，提案されている[23),24)]。農作物では，小麦について，成長期間の3か月に5 %の収量減をもたらす値として3 000 ppb·hとなっている[24]。また，日本を含む東アジアでの暫定的なクリティカルレベルとして，最も感受性の高いアカマツなどの樹木については，成長期の6か月間で8 000〜15 000 ppb·hが提案されている[25]。なお，AOT40は大気中O_3濃度のみに基づいて決定され，その他の環境要因（気温，土壌水分量，日射量など）は考慮されない。

このAOT40の計算は，温暖な屋久島に対しては成長期間が長いと考えられる。したがって，評価期間としてヨーロッパで検討された4〜9月の6か月間に2か月間を加えた11月30日までの8か月間として，2010年4月1日〜9月30日や2011年4月1日〜7月29日の調査結果をもとに，計算を行った[18]。該当した月のO_3濃度は，昼間として各日の午前6時から午後6時の間で，屋久島の一湊中学校の地表O_3の1時間平均濃度40 ppb以上の時に，40 ppb超過分濃度と時間との積算量として，AOT40を計算した。

AOT40の計算結果を図-3.2.1に示す。各年のAOT40は，2010年は9月までで8 122.4 ppb·h，11月までで17 922.3 ppb·h，2011年は7月までで5 750.1 ppb·hであった。月ごとのAOT40の積算量を比較したところ，2010年と2011年のいずれも，4月と5月でそれぞれ2 000 ppb·hを超えていた。また，2010年は10月に8 214.5 ppb·h，11月に1 585.3 ppb·hと10月だけでそれ以前の半年分を超過していた。

この時期はいずれの年でも3.1節の後方流跡線解析での地域区分では，JP，KRおよびCHに該当する主に陸域起源の気塊の割合が60 %以上，高い場合は100 %を占めており，AOT40の積算には，基本的にはこれら陸域起源の気塊のO_3が寄与していた。とくに，10〜11月にAOT40が大きいことは，従来のヨーロッパで定義されているAOT40の評価期間である4〜9月では，日本の中でも屋久島を含む温暖な地域では不十分である可能性が示唆された。

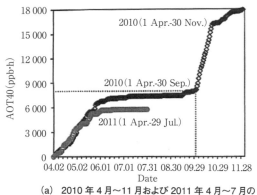
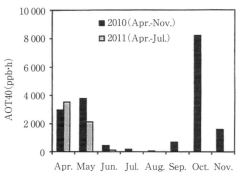

(a) 2010年4月～11月および2011年4月～7月の AOT40の積算値

(b) 2010年4月～11月および2011年4月～7月の 月別AOT40の値

図-3.2.1 屋久島一湊中学で観測したO_3濃度によるAOT40計算結果

また，離島の隠岐，沖縄，利尻島および小笠原での地表O_3濃度観測の結果から，4～9月の6か月間のAOT40が計算されている[26]。それによると，日本海側の隠岐では観測した5年のうち，2年で30 000 ppb・hを超え，ヨーロッパにおけるクリティカルレベルとされる10 000 ppb・hの3倍を超えていた。一方，東シナ海側の沖縄や日本海側に位置する北海道の利尻島では，10 000 ppb・h前後であった。小笠原は，これらと比較して低く，1 900 ppb・h程度に過ぎなかった。小笠原を除くいずれの場所も屋久島と同様に，4月から5月にかけてのAOT40積算量の上昇が著しかった。

この結果では，屋久島の地表O_3濃度による植生への影響は，ただちに重大な影響が現れるというレベルではないと考えられる。また，植生へのO_3の影響は一様ではなく，針葉樹よりも広葉樹の方が大きいと言われている[11]。しかし，O_3の植生への影響を考慮する際には，昼間の4～9月だけでなく，とくに屋久島では，高濃度が観測された秋季や，この時期に濃度差が小さくなる夜間のO_3濃度が影響を及ぼす可能性も考えられる。実際に，夜間のO_3曝露がヨーロッパカバノキ（*Betura pendula*）の成長低下を生じさせるとの報告もある[27]。

屋久島でとくにAOT40が大きかった2010年10月は，昼間と夜間のO_3濃度に統計的な差はなく，昼間に加えて夜間も高濃度のO_3曝露を受けていることになる。屋久島では，観測した標高15 m程度でのO_3濃度よりも，ヤクタネゴヨウなどに大気汚染物質の影響が懸念される植生域でのO_3濃度が重要となる。屋久島のヤクタネゴヨウは，標高200～800 m付近の尾根筋や基盤岩上での分布が確認されている[28]。さらに，ヤクタネゴヨウは樹高が高く，照葉樹林の林冠層から突出して生息している[20]。このため，O_3濃度を観測した海岸付近の低標高の地域やヤクタネゴヨウ分布域と同じ地域の他の植生よりも，O_3曝露量が大きくなると考えられる。後方流跡線解析の結果から，始点高度がより高い方が，日本国内よりも中国大陸の影響を受けやすいことが示されている。したがって，屋久島においてはより高い標高地域で，大気汚染物質の曝露量がより大きくなる可能性がある。

さらに，O_3による植生への影響を考えた場合，その感受性を考慮に入れる必要がある。東アジアでも，AOT40と植物のO_3吸収量の空間分布には違いが見られ，O_3による植物影響のより正確な評価には，植物ごとにO_3吸収量の考慮が必要であると指摘されている[29]。ヤクタネゴヨウについても，実際の現場でのO_3濃度とそれに対する反応について，さらに曝露実験等から検討を加え

る必要があろう。

　ところで，懸念されている中国大陸からの越境大気汚染は O_3 だけでなく，窒素および硫黄酸化物の負荷量の増大がある。窒素負荷量の増加に伴う O_3 感受性の変化を考慮して，植生への O_3 のリスク評価が行われている[22]。それによると，樹種間での影響度に差異が認められ，AOT40 が高い地域と O_3 による成長低下率が高い地域が必ずしも一致しないことが結論付けられた。屋久島では，O_3 のほかに酸性沈着物によるヤクタネゴヨウ針葉への影響が報告されている[4),19]。今後，屋久島でのヤクタネゴヨウをはじめとする植生への越境大気汚染物質の影響は，O_3 に加えて酸性沈着物等との複合的影響を考慮する必要がある。

3.3　大気汚染物質による樹木衰退の現状

　樹木への環境影響は，本来，単独の要因よりも複数の要因が絡んだ複合的影響として発現することが多い。

　そこで，樹木衰退に対して，衛星データ（ランドサット TM データ）を用いて正規化植生指標によって屋久島の植生の活性度の経年変化について検討してみた。

　近年，わが国においても大気汚染に起因すると考えられる森林衰退が各地で報告されている[34)-38]。屋久島においても，近傍に人為汚染源がない西部林道周辺のヤクタネゴヨウの衰退が目立っている[20]。これらの衰退の原因の1つとして，著者らは東アジアから大気汚染物質が長距離輸送された影響であることを指摘してきた[4),6),8),10),16]。さらに，最近森林衰退の原因の一つと考えられている窒素酸化物の二次生成物である O_3 の濃度が，屋久島西部林道付近で平均 42.5 ppb と[4]，バックグランド濃度とほぼ同程度であることが明らかになった。また，化石燃料の燃焼に伴って発生するエアロゾルは，硝酸や硫酸成分などの酸性物質および二次生成物質であるオゾンとともに，冬から春の偏西風によって日本へ輸送されて，屋久島に沈着することが示されている[4),8),16]。

　これら酸性物質あるいは O_3 が，屋久島の植生に影響を与えているか，与える可能性があるかを，衛星データを用いて検討した。解析には，1984年7月18日，1990年5月16日，1992年5月21日および1996年5月16日のランドサット TM データを用いた。植生の活性度の評価は正規化植生指標（NDVI）による解析手法を用いている。
NDVI を以下に示す。

$$\text{NDVI} = (\text{BAND4} - \text{BAND3})/(\text{BAND4} + \text{BAND3}) \times 128 + 127 \tag{3.3.1}$$

　NDVI の評価では，各衛星データから得られた（NDVI の平均値の差）＋（標準偏差）よりマイナス側に移動したメッシュを，植生の活性度が低下したメッシュとした。その結果，屋久島の植生は 1984 年から 1990 年までは植生の活性度の低下は見られないが，1992 年以降に，図-3.3.1 のように活性度の低下が認められた。この解析結果が人為的汚染に起因するのか，自然的要因に因るか，の判断は今後の研究結果を待たねばならない。

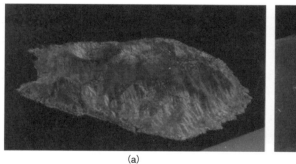
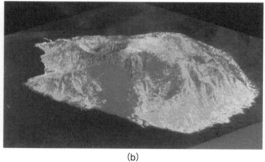

図-3.3.1 ランドサット TM データを用いた NDVI による解析結果，1984年～1992年 (a) までは大きな変化はないが，1992年～1996年 (b) では西部地区での NDVI 値の低下がみられる

3.4 乾性沈着物の針葉への影響

　久米らによって，屋久島西部地域のヤクタネゴヨウの生育環境における大気汚染の実態と植物の反応が調べられた[4]。その結果，冬季の高濃度 O_3 と林内雨の高濃度 SO_4^{2-} に加えて，尾根部に生息しているために，大気汚染物質の負荷量が大きいこと，11月から翌年2月にかけて針葉からのカリウムイオン（K^+）溶脱量が増大すること，針葉重量が減少していること，などが報告された。これらは，乾性沈着によるエアロゾル負荷量の増大によって生じる針葉表面の劣化に加えて，細胞質成分の溶脱の促進によると考えられている[4]。

　ここでは，長距離輸送される大気汚染物質の植物への影響を評価するために，屋久島におけるヤクタネゴヨウの乾性沈着よる溶脱量について検討した。

　調査地点は，図-2.5.2 のように，屋久島西部地域のヒズクシ峰（30°19′N，130°23′E，標高410m）である。ヒズクシ峰は，屋久島西部に位置して，標高で 200 m ほど下に西部林道がある以外には，周囲に人家や工場などはない。屋久島中央山岳部では年間平均降水量が 7 000 mm を超えて，年によっては 10 000 mm 近い記録がある[30]。一方，西部地域の年間平均降水量は 2 000～3 000 mm 程度と，屋久島の中では比較的少ない[31]。屋久島西部地域のヒズクシ峰山頂付近に生息するヤクタネゴヨウの多くは，尾根部に分布して，その樹冠部は周囲の広葉樹の林冠層から突出しており，途中で針葉への乾性沈着を妨げるものはない。ここで，2009年12月8日に，海側から山側に向かって約 10 m 間隔で並んだヤクタネゴヨウ 3 個体（順番に，樹高 2.7 m，胸高直径 2.5 cm；樹高 1.7 m，胸高直径は高さ不足でデータなし；樹高 3.5 m，胸高直径 19.1 cm；生育状態は目視等によれば海側から山側の順番に良い）から，それぞれの樹木の海側と山側から，はさみで枝ごと針葉を採取した。

　乾性沈着量および溶脱量は次式のように定義して算定した。

$$D_a = \frac{C_i V}{w \cdot Fw \cdot t} \tag{3.4.1}$$

$$L_a = \frac{C_i V}{w \cdot Fw} \tag{3.4.2}$$

ここで，D_a：乾性沈着量（μmol/(g d)），L_a：溶脱量（μmol/g），C_i：イオン濃度（mg/l），V：抽

出液体積（ml），w：針葉生重量（g），Fw：イオンの式量（g/mol），t：針葉の曝露時間（d）である。針葉の曝露時間は，屋久島の試料採取地点に最も近いAMeDAS観測地点の降水量データから[32]，尾之間の降水量が記録されていない期間を算出して無降雨期間とし，これを曝露時間とした。これにより，針葉の洗浄の有無によらず乾性沈着量の比較を可能にした。

表-3.4.1に，ヤクタネゴヨウの針葉へのF^-，Cl^-，NO_3^-およびSO_4^{2-}の乾性沈着量の平均値と標準偏差を，それぞれ当年葉と1年葉に分けて示した。なお，ヤクタネゴヨウの当年葉のうち，最も海側の1試料は，他の当年葉の試料に比較して著しく大きな値を示したので，別表記した。最も海側のヤクタネゴヨウの乾性沈着量は，他の当年葉の平均値よりも6～10倍程度大きかった。ヤクタネゴヨウは尾根上に生育[20]し，さらに，他の植生よりも樹高が高いことから，針葉表面への乾性沈着量が大きくなること[4]，その中でも，とくに乾性沈着量が大きい部位が存在すること，が明らかになった。

また針葉への乾性沈着量の平均値は，ヤクタネゴヨウでは当年葉よりも1年葉の方が大きく，1年葉が針葉への乾性沈着物の蓄積に大きく寄与していることを示していた。このことは，当年葉と1年葉という葉齢によって，同地点の同一樹種でも乾性沈着量が異なる可能性を示している。針葉表面のクチクラ層は外部をワックスで覆われる。中でも，最外層にあって直接大気と接触する部分は，エピクチクラワックス（クチクラ表層ワックス）と呼ばれて，外気の曝露によって不可逆的に劣化する[33]。とくに，針葉樹は広葉樹と比較して長期間着葉しているために，大気汚染地域では，葉面に沈着する大気汚染物質も多くて，エピクチクラワックスの溶脱や変質の原因となる。このことは，葉面からの栄養塩類流出や蒸散の増大，菌類の感染などを引き起こすと考えられる[33]。

また，ヤクタネゴヨウからはF^-が検出されて，当年葉で平均0.06μmol/(g d)，1年葉で平均0.14μmol/(g d)であった。大気エアロゾル中のF^-は，日本の盛岡市では平均0.008μg/m^{3}に対して[44]，中国の北京市では平均0.61μg/m^3 [34]，PM$_{2.5}$で平均0.29μg/m^{3}と[35]，日本と比較して数十倍の高い濃度が検出されている。また，降水中F^-は，新潟県内の大気降下物を含む降水中で0.27～1.91μeq/l [36]，横浜で0.20～53.8μg/l（0.011～2.83μeq/l）に対して[37]，中国では，春季の西安で平均28.7μeq/l [38]，重慶の都市部で平均54μeq/l，さらに霧や露からもそれぞれ平均680μeq/lや480μeq/lと[39]，著しい高濃度が報告されている。

このような中国大陸での大気中の高濃度F^-は，他地域より高濃度で含まれる土壌[40]や石炭燃焼[34]が起源と考えられている。一方，フッ素含有量の高くない石炭を使用しても，不適切な工場の排気

表-3.4.1 ヤクタネゴヨウの針葉への主要イオンの乾性沈着量の平均値と標準偏差（それぞれ当年葉と1年葉に分けて示した）（μmol/g/day）

調査地点と樹種			F^-	Cl^-	NO_3^-	SO_4^{2-}	K^+	Mg^{2+}	Ca^{2+}
屋久島	当年葉	平均値	0.06	2.78	0.27	0.21	0.48	0.75	0.30
		標準偏差	0.04	2.30	0.20	0.18	0.27	0.51	0.18
		n	7	7	7	7	7	7	7
ヤクタネゴヨウ	当年葉		0.58	24.2	1.71	1.69	1.79	5.55	1.92
		n	1	1	1	1	1	1	1
	1年葉	平均値	0.14	3.99	0.37	0.32	0.87	0.70	0.31
		標準偏差	0.16	2.60	0.28	0.23	0.39	0.52	0.19
		n	5	5	5	5	5	5	5

処理設備や家庭での使用によって，フッ素汚染が引き起こされるとの指摘もある[41]。また，中国大陸における高濃度の大気中 F^- は，日本にも長距離輸送されることが指摘されている[40),42]。

屋久島の標高 1700 m 地点において，1997 年 1 年間の後方流跡線解析を行った結果，屋久島で冬季を中心に 1 年間の約半分は，中国大陸の位置する北西からの風が占めることが明らかになっている[9]。以上のことから，ヤクタネゴヨウの乾性沈着物の F^- は，屋久島近傍や九州本土の火山起源ではなく，中国大陸からの長距離輸送による可能性が高いことがわかる。近年，中国ではエネルギー使用量が増加傾向にあり，一次エネルギーとしての石炭が占める割合は 2008 年で 68.9 % と依然として高い[43]。したがって，今後，中国大陸からの大気汚染物質の長距離輸送を議論する際には，F^- も考慮する必要がある。

中国の西安市と北京市における 2005 年 9 月から 2006 年 8 月の年間平均濃度は，それぞれ（以下，西安市，北京市の順）SO_2：$53 \mu g/m^3$（= 19 ppbv），$53 \mu g/m^3$（= 19 ppbv）；NO_2：$44 \mu g/m^3$（= 21 ppbv），$66 \mu g/m^3$（= 32 ppbv）；PM_{10}：$126 \mu g/m^3$，$162 \mu g/m^3$ と報告されている[34),55]。平成 21 年度の日本の平均濃度は，NO_2：12 ppbv，SO_2：3 ppbv，浮遊粒子状物質：$21 \mu g/m^3$（いずれも一般局の平均濃度）だった[45]。いずれも，中国の方が日本よりも，NO_2 で 2〜3 倍程度，SO_2 や浮遊粒子状物質と比較した PM_{10} は 6〜8 倍程度高かった。

以上のことから，中国大陸では日本よりも，ガスやエアロゾルとしての大気汚染物質濃度が著しく高い傾向にあることがわかる。また，屋久島北部の一湊中学校での地表 O_3 濃度観測と後方流跡線解析の結果から，冬季から春季を中心に中国大陸からの気塊の割合が大きくなること，中国大陸経由の気塊の場合の O_3 濃度は日本やロシアおよび海洋経由の気塊の場合よりも高濃度となる傾向があること，が報告されている[19]。

試料採取を行った 2009 年は，12 月 8 日から 5 日間前までの O_3 濃度が 19〜52 ppbv（1 時間平均値）で，後方流跡線解析による気塊の移動経路は日本およびロシアや，朝鮮半島および中国北部が多く，中国南部経由も含まれてはいるが，海洋経由はなかった。このように屋久島は冬季から春季を中心に，F^- を含む大気汚染物質濃度の高い中国大陸からの気塊の寄与が大きくなり，長距離輸送によって拡散しながら屋久島に輸送されて，その影響が乾性沈着という形で，ヤクタネゴヨウ針葉に発現していることが明らかになった。

表 -3.4.1 に，ヤクタネゴヨウからの K^+，Mg^{2+} および Ca^{2+} の溶脱量の平均値と標準偏差を示す。ヤクタネゴヨウの当年葉と 1 年葉の平均溶脱量を比較すると，K^+ は 1 年葉の方が大きくなっていたものの，Mg^{2+} と Ca^{2+} はほぼ同等か若干小さくなっていた。屋久島西部のヤクタネゴヨウ針葉からの K^+ の溶脱は久米らによって報告されている[4]。しかし，ここでは K^+ に加えて Mg^{2+} や Ca^{2+} の溶脱量も測定した。また，乾性沈着量で区分した当年葉のうち沈着量がとくに大きい樹の針葉については，同様に溶脱量も大きくなっていた。日本海沿岸の新潟県のスギ林でも，非海塩性 SO_4^{2-} の負荷とそれに伴う K^+ の溶脱促進や，NH_4^+ の吸収促進，および，濡れ性の増加という針葉劣化が報告されている[46]。

これらのことから，ヤクタネゴヨウの葉面劣化に伴い植物葉内から K^+，Mg^{2+} および Ca^{2+} の溶脱が考えられた。Ca^{2+} の溶脱は，植物の原形質膜に結合した Ca^{2+}（mCa）の溶脱の可能性があり，この場合，膜の輸送特性を変えて植物の耐性を低下させる[47),48]。とくに，Ca^{2+} 溶脱量の大きいヤクタネゴヨウには，その影響が生じている可能性がある。

表-3.4.2 に，乾性沈着量と溶脱量の各イオン間の関係を見るために，両者の相関を求めた結果を示す。いずれのイオンも当年葉と1年葉を合わせて，相関を求めた。ヤクタネゴヨウの乾性沈着量の各イオン（F^-，Cl^-，NO_3^- および SO_4^{2-}）と溶脱量の各イオン（K^+，Mg^{2+} および Ca^{2+}）の間には，それぞれ $r=0.71〜0.96$（$p<0.01$）という高い相関が認められた。これらのことから，ヤクタネゴヨウには乾性沈着量の増大による針葉劣化によって，K^+，Mg^{2+} および Ca^{2+} の溶脱が促進されたと考えられる。

一方，ヤクタネゴヨウより低標高域に分布するクロマツは，乾性沈着量が大きいものの，単位面積当たりの葉重量が大きくて，針葉が頑強である。そのために，外部からの物理的・化学的ストレスに強く，針葉内からの K^+ の溶脱は抑制され，かつ，葉齢を重ねても溶脱量が増加しないことが報告されている[4]。このように同様の大気環境下においても，生育場所や樹種特性によっては，大気汚染物質への感受性が大きく異なると推測される。したがって，ヤクタネゴヨウは，乾性沈着量の大きい尾根部に分布・生育して，林冠部から突出する個体が多いこと，かつ，その針葉表面がクロマツ等に比較して軟弱であることから，大気汚染物質の影響を感受しやすいと考えられる[4]。

表-3.4.2 乾性沈着量と溶脱量の各イオン間の相関

調査地点	n		K^+	Mg^{2+}	Ca^{2+}
屋久島	13	F^-	0.90*	0.71*	0.72*
	13	Cl^-	0.85*	0.96*	0.96*
ヤクタネゴヨウ	13	NO_3^-	0.86*	0.89*	0.90*
	13	SO_4^{2-}	0.89*	0.93*	0.93*

3.5　炭素・酸素安定同位体比による樹木影響評価

屋久島と種子島にのみ分布するヤクタネゴヨウ（*Pinus amamiana*）は，残存数がわずかであり，絶滅の危機にある[20]（3.2節）。ヤクタネゴヨウの個体数が減少している理由として，中国大陸から輸送された大気汚染物質によるストレスの影響が新たに指摘されている[11]。屋久島には周囲に大規模な大気汚染物質の発生源がなく，西風が卓越していることから，中国大陸から輸送された大気汚染物質の観測に適している。

本研究では越境輸送される大気汚染物質が屋久島の樹木に与える影響を炭素・酸素安定同位体比（$\delta^{13}C$，$\delta^{18}O$）を用いて評価した。

2011年9月に屋久島西部の西部タワー（標高200 m），ヒズクシ峰（410 m），大川林道（800 m）の3地点において8樹種9個体から葉と枝を採取した。葉組織中の $\delta^{13}C$ から長期的な水利用効率を，葉組織と枝中の水の $\delta^{18}O$ の差（$\delta^{18}O$）から長期的な蒸散特性を推定した。

ヒズクシ峰のヤクタネゴヨウとクロマツおよび大川林道（800 m）のツガとヤクタネゴヨウは，他の地点や同地点内の別樹種より $\delta^{13}C$ が低かった（図-3.5.1）。また，この4個体中においてヒズクシ峰のヤクタネゴヨウとクロマツはさらに $\delta^{13}C$ が低かった。この4個体で $\delta^{18}O$ に差が見られないため，マツは光合成能力が低い可能性が考えられる。また，ヒズクシ峰，大川林道のヤクタネゴヨウとクロマツの正常な青い葉と黄変した葉（大気汚染物質に曝露されたと考えられる）で $\delta^{13}C$ と $\delta^{18}O$

に差がみられないことから，これらの葉には水利用効率や蒸散特性に差はないことが分かった。大量の大気汚染物質が確認される冬季に成長が遅いことが関係していると考えられる。

屋久島西部地域には，ヤクタネゴヨウと同じマツ属樹種のクロマツ（*Pinus thunbergii*）も多く分布している。葉組織の炭素・酸素安定同位体比分析から，ヒズクシ峰のヤクタネゴヨウおよびクロマツは，同所的に分布するアセビ（*Pieris japonica*）よりも水利用効率が低いために，光合成速度が小さいと報告されている[49]。これらから，ヤクタネゴヨウおよびクロマツは，大気汚染物質の蓄積が原因となって，針葉からの溶脱による光合成速度低下の影響を受けやすいことが推察される。

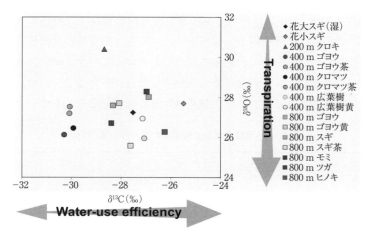

図-3.5.1 炭素・酸素安定同位体比（$\delta^{13}C$, $\delta^{18}O$）を用いて評価した結果

3.6 年輪解析

近年，屋久島で観測される大陸由来の大気汚染はいつごろから発現してきたのであろうか？

環境汚染の履歴を検討する際に用いられる被検物としては，一般的に，沿岸海域や湖沼の柱状堆積物，あるいは，年輪コア，さらに，地質年代的な変化にはアイスコア，などが挙げられる[50)-53)]。これらのうち，屋久島で採取可能なものは，尾立ダム湖の堆積物，あるいは，年輪コアに限られる。ところが，尾立ダム湖は，工事着手が1959年で，竣工は1963年と歴史が浅く，1963年以降の環境履歴しか明らかにできない。一応，尾立ダム湖の底質採取には挑戦した。コアは採取できたが，ダム湖自体の生産性が非常に低い上に，急流河川が豪雨でもたらした堆砂により堆積物は砂質であった。さらに，柱状コア試料を容器から抜く際に空気を引き込むため，堆積層が乱れてコア試料として使用不能となった。凍結後に容器からコア試料を抜いてカットする方法もあるが，50年分程度の履歴と放射性鉛同位体比によって，堆積速度の算定等を考慮すると，尾立ダム湖のコア試料は不適と判断された。

もう1つ別の手法として，高山部にある高層湿原の花之江河や小花之河の堆積物を試料とすることは可能であるが，堆積速度がきわめて遅いため，環境汚染の履歴を見るという目的には適していない[54)]。そこで，屋久島に数多く存在する巨木の年輪コアを用いて，その金属元素の経年変化と鉛同位体比の変化から汚染の履歴と起源を明らかにすることにした。

年輪コアは，図-3.6.1 のように，インクリメントボア（Hagiof 社製）を用いて，樹高おそよ 1.2 m の高さで 2〜3 本採取した。年輪コアを抜いた穴は同じ樹種の木片で栓をした。採取した年輪コアは，プラスチックストローに入れ冷凍保存した。図-3.6.1 に示すように，年輪コアの 1 本は水銀分析用に，もう 1 本は ICP-MS 分析用に用いた。水銀分析用のコア試料は，セラミックスの包丁を用いて樹皮と，樹皮以下は外側から内側に向かって，最初の 2 cm は 0.5 cm ごと，2 cm 以降はすべて 1 cm ごとにカットした。その後，それぞれの試料片に含まれる年輪数を読み取って，試料片の湿重量を測定した。水銀分析用は，試料片をそのまま加熱気化原子吸光光度法で測定した。ICP-MS 用試料片は，マイクロ波試料分解装置を用いて分解し，最終的に 0.4 N HNO$_3$ 溶液にして ICP-MS で金属元素と鉛同位体を測定した。

ここでは，屋久島西部地域のヤクタネゴヨウと，図-3.6.2 に示す淀川登山口のモミ群落のモミから採取した年輪コアの水銀分析結果について解説する。ここでは，1 つの例しか示してないが，屋久島のモミの 6 個体の年輪コアについて同様に水銀の分析結果から，1980 年から 1990 年頃の中国大陸の経済成長と合致する水銀濃度の変化を示していることから，屋久島のモミの年輪コア中の水銀の分布は越境大気汚染の影響を示唆する結果であった。

図-3.6.3 に，ヤクタネゴヨウの年輪コア中の Pb 濃度の経年変化を示す。ヤクタネゴヨウとモミはともに 1960 年代半ばから鉛濃度が上昇している。年輪中の金属元素は，根から吸収されるより

図-3.6.1　年輪コア採取の様子（a）および分析のために予備コアをカットした様子（b）

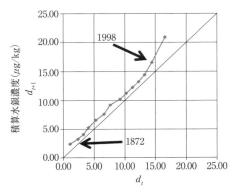

図-3.6.2　淀川登山口のモミ群落のモミから採取した年輪コアの水銀分析結果

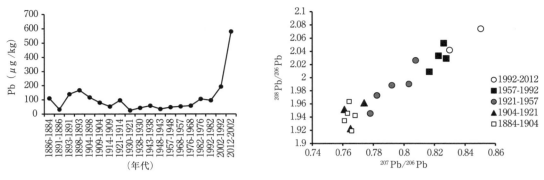

図-3.6.3　ヤクタネゴヨウの年輪コア中のPb濃度の経年変化

も大気から取り込まれる方が圧倒的に多いとされる[55]。この年輪中の鉛濃度の変化は，この時代に大気中の鉛濃度に変化が生じたことを示している。図-3.6.3に示す^{206}Pb/^{207}Pbと^{208}Pb/^{207}Pbの分布を見ても，1950年以降に鉛同位体比が変化していることが明らかである。1950年代以降の鉛同位体比の分布域が同一で濃度が上昇していること，この鉛同位体比が中国大陸のエアロゾルのそれに近いことから，この時代以降に中国大陸からの越境大気汚染の影響が大きくなったことを示している。さらに，1890～1920年頃には，鉛同位体比と鉛濃度から，鉛汚染のない大気環境に曝露されていたことを示している。

また，ヤクタネゴヨウの金属元素間の相関を見ると，石炭燃焼に関係するSe，AsおよびTeの間の相関が高い。これらの金属元素とPbとの間の相関は低いため，Pbの起源が異なると考えられる。さらに，Pb/Znの経年変化では，1990年頃から大きな変化が見られて，中国大陸からの影響が増大している状況が見てとれる。

3.7　口永良部島の火山噴火影響

2015年5月29日9：59に口永良部島新岳が34年ぶりに爆発的噴火をし，噴煙が火口から10 000 mまで上昇し，上空8 000から10 000 mの西風に運ばれ屋久島西南部に降灰現象があった。気象庁の降灰予想図を図-3.7.1に示す。この予想図から降灰の過多を屋久島の地図上に書込んだものが図-3.7.2である。5月29日に屋久島に調査に行く途中（中部国際空港に向かう新幹線で）に口永良部爆発噴火の第一報を聞いた。屋久島到着後，29日20：00頃から淀川登山口（St.1）から安房までの林道上でSt.1～St.6までスギの葉に付着した降灰を採取した。調査地点は図-3.7.2に示す。スギの葉に付着した火山灰中のイオン成分および水銀濃度は図-3.7.2に示した降灰分布に一致した濃度勾配であった。降灰は，屋久島西部側の流域内で大量の降灰現象があったことがわかる。

5月30日昼前から降雨があり，西部林道の8渓流，1地下水，西部から南部にかけては，瀬切川，大川，黒味川，中間川，鈴川の5河川，東部では楠川，白谷川，宮之浦川の3河川，北部から西部林道までは，一湊川と永田川の2河川で採水した。降りはじめからの河川水中の水銀濃度を図-3.7.2に示す。火山降灰と関係のあるF^-とSO_4^{2-}の濃度および水銀の濃度が高く，とくに西部林道の川原渓流群の濃度が高かった。また，西南部の鈴川まで高い濃度であった。東部の楠川は降灰の影響は見られなかった。濃度が高くなったのは，流域内の降灰の多い河川でその傾向がみられた。5

3.7 口永良部島の火山噴火影響

月30日，6月1日，6月8日，6月12日，6月13日，6月20日の上記物質の河川中の濃度をみるとF$^-$は6月1日には，正常値に戻っていたが，SO$_4^{2-}$は濃度減少がかなり遅かった。F$^-$は水溶解

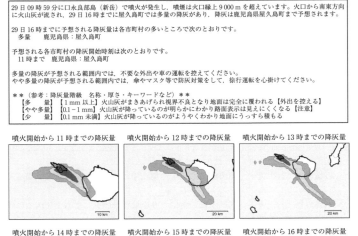

図-3.7.1　降灰予想図（気象庁発表）

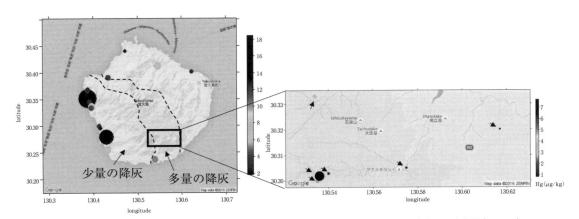

（左）2015年5月29日の口之永良部噴火翌日の降雨時に観測された屋久島河川中水銀濃度　調査は全島を一周して行ったため，採取時間にはタイムラグがある。

（右）スギについた降灰中に含まれる水銀量（μg/kg）　凡例は数値が濃度，円の大きさも濃度を示す。

図-3.7.2　口之永良部の火山噴火翌日の降雨時に観測された河川中の水銀濃度（左）および，降雨前に採取したスギ枝に沈着した降灰中水銀濃度（右）

度が大きいため，早い時期に河川水中から消えたものと思われる。一方，SO_4^{2-}はかなり長い時間降灰中に残存し，降雨のたびに河川中に流出してくるものと考えられる。水銀は，F^-よりは長く残存するがSO_4^{2-}ほどには残存していなかった。一時的な河川中の生態影響は，SO_4^{2-}について慎重に検討する必要がある。とくに，屋久島のように渓流水を簡易ろ過して飲料水にしているようなところでは，飲料水によるヒト健康リスク，さらには，野生動物への影響も考慮する必要がある。

◎文　献

1) Ohara,T., Akimto, H., Kurokawa, J., Horii, N., Yamaji, K., Yan, X. & Hayasaka, T.(2007)：An Asian emission inventory of anthoropogenic emission sources for the period 1980-2020, Atmos. Chem. Phy., 7, pp.4419-4444
2) 大原利眞(2011)：なぜ，日本の山岳や島嶼でオゾン濃度が上昇しているのか?，日本生態学会誌，61(1)，pp.77-81
3) Sakugawa, H., Yuhara, T. & Hirakawa, T(2004)：Behavior and sources of atmospheric ozon, nitrogen oxides and sulfur dioxide in Yakushima, Japan, Mem. Fac. Integated Arts and Sci.,Hiroshima Univ., Ser IV, 30, pp.73-85
4) Kume, A., Nagafuchi, O., Akune, S., Nakatani N., Chiwa, M. & Tetsuka, K.：Environmental factors influencing the load of long-range transported air pollutants on Pinus amamiana in Yakushima Island, Japan：Ecologycal Reserch, 25：pp.233-243, 2010
5) 永淵修，田上四郎，石橋哲也，村上光一，須田隆一(1993)：樹氷中の溶解成分による大気環境評価の試み，地球化学，27，pp.65-72
6) 永淵修，須田隆一，石橋哲也，村上光一，下原孝章(1993)：長距離移流物質による大気汚染の解析－樹氷に含まれる酸性物質の起源－，日本化学会誌，No.6，pp.788-791
7) Nagafuchi, O.,(1995)：Analysis of long-range transported acid aerosol in rime found at Kyushu mountainous reions, Japan, Water Air Soil Pollu.,85, pp.2351-2356
8) 永淵修(2000)：屋久島における大陸起源汚染物質の飛来と樹木衰退のの現状，生態学会誌，50，pp.303-309
9) 永淵修(2000)：樹氷の調査と試料分析，佐竹研一編，酸性雨研究と環境試料分析－環境試料の採取・前処理・分析の実態－，愛智出版，pp.51-69
10) Nagafuchi, O., Mukai, H. & Koga, M.(2001)：Black acidic rime ice in the remote island of Yakushima, a World Natural Heritage area, water Air Soil Pollu., 130, pp.1565-1570
11) 伊豆田猛，松村秀幸(1997)：植物保護のための対流圏オゾンのクリティカルレベル，大気環境学会誌，32，pp.A73-A81
12) 小林和彦(2007)：オゾン濃度の上昇が植物に及ぼす影響，資源環境対策，43，pp.49-53
13) Ohara, T. & Sakata, T.(2003)：Long-term variation of photochemical oxidants over Japan, J. Japan Soc. Atmos. Environ, 38, pp.47-54
14) Ohara,T., Uno, I., Kurokawa, J., Hayakawa & M., Shimizu, A(2008)：Episodic pollution of photochemical ozon during 8-9 May 2007 over Japan- Overview-, J.Japan Soc. Atmos. Environ., 43, pp.198-208
15) 遠矢倫子，平原律雄，茶屋典仁，上村忠司，平原裕久(2009)：高濃度光科学オキシダント発生要因に係る解析について(第Ⅱ報)，鹿児島県環境保健センター所報，pp.78-81.
16) 永淵修，横田久里子，中澤暦，金谷整一，手塚賢至，森本光彦(2015)：2009年5月8日～10日に屋久島で観測された高濃度オキシダントと粒子状物質の起源解析，土木学会論文集G，2
17) Tanimoto, H.(2009)：Increase in springtime trospheric ozon at a mountainous site in Japan for the period 1996-2008, Atmos Environ., 43, pp.1358-1363
18) 三宅隆之，永淵修，手塚賢至，横田久里子，金谷整一(2012)：屋久島における地表オゾン濃度とその変動要因，大気環境学会誌，47，pp.252-260
19) 三宅隆之，永淵修，金谷整一，横田久里子，手塚賢至，橋本尚己，木下弾，伊勢崎幸洋(2013)：屋久島および霧島における無機イオン成分の針葉への乾性沈着，大気環境学会，48，pp.92-100
20) 金谷整一(2010)：ヤクタネゴヨウの衰退と保全，森林科学，60，pp.34-37
21) 環境省ホームページ
22) Watanabe, M. & Yamaguchi, M.(2011)：Risk assessment of ozon impact on 6 Japanese forest tree species with consideration of nitrogen deposition, Jpn. J. Ecol., 61, pp.89-96
23) UNECE(2004a)：The condition of forests in Europe, 2004 Executive Report
24) UNECE(2004b)：Manual on methodologies and criteria for modelling and mapping critical loads & levels and air pollution effects, risks and trends, pp. Ⅲ9-Ⅲ21
25) Kohno, Y., Matsumura, H., Ishii & T., Izuta, T.(2005)：Establish critical levels of air pollutants for protesting East Asian vegetation- A challenge(Plant Responces to Air Pollution and Global Change, Omasa,K., Nouchi, I., De Kok, L. J. eds.,

Springer-Verlag, Tokyo), pp.243-250

26) Pochanart, P., Akimoto, H., Kinjo, Y. & Tanimoto, H. (2002) : Surface ozone at four remote island sites and the preliminary assessment of the exceedances of its critical level in Japan, Atmos. Environ., 36, pp.4235-4250
27) Matyssek, R., Gunthardt-Goerg, M. S., Maurer, S. & Keller, T. (1995) : Nightime exposure to ozone reduces whole-plant production in Betula Pendula, Tree Physiol., 15, pp.159-165
28) Kanetani, S., yokusen, K., Ito, S. & Saito, A. (1997) : The distribution pattern of Pinus armandii Franch. Var. amamiana Hatusima around Mt. Hasa-dake in Yaku-shima Island, J. Japan For. Soc., 79, pp.160-163
29) Hoshika, Y., Hajima, T., Shimizu, Y., Takegawa, M. & Omasa, K. (2011) : Estimation of stomatal ozone uptake of deciduous trees in East Asia, Ann. For. Sci., 68, pp.607-616
30) 林野庁屋久島森林環境保全センター (2008) : 平成 19 年月別地点別雨量観測データ, 洋上アルプス, No.162, p.2
31) Takahara, H., & Matsumoto, J. (2002) : Climatological study of precipitation distribution in Yaku-Shima Island, Southern Japan, J. Geory., Ⅲ, pp.726-746 (in Japanese)
32) 気象庁 (2012) : 気象統計情報・過去の気象データ検索, http://www.data.jma.go.jp/obd/stats/etm/index.php
33) 佐瀬裕之, 高松武次郎 (2000) : 樹木葉ワックスの役割と分析, 佐竹研一編, 酸性雨研究と環境試料分析, 愛智出版, pp.128-143
34) Feng, Y. W., Ogura, N., Feng, Z.W., Zhang, F,Z. & Shimizu, H. (2003) : The concentrations and sources of fluoride in Atmospheric depositions n Beijing, China, Water Air Soil Pollut., 145, pp.95-107
35) Wang, Y., Zhung, G., Tang, A., Yuan, H., Sun, Y., Chen, S. & Zeng, A. (2005) : The ion chemistry and source of PM2.5 aerosol in Beijing, Atmos. Environ., 39, pp.3771-3784
36) Ohizumi, T. & Fukuzaki, N. (1996) : Soluble fluoride ion concentration and deposition in atmospheric deposit in Niigata Prefeture, Nippon Kagaku Kaishi, 4, pp.427-430
37) Okochi, H., Tsurumi, M. & Ichikumi, M. (1992) : The behavior and oriins of F- and Br- ions in rain collected in a suburban area of Yokohama, Environ. Sci., 5, pp.259-266
38) Lu, X., Li, L. Y., Li, N., Yang, G., Luo, D. & Chen, J. (2011) : Chemical characteristics of spring rainwater Xi'an city, NW China, Atmospheric Environment., 45, pp.5058-5063
39) Zhao, D., Seip, H. M., Zhao, D. & Zhang, D. (1994) : Pattern and cause of acidic deposition in the Chongqing region, Sichuan Province, China, Water Air Soil Pollu., 77, pp.27-48
40) Inoue, K., Zhang, Y., Itai, K. & Tsunoda, H. (1995) : Influence of airbone particulate matters transported from the Asian continent on water-insoluble, soluble and gaseous fluorine concentrations of aerosols in japan, Jpn. J. Soil Sci. Plant Nutr., 66, pp.223-232
41) Wu, D., Zheng, B., Tang, X., Li, S., Wang, B. & Wang, M (2004) : Fluorine in Chinese coals, Fluoride, 37, pp.125-132
42) Yang, X. Y., Yamada, M., Tang, N., Lin, J.-M., Wang, W., Kameda, T., Toriba, A. & Hayakawa, K. (2009) : Long-range transport of fluoride in East Asia monitored at Noto Peninsula, Japan, Sci. Total Environ., 407, pp.4681-4686
43) 常　静 (2010) : 中国の石炭事情, JCOAL Journal, 17, pp.18-23
44) 奥田知明, 中尾俊介, 田中茂, Shen, Z., He, K., Ma, Y., Lei, Y. and Jia, Y. (2007) : 中国西安市及び北京市における大気粉塵中水溶性イオン成分の特徴, 地球化学, 41, pp.113-123
45) 環境省編 (2011) : 大気環境の現状, 平成 23 年版 環境・循環社会・生物多様性白書, pp.171-176
46) Sase, H., takahashi, A., Sato, M., Kobayashi, H., Nakata, M. & Totsuka T. (2008) : Seasonal variation in the atmospheric deposition of inorani constituents and anopy interactions in a Japanese ceder forest, environ, Pollut., 152, pp.1-10
47) Borer, C.H., DeLayes, D.H., Schaberg, P., Cumming, J.R (1997) : Relative quantification of membrane-associated calcium in red sprusce mesophyll cells, Trees, 12, pp.21-26
48) Igawa, M. & Okochi, H. (2009) : Observation of atmospheric chemistry and effects of acid deposition on forest ecosystem in Mt. Oyama, Tanzawa Mountains, Earozoru Kenkyu, 24, pp.97-104
49) 隠岐健児, 永淵修, 尾坂兼一, 王文豪, 橋本尚己, 西田友規, 中江太郎, 手塚賢至, 中村高志, 松尾奈緒子 (2012) : 安定同位体比を用いた大気汚染物質が屋久島の樹木に与える影響の評価, 日本生態学会第 59 回大会講演要旨集, P3-053J.
50) Nagafuchi, O., Neil, L, R., Hoshika & A., Satake, K. (2009) : The temporal record and sources of atmospherically deposited fly0ash particles in Lake Akagi-konuma, a Japanese mountain lake, J. Paleolimno., 42, pp.359-371
51) Hoshika, A. & Shinozawa, T. (1986) : Heavy metals and accumulation rates 0f sediments in Osaka bay, the Seto Inland Sea, Japan, J. the Oceanographical Society of Japan, 41, pp.39-52
52) Wright, G., Woodward, C., Peri, L., Weisberg, J., P. & Gustin, M., S. (2014) : Biogeochemistry, 120, pp.149-162
53) Schuster, F., P., Krabbenhoft, P., D., Naftz, L., D., Dewayne, L., C., Olson, L., M., Dewild, F., J., Susong, D., D., Green, R., J. & Abbott, L., M. (2002) : Atmospheric mercury deposition during the last 270 years: a glacial ice core record of natural and anthropogenic sources, Enviro. Sci. Techno., 36, pp.2303-2310
54) 学習院大学報告書, 屋久島花之江河の生成過程

55) Wright, G., Woodward, C., Peri, L., Weisberg, J. P. and Gustin, M. S.(2014)：Application of tree rings [dendrochemistry] for detecting historical trends in air Hg concentrations across multiple scales, 120, pp.149-162

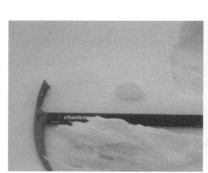

屋久島冬山調査

第4章　渓流水質の高度分布・方位分布

4.1　渓流水質と高度

　渓流水質は，降水が大気から陸域への入力（input）となり，山地地表の場（field）の植生や土壌・基盤岩層と接触や反応した応答（response）の結果で，出力（output）として生成された陸水の性質であり，つまり，降水から陸水へ変換された水質である。その水質も沈着物負荷に加えて，植生や地表での滞留時間，したがって，沈着後の植生や土壌・基盤岩層との接触・反応時間に左右される水質変化過程となる。降水の通過径路と通過時間で流出物質と量が，時間降水量（降水強度）に左右される流速や流量で流出物質の構成と量が変わる。流量の安定した晴天時流出には地表面下での溶出物の溶存態物質が，流量の増大した降雨時流出には植生や地表面上のみずみちも含めた掃流物の粒子態物質が多く含まれる。

　一般に，上空で水蒸気から雨滴が生成（rain out）される時や，雨滴として降下中に，大気中の各種の物質が取り込まれる（wash out）過程で，降水の水質が形成される。したがって，大気中の物質濃度が地域によって異なるだけでなく，大気高度によっても分布に偏りがあって，降水水質も地域や標高によって異なる。とくに，大気汚染物質排出源のほとんどは地表や地表に近い所に存在するため，大気汚染物質の濃度は地表に近い所で高い分布構成となっている[1]。

　さらに，上空の大気気団が海洋性か，大陸性かのように，どこで発生してどこを通過して来るかによって，降水すなわち湿性沈着物や乾性沈着物中の海塩成分，黄砂および大気汚染物質等の構成内容が違ってくる。また，地表の植生の構成内容は樹木限界の存在をはじめとして気象・水文条件にも左右され，標高によって異なる。とくに，山腹斜面を上昇する上昇気流の水蒸気の沈着のしかたは，植生密度や樹高等に影響され，霧やエアロゾル等を含めて降水量や沈着物量に差違が生じる。しかも，高山では風上側と風下側では降水量に差違が現れることが多い。

　一般に，人々の暮らす生活の場である標高の低い地域には降水量等を測定する気象観測地点が密に設置されているが，高地の観測記録は少ないのが現状である。それゆえ，標高によって年間降水量の分布に差違があることには留意する必要がある。同じ向きの山腹斜面では，標高が増すほど降水量が増える傾向にある[2]。植生密度の濃い低高度域から大量に生じる蒸発散によって水蒸気が山腹斜面を伝って昇る上昇気流が，上空を通る気団や気流にぶつかり，標高の高い地域に多くの降水量をもたらす。山腹高度が増すほど降水量が多いこと，さらに，降水自体も人為汚染度の高い地表近くでの降下距離が短いほどウォッシュアウト（wash out）で捕捉する大気汚染物質が少ないこと

になる。したがって，高い高山部源流域の渓流の水質ほど，降水濃度に近いと推察できる。

とくに，日本のように森林面積の占める比率が高く，高度も大きい山地部では年降水量が多いはずであるが，気象観測地点が少なく，日本の年間平均降水量は低い評価となりやすい。このような状況に対して，岡本は日本海側の飯豊山系二王子岳の山地において，規模の大きいひと雨の降雨イベントについて，標高差の大きく異なる尾根筋の数十地点での降水量分布を明らかにした[2]。このようなひと雨の降雨イベントで，高地部ほど多くなる降水量の高度差分布を実証した調査研究は他には見られない。

また，海表面から蒸発する水分に含まれて上昇する海塩成分の陸地への沈着影響は，海岸からの直線的な距離の増加とともに減少する[3),4)]。したがって，海岸から遠のいた内陸部では，一般に，海塩の影響は小さくなる。さらに，高山のように高度が増加すれば，高度と距離にしたがって，近縁海域からの海塩影響が減少する傾向となる。また，その海塩の影響度も，当然ながら，上空の卓越風向とその強さに左右される。

とくに，山岳島の屋久島の渓流の特徴は，降水量が多いだけでなく，降雨強度の大きな雨が多く，土壌層が薄く基盤岩が露出した急斜面の山腹を流下する。ただ，土壌層が薄い流域地表面ながら，樹木・草・コケ等が重なる分厚い植生の垂直構造との接触を経た降水が流出するという特徴がある。すなわち，林外雨に林内雨や樹幹流の水質濃度差が加わるため，流下に伴う水質変化を比較的明瞭にとらえることができる。

4.2　河川地形と流下時間

屋久島を円形とすれば，大きく見積もっても直径 28.4 km の形状で，海岸付近に平地部がほとんどなく，海上に突き出た山岳島ゆえ，水源から河口までの河川長は短く，急流のためにその流下時間が短いのが特徴である。

安房川は，屋久島で島内最大の流域規模で，大きな支流群を上・中流部に擁した広葉状の流域形状である。鯛之川は，河床勾配が急で，大きな支川の合流がなく，河川長に対して流域幅が小さい笹の葉状の流域形状である。宮之浦川は島内第2位の流域規模で，下流部でかなり規模の大きい支川が合流して少し広い中間型に近い形状である[5]。したがって，通常，河川長に応じて流下時間は長くなるが，河床勾配も流下時間を大きく左右することになる。

これら二大河川をはじめとして，島中央高地部の奥岳群から発する河川では，河川長が長いことに加えて，その渓流の流域面積に占める高地部流域の面積のウエイトが高いほど，渓流水質は流域内地表層での水質変換の寄与が少なく，降水水質に近い状態のまま流下する。したがって，その水温が低いだけでなく，水質濃度は一般には低いことになる[6),7)]。

地表に沈着した水分は蒸発散分を除いて地表面上や地表面を浸透して流下して行く。屋久島高山部では，基盤岩層は露出が目立つほど地表面の浅い位置にあり，浸食も加わって土壌層が高地ほど薄い傾向にある。この地表面や基盤岩層の上を流路とする表面流出や中間流出の流れは急勾配の斜面を下ることになる。この植生・土壌や岩盤との接触時間をはじめ，水みちや流路の流下時間が，地表に沈着後の水分の水質形成を左右する。したがって，屋久島の渓流の流下時間は，河川長や河床勾配のほか，流域規模を代表する流域面積を河川長で除した平均流域幅も，水質に影響を及ぼす。

河川の流域形状は，高度や河床勾配に加えて，本川の縦断方向に対する横断方向の流域広さを，流域面積を河川長で除した平均流域幅からも特徴を見ることができる。すなわち，**図-4.2.1**のように流域の形状を植物の葉の形によって，中流部で比較的流域規模の大きい多くの支川が合流して柿の葉のように中ほどが広い広葉状と，上下流部を通して小さな規模の支川が本川に次々合流するような幅が狭くて細長い笹の葉状，さらに，これらの中間型の形状，のような特徴で分けることができる。河床勾配や平均流域幅の河川形状は，地表部での滞留時間や流路での流下時間，すなわち，反応時間を左右する要因である[5]。

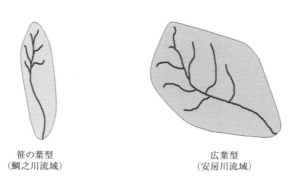

笹の葉型
(鯛之川流域)

広葉型
(安房川流域)

図-4.2.1 流域形状（流域平均幅）の違いによる河川分類

4.3 中央山岳部渓流水質

永淵が屋久島で最初に環境試料を採取し，分析したのは，1992年8月の屋久島中央山岳部を縦走（淀川登山口⇒花江河⇒宮之浦岳⇒縄文杉⇒辻峠⇒白谷雲水峡）した時に採取した渓流水である。研究室に戻り，イオンクロマトグラフィーで分析して，目を疑った。硝酸イオンの濃度ピークが表れる位置に何のピークも出て来ない。陰イオンで主要な濃度ピークのうち，塩化物イオンと硫酸イオンの2つしかピークがないのである。この分析結果を見て，屋久島の渓流水質に興味を持った。1992年8月の山行きの本来の目的は，冬季に屋久島の山岳部に付着する樹氷を採取するための冬山登山の偵察であった。ところが，渓流水質にも興味を抱き，屋久島の全体の渓流水質はどのようなものかという興味で，全島を巡って渓流河川（以下，全島河川）を調べてみた。その結果を示したのが，**図-4.3.1**である[8]。

図-4.3.1には代表河川と地域平均値を示している。特徴的なことは，中央山岳部の硝酸イオン濃度が低いこと，西部地域の渓流群で，硫酸イオン濃度が高くて，ECも高く，pHが低いということであった。さらに，全島河川でアルカリ度が低いことである。このアルカリ度が低いことと，西部地域の渓流水群の硫酸イオン濃度が高いことが，渓流水の酸性化というキーワードとして，頭の片隅に残ることになった。アルカリ度は，陸水の酸性化の評価をするのに重要な項目の1つである。また，その濃度が低いことから，それを正確に計測するにはどうすればよいか，ということが大きな課題として浮上した。著者らは屋久島というフィールドで環境モニタリングを行いながら，実験室では低アルカリ度の計測方法について研究を始めた。

屋久島のような母岩の大部分を花崗岩が占める流域では（**図-4.3.1**），花崗岩の酸中和能が小さ

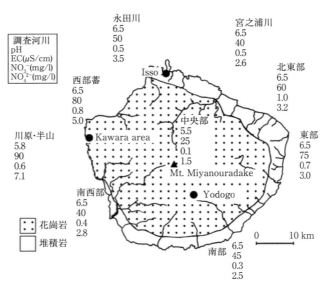

図-4.3.1 屋久島全島の河川渓流水質

いために，陸水の酸性化が生じやすい。一般に，陸水の有する酸中和能は，ほぼ炭酸水素イオン（HCO_3^-）濃度によるものと考えられる。したがって，このような低い酸中和能を有する陸水に対する酸性沈着物の影響評価を行うためには，低濃度の HCO_3^- を正確に測定することが重要である。

アルカリ度とは，炭酸イオン（CO_3^{2-}），炭酸水素イオン（HCO_3^-），水酸化物イオン（OH^-）およびごく一部の有機酸など，酸を消費する環境中のさまざまなアルカリ成分の量を表す指標である。自然水中のアルカリ成分は，炭酸イオンもしくは炭酸水素イオンが主体であるが，これらの成分の起源は，石灰岩やその他の岩石などと，降雨により供給される水分と土壌中に存在する二酸化炭素の相互作用（化学風化と言う）によるものからなる。また，アルカリ度は，土壌や水中の酸に対する緩衝能力（酸性沈着物への負荷耐性）の指標としても考えることができる。わが国では pH の低い酸性雨による陸水の pH 低下は顕著には現れていない。これは，酸性沈着物中の水素イオンを炭酸水素イオンが受け取れる酸緩衝能のためである。しかし，屋久島のように基盤岩が花崗岩で構成される流域の陸水では，化学風化の影響が少ない結果として，炭酸水素イオン濃度も低くなり，酸緩衝能が小さくなって酸性沈着物の影響を受けやすいと考えられている。

工業用水試験方法（JIS K 0101）[9] では，アルカリ度の測定では pH 4.8 を終点とする中和滴定法が用いられる。この方法は，メチルレッド－ブロモクレゾールグリーン混合溶液を試水に加え，煮沸して二酸化炭素を追い出して放冷後，溶液の色が青から灰紫になるまで，硫酸で滴定する方法である。しかし，pH 7 の純水（アルカリ度＝0）を pH 4.8 まで滴定することにより，アルカリ度を過剰に見積もってしまうこと，終点判定に個人差，または，ビュレットの性能等が大きく反映されてしまうこと，指示薬から遊離する水素イオンがアルカリ度に影響すること等の問題点がある。

また，JIS K 0101 では煮沸の操作を行っているが，溶存二酸化炭素はアルカリ度測定において誤差の要因となる。例えば，アルカリ度の低いサンプル（100 μeq/l 以下）を酸で滴定し，滴下量と pH の滴定曲線を描き，曲線のプロットから等量点を求めようとしても変曲点がわかり難くなって，測定精度の低下を招く。これは，アルカリ度の滴定において，酸による滴定で式（4.3.1）のように

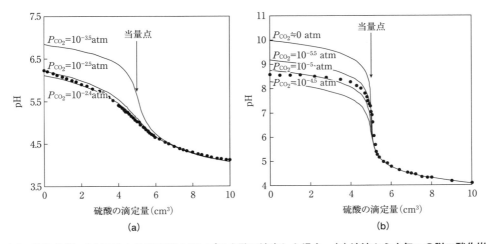

図-4.3.2 滴定曲線 （a）アルカリ度の低いサンプルを酸で滴定した場合，（b）溶液から大気への脱二酸化炭素の程度に応じて滴定曲線がことなる

溶存二酸化炭素が生成し，この溶存二酸化炭素によって，**図-4.3.2**のように，pHが影響を受けて，溶液から大気への脱二酸化炭素の程度に応じて滴定曲線が異なるからである。

$$HCO_3^- + H^+ \rightarrow H_2O + CO_2 \tag{4.3.1}$$

これらの事象は，とくに低アルカリ度の試水において顕著である。屋久島のような酸性雨に対する緩衝作用の小さい地域の水質を議論するには，数 μeq/l のアルカリ度を正確に測定することが必要で，JIS K 0101等の方法では不適切であり，以下の2つの方法が適している。それは，① 窒素気流下で滴定を行い，滴定曲線から等量点を求める方法（このときの等量点は理論上pH7になる），② 窒素気流下で滴定し，終点以降をグランプロットにより解析する方法である。①については，理論曲線と実際の滴定曲線が一致して，溶液中での二酸化炭素の挙動を理解するのには役立つが，pHが平衡に達するまでに時間がかかりすぎてしまうため，大量のサンプルを測定するには不向きである。②は等量点付近での二酸化炭素の影響を小さくして，等量点以降をプロットし，外挿によって終点を計算する方法である。操作も容易であり，かつ，精度よく分析できるため，グランプロットを用いる方法がより低レベルのアルカリ度を測定するにはとくに適していると考えられる。

屋久島西部地域の渓流群は，アルカリ度がとくに低いことから，西部地域と中央山岳部の渓流に絞って，分析法の違いによるアルカリ度の値を検証してみた。その結果を**表-4.3.1**に示す。

ここで言う理論値とは，一般的に，渓流水に成り立つ式 (4.3.2) から計算したものであり，誤差とは式 (4.3.3) で計算したものである。

表-4.3.1 分析法の違いによるアルカリ度の検討（μeq/l）

河川名	理論値	JIS法	グラン法	グラン法（N_2）
淀川	56.8	77.0 (30)	53.6 (5.8)	53.7 (5.5)
瀬切川	31.0	49.4 (46)	31.5 (1.6)	31.4 (1.2)
川原1号沢	26.1	44.6 (52)	25.4 (2.7)	25.3 (3.1)
川原2号沢	22.4	39.6 (56)	20.9 (6.9)	21.1 (6.0)

$$[ALK] = [Na^+] + [K^+] + [NH_4^+] + 2[Ca^{2+}] + 2[Mg^{2+}] - [Cl^-] - [NO_3^-] - 2[SO_4^{2-}] + [H^+]$$
(4.3.2)

$$誤差(\%) = [理論値 - 測定値]/[理論値 + 測定値]/2 \times 100 \quad (4.3.3)$$

　JIS法，グラン法およびグランプロット法（N_2）の値と理論値を比較すると，どの地点でもJIS法は理論値より30 %から56 %高い値であった。一方，グラン法とグランプロット法（N_2）は，1.6 %から6.9 %の誤差で，10 %以内の誤差範囲に納まった。さらに，グラン法とグランプロット法（N_2）の値を比較すると，ほぼ同じ値（誤差1 %以下）であった。これらの結果から屋久島渓流水のアルカリ度を測定するには，JIS法を採用すると過大評価になることが明らかになり，グラン法やグランプロット法（N_2）を屋久島渓流水のアルカリ度測定法とする妥当性が確認された[10]。なお，試水に有機酸が含まれるサンプルでは，分析値に影響が生じることが落合ら[11]によって報告されている。屋久島の渓流水のTOCは，すべて1.0 mg/l前後であり，落合らがグランプロット法の分析値に影響が生じたとする3 mg/lを大きく下回っていたことから，屋久島のアルカリ度測定にはグランプロット法（N_2）は十分に適用できる。

4.4　屋久島渓流水の水質形成過程

　大気中に放出された硫黄酸化物（SO_x）や窒素酸化物（NO_x）を含むガス状や粒子状の酸性物質が，湿性沈着物や乾性沈着物として地表に沈着するものを酸性雨と呼ぶ。これら酸性物質が，北半球中緯度地方では，偏西風によって西方から長距離輸送で運ばれて，国際的な問題となっている。主要四島から離れていて，近隣の人間活動による影響が少ない屋久島においても，年間平均でほぼpH 4.6の酸性雨が降っている。その酸性物質の由来は，2.5節で紹介した冬季に屋久島山岳部に付着する樹氷の成分分析から，その大半が中国大陸からの長距離輸送によっていることを明らかにした[12]-[17]。地表付近を除いて，土壌や基盤岩層中には$CaCO_3$に代表される炭酸塩鉱物が存在する。これらの炭酸塩は，他の鉱物と比べて反応しやすく，酸性沈着物を短時間で中和する反面，炭酸塩の含有量が少ない場合には，短時間で消失しやすい。

　屋久島全体は花崗岩の島であり，降水量も年間およそ4 000～10 000 mmと，きわめて多雨のために，酸性物質の濃度と降水量の積である負荷量は非常に大きく，炭酸塩による中和は期待できない。一部の土壌を除いて，土壌粒子の表面の大部分はマイナスに帯電しており，この部分にCa^{2+}，Mg^{2+}，Na^+およびK^+など塩基性陽イオンが吸着している。これらが土壌中のH^+とのイオン交換によって中和作用を行うが，屋久島のような急傾斜の花崗岩地域では土壌層が他の地域に比べてきわめて薄い。そのため，酸に対する中和能力は低く，長距離輸送による酸性沈着物の影響を色濃く受けて，酸性雨が土壌や陸水の水質形成過程に及ぼす影響は大きくなる。

　ここでは，屋久島における酸性沈着物が土壌に及ぼす影響を考慮するために，基礎的な研究結果としての渓流水の水質形成と化学風化の関係を述べる。**図-4.4.1**は，渓流水の水質形成過程を示している。森林地帯において，地表面に到達した水分は，そのまま地表面を流出する表面流出水と，薄い土壌層に浸透して地表面に流出する中間流出水，および，基盤岩層内部にまで浸透して溜められる基盤岩水とにわかれる。基盤岩水は化学風化由来の渓流水成分と言うことができ，基底流出水はこの基盤岩水の性質を大きく反映している。また，渓流水はこの表面流出水と中間流出水，およ

4.4 屋久島渓流水の水質形成過程

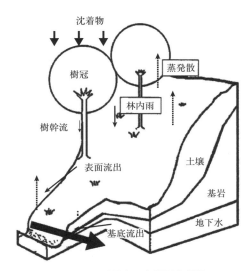

図-4.4.1 渓流水の水質形成過程

び，基底流出水の単純混合であると理解されている。屋久島では，急傾斜で基盤岩層が露出する部分が多くて土壌層が薄いため，中間流出水の寄与は小さいと考えられる。

したがって，国際的な問題となっている長距離輸送によりもたらされる酸性物質の陸水への直接的な影響を検討するには屋久島は最適なサイトであると考えられる。また，屋久島全体は長石を含む花崗岩を基盤とする急峻な山地であり酸に対する中和能力が低く，これら酸性物質の影響を受けやすい。すなわち，このような地域においては，酸性沈着物や土壌による陸水の水質形成過程に与える影響は大きいと考えられる。

そこで，屋久島，とくに西部地域における酸性沈着物が及ぼす土壌へ影響の基礎的な資料を得るために，長距離輸送によりもたらされた酸性物質が酸中和能の低い花崗岩地域にどのように影響するのかを化学風化との関係で検討した。すなわち，水－二酸化炭素－岩石相互作用の観点から，渓流水の酸緩衝能について議論を行う。

西部地域と屋久島内の他の地域との比較のため，九州最高峰宮之浦岳を中心とする中央山岳部（源流部），および，屋久島全島の河川で調査を行った。とくに，西部地域は，国割岳を源流部とする川原川および半山川の渓流群である。中でも流域面積 1.54 km^2 の川原 1 号渓流の調査には，降水時と晴天時の調査結果が含まれている。

ここでは，2001 年 6 月の調査結果と，季節変化を調べるために行った 2002 年 2 月の調査結果を用いて説明する。まず，湿性および乾性の酸性沈着物が森林に沈着した場合，どのような作用を受けて土壌表面へと到達するかを簡単に説明する。

酸性物質が森林内の樹冠に到達すると，樹冠内部のカリウムイオン等のカチオンとプロトン(H^+)の間でイオン交換が起きるため，樹冠表面で酸性物質は中和される。屋久島においては，pH 4 の林外雨に対して，林内雨では pH 6 前後と高く，大きな違いを呈する。しかも，針葉樹の樹幹流中の pH は林外雨のそれよりもさらに低い pH 3 以下となる場合もある。つまり，イオン交換によって，樹冠等に取り込まれたプロトンは無機酸が有機酸になるなどの形態変化を示すが，森林内における酸の入力 (input) と出力 (output) は等しいと考えられる。すなわち，降雨の初めから一定時間後の

定常状態であれば，森林の樹冠表面に降り注ぐ酸性物質量と，土壌表面に降り注ぐ酸性物質量は等しいと考えることができる。

したがって，定常状態の場合に森林を通過した酸性沈着物の動態に着目して議論を進める。森林を酸性物質が通過しても，実際には，渓流水のpHは酸性化しない。なぜなら，土壌には酸を中和する緩衝能力があるからである。酸性化の指標として，酸緩衝能が挙げられるが，そもそも陸水における酸緩衝能とはプロトンのような酸性物質を中和できる物質であり，すなわち，pHが7付近のろ過した試水であれば，HCO_3^-（炭酸水素イオン）がそれにあたる。屋久島の渓流水中のHCO_3^-濃度の平均値は$50\,\mu\,mol/l$ときわめて低く，したがって，酸性化しやすいことは容易に推測できる。

HCO_3^-は，水にCO_2が溶け込むことによって放出されるプロトンが，花崗岩の構成鉱物である一次鉱物を二次鉱物へと化学風化させる際に生成すると考えられる。このようなことから酸緩衝能の議論では，化学風化は非常に重要である。

渓流水の水質形成を決定するものの1つに，土壌や母岩の化学風化がある。これは，土壌中の炭酸ガスが水に溶解した時にできるプロトン（H^+）に起因している。河川のある流域の一次鉱物としての母岩が，このプロトンにアタックされて二次鉱物へと変化して行く。一次鉱物が化学風化する過程で二次鉱物として何に変化するかは，図-4.4.2に示す風化安定図からわかる。屋久島の花崗岩は，石英，カリ長石，黒雲母，斜長石等を含有し，その存在比は表-4.4.1に示す通りである。これらの鉱物の化学風化の受けやすさは，以下の通りである。

　　　斜長石　＞　黒雲母　＞　カリ長石　＞　石英

基盤岩層内部では，二酸化炭素を含んだ水が鉱物と反応し，水中にHCO_3^-やSiO_2を溶出して基盤岩水を形成する。渇水期のように基盤岩水の滞留時間が長い場合は，風化によるHCO_3^-やSiO_2は濃度増加に伴って，モンモリロナイトの生成が有利になり，カオリナイトとの溶解平衡が成立する。

図-4.4.2は，基盤岩層内部での化学風化における平衡反応を示したもので，実際の渓流水の測定値を用いて活量を算出して，この風化安定図の中にプロットしたものである。化学風化を受ける一次鉱物としてはCa長石（Ca-feldspar）とNa長石（Na-feldspar）の固溶態である斜長石を対象物質とした。この図-4.4.2中のラインは鉱物間と水の平衡関係を示しているが，採取した渓流水は晴天時，降雨時にかかわらず，カオリナイトの安定領域に存在することが確認された。九州大学付属福

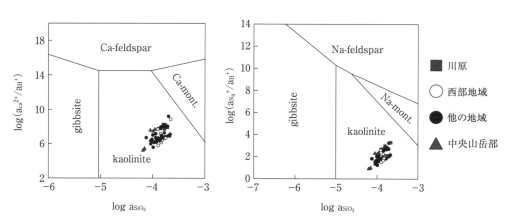

図-4.4.2　屋久島における風化安定図

4.4 屋久島渓流水の水質形成過程

表-4.4.1 屋久島花崗岩中成分の存在比

岩石	組成	含有量（％）
石英	SiO_2	45.5
カリ長石	$Na_{0.15}K_{0.85}Al_{1.30}Si_{2.70}O_8$	22.8
斜長石	$Na_{0.70}Ca_{0.30}Al_{1.30}Si_{2.70}O_8$	9.7
黒雲母	$K_{1.41}Mg_{1.50}Fe_{2.59}Si_{5.77}O_{20}(OH)_4$	16.2

岡演習林における調査結果では，渇水期には，Ca-モンモリロナイトとカオリナイトの間の溶解平衡によって，Caの濃度が制御されるという結果が得られている。それに比べて，屋久島での結果は，渇水期と考えられる晴天流出の結果も含むが，溶解平衡には至っていないことがわかる。その理由として，屋久島は島全体が急峻な山地であり，基盤岩水の滞留時間が著しく短いことが原因と考えられる。そのため，溶解平衡は成り立たず，カオリナイトの生成という過渡的な状態に化学風化が進行しているということが明らかになった。

斜長石からカオリナイトへの変化については以下の反応式が考えられる。

Ca-長石→カオリナイト

$$CaAl_2Si_2O_8 + 2H_2O + 2CO_2 \rightarrow Ca^{2+} + Al_2Si_2O_5(OH)_4 + 2HCO_3^- \tag{4.4.1}$$

Na-長石→カオリナイト

$$2NaAlSi_3O_8 + 2H_2O + 2CO_2 \rightarrow 2Na^+ + Al_2Si_2O_5(OH)_4 + 4SiO_2 + 2HCO_3^- \tag{4.4.2}$$

式(4.4.1)からCa長石がカオリナイトに風化される場合には，SiO_2を溶出していない。一方，式(4.4.2)からNa長石がカオリナイトに風化される場合，HCO_3^-濃度1モルに対して2モルのSiO_2を溶出しているのがわかる。つまり，この風化の式から考えられるHCO_3^-濃度1モルに対して，SiO_2は0〜2倍の範囲内に存在すると考えられる。屋久島の渓流河川群のHCO_3^-濃度に対してSiO_2濃度をプロットしたものを，図-4.4.3に示す。

しかし，この図は，屋久島の渓流水に最大溶出量を超えてSiO_2を溶出させているものが存在していることを示している。また，他の地域では，理論値の範囲内に収まっていることから，西部地域では何らかのプロトンを供給する物質，すなわち酸の影響の存在が示された。この西部地域の渓流群の特徴は，SO_4^{2-}が高濃度であることからSO_4^{2-}が風化に影響を及ぼしている可能性が考えられた。

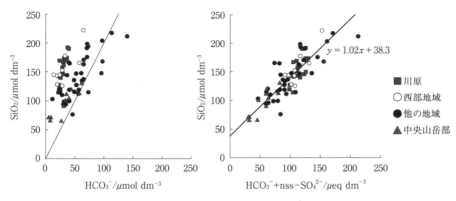

図-4.4.3 HCO_3^-濃度に対するSiO_2濃度関係（左），HCO_3^-とnss-SO_4^{2-}の当量濃度の和に対するSiO_2濃度関係（右），屋久島全島分析結果（2001年6月）

そこで，SO_4^{2-}濃度から，海からの巻き上げによって渓流水に寄与する海塩由来のSO_4^{2-}濃度を除いたnss-SO_4^{2-}（非海塩性硫酸イオン）を考慮に入れて再検討した。すなわち，化学風化に関与する酸の共役塩基として，nss-SO_4^{2-}とHCO_3^-の当量濃度の和をSiO_2濃度に対してプロットしたところ，良い相関が得られた。nss-SO_4^{2-}とHCO_3^-の和とSiO_2の比は1：1.4であった。Na長石のみの風化を考える場合には，この比は1：2になるので，Ca長石を含んだ他の鉱物の風化を考慮すれば，この値は妥当である。したがって，この結果はnss-SO_4^{2-}が風化に何らかの形で寄与していることを示している。以上のことから，屋久島内では全島を通して，岩石の化学風化によって酸性沈着物が中和されていることが明らかになった。

nss-SO_4^{2-}の寄与を加味することで，SiO_2とHCO_3^-とnss-SO_4^{2-}，すなわち，共役塩基の間で直線関係が成立することが明らかになった。図-4.4.4(a)に示すように，共役塩基の各地域の濃度はかなり異なっており，西部地域のnss-SO_4^{2-}の占める割合は非常に高い。図-4.4.4(b)にその割合を絶対比で示し，さらに，相対比で表したものを示す。西部地域での共役塩基のうち，nss-SO_4^{2-}が占める割合は70％から80％であり，中央山岳部でもその割合は60％を超えていることがわかる。中央山岳部では土壌層中での滞留時間が著しく短いため，CO_2による化学風化があまり行われずに溶出していると推測された。この現象が季節変化をふまえた普遍的なものであるかどうか，今までの2001年6月の調査結果と2002年2月の調査結果を併せて検討した。

図-4.4.5と図-4.4.6は，HCO_3^-に対してSiO_2の溶出の状況を見たものである。6月のデータと

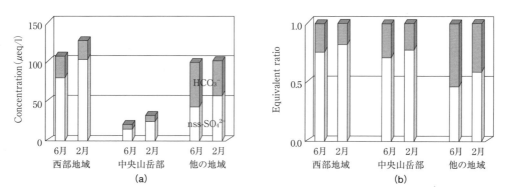

図-4.4.4　化学風化に関与する共役塩基の各地点における比（(a) 絶対比，(b) 相対比）

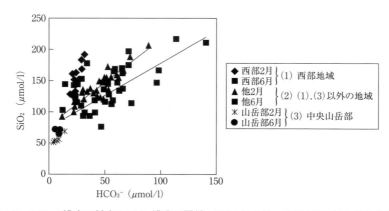

図-4.4.5　HCO_3^-濃度に対するSiO_2濃度の関係，2001年6月および2002年2月の分析結果

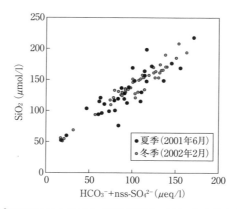

図-4.4.6 HCO_3^-+nss-SO_4^{2-}濃度に対するSiO_2濃度の関係，2001年6月および2002年2月の分析結果

同じような傾向，すなわち，硫酸濃度の高い西部地域では，HCO_3^-に対して過剰に溶出して，HCO_3^-が多く溶出しているものほど0～2倍の範囲内に収束する，という傾向が得られた。さらに，冬場の方が，同じ濃度のHCO_3^-に対してSiO_2の濃度が高くなっていることがわかる。この結果から，冬場に濃度が高くなるSO_4^{2-}の影響が反映されていることが明らかになった。nss-SO_4^{2-}を考慮したところ，2月のデータは6月のそれと同じ直線上に乗ることが確認され，上記の結論が偶然生じたものではなく，普遍性を持つことも明らかになった。

図-4.4.4の(a)，(b)は，化学風化に関与する共役塩基のうち，HCO_3^-とnss-SO_4^{2-}がそれぞれ占める割合の相対値や絶対値をそれぞれ6月と2月の場合で比較したものである。この結果から，冬季になるとnss-SO_4^{2-}の寄与率が上昇することが明らかになった。そこで，nss-SO_4^{2-}がこの風化過程でどのような関与をしているかを検討してみた。化学風化の反応場に存在するプロトンは，硫酸とCO_2溶解に伴うものである。まず，硫酸のプロトンによる風化が起こることがわかる。図-4.4.7は，強塩基で強酸を滴定した際の滴定曲線と，強酸とCO_2が共存する状態（$CO_2 = 10^{-2}$atm）で滴定した場合の滴定曲線を，化学量論に従って計算したものである。この図から，強酸が中性付近にまで中和されない限り，CO_2溶解に伴うプロトンは放出されないことがわかる。すなわち，硫酸などの酸性物質が多い場合には，酸性物質から供給されるプロトンが優先的に風化に関与していると考えられる。

今後，酸性物質の沈着量が増えた場合，滞留時間内に中和できないような酸沈着量が存在するよ

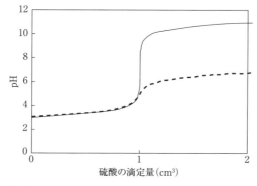

図-4.4.7 酸塩基滴定曲線（実線：強酸を強塩基で滴定，破線：強酸とCO_2が共存する状態で滴定を行った場合の理論曲線）

うになると，陸水の酸性化が確実に生ずること，また，西部地域における硫酸の寄与率が他の地域と比べてはるかに高いという結果から，他の流域では酸性化が生じなくても，西部地域だけは酸性化してしまう，という2つの可能性が示された．

このように，屋久島のような基盤岩の酸中和能が低い花崗岩地域では，酸性沈着物の中和が鉱物の化学風化と関連して行われることが明らかになった．人間活動の影響が少ない屋久島においても，長距離輸送で飛来する酸性物質により陸水が酸性化の方向に向かっていることが示された．ここでは，花崗岩地域のケーススタディとして，屋久島西部地域での研究成果を示した．花崗岩地域では酸に対しての耐性が著しく弱いという結果が得られたので，これらの結果をもとに，花崗岩地域での酸性化を予測するには，正確なモデル化が重要であると考えられた．

4.5　安房川・宮之浦川

屋久島は高山群を擁する山岳島であるので，渓流水質への沈着物負荷の影響を下流側の平面的な分布だけを見て片付けられない．渓流の流下過程の水質変化にも注目した高度分布状況を検討する必要がある．これには，林道や登山道が整備されている流域規模の大きな河川においてのみ，調査が可能である．調査対象として，島内の二大河川の安房川と宮之浦川を選んだ．

まず，流下時間や流域地形に注目して，実際の渓流の最上流部と下流部間での流下時間による水質濃度差としてとらえられるかを検討した．調査は，以下のように，島内の二大河川の安房川と宮之浦川では詳細調査をし，急勾配で流域規模はさほど大きくない鯛之川，および，河口域で合流する小楊子川と黒味川を加えて，その高度差と流域形状の違いによる水質濃度差を比較した．

安房川流域（面積 86.1 km^2）では，宮之浦岳（標高 1 936 m）・栗生岳（同 1 867 m）・翁岳（同 1 860 m）の東側を源流域として東に流下する北沢と，翁岳・安房岳（同 1 847 m）・投石岳（同 1 830 m）の東側と，投石岳と黒味岳（同 1 831 m）の間の投石平や花之江河の直ぐ北東側を源流域として北東方向に流下する南沢を上流として，荒川ダム下流（標高 670 m）までの島中央高山部の東側斜面の支流群をカバーした調査である．安房川本川にはトロッコの森林軌道があり，図-4.5.1 に示すように，この軌道を利用して調査を行った．

さらに，荒川ダム下流で安房川本川に合流する荒川支川の上流域として，ヤクスギランド内において下記の三支川の調査を加えた．高盤岳（標高 1 711 m）北麓と黒味岳（同 1 831 m）南麓に存在する高層湿原の花之江河（同約 1 630 m）・小花の江河（同約 1 620 m）や，高盤岳南麓を最上流として淀川地点（同約 1 380 m，淀川トラス橋，淀川小屋）を流下する淀川を併せた右支川（北側支川）と，石塚山（同 1 589 m）や太忠岳（同 1 497 m）の南側から安房登山道沿いを流下する左支川（南側支川），および，紀元杉方面への林道沿いの清涼川である．なお，花之江河の西部は南南西側海岸に流出する栗生川北側支川の小楊子川の最上流南側支川でもある．

ちなみに，安房川は，本川中流部の小杉谷上流の取水堰から平水時は全量取水され，右岸側の水路トンネルを経て尾立ダム湖の左岸側に導水される．荒川支川の水量も併せて安房川第一・第二水力発電所での発電の後，一部は上水道の取水を経て下流部の松峯大橋直下流で本川に復帰する．したがって，安房川の中流以降は，平水時には上流分の流量が欠けて少ない状況になっている．また，松峯大橋までは安房川の汽水域で，河口からカヌーで漕ぎ上れる区間でもある．

4.5 安房川・宮之浦川

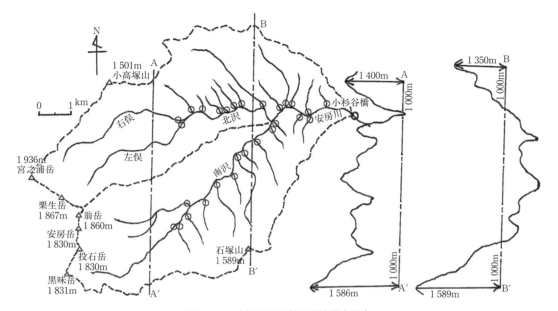

図-4.5.1　安房川上流域の渓流調査地点

　安房川上・中流部での1日をかけての徒歩による高度差による水質濃度変化の調査結果を，調査地点高度と水質濃度として，**図-4.5.2**に示す。流下に伴う高度低下とともに各種のイオン濃度の増加が明らかである。流域勾配の減少とともに土壌層での滞留時間の増加や植生の垂直構造の厚さの増大などの影響と考えられる。

　宮之浦川流域（面積62.8 km^2）は，宮之浦岳の直ぐ北側の焼野（標高1 784 m）や永田岳（同1 886 m）とネマチ（同1 814 m）の東側を源流とする島中央高山部の東北側斜面を北流して，東に向きを変えて流下する。上・中流部の境界付近の左岸側に合流するモチゴヤ谷と，下流部の右岸側に合流する枇杷窪谷や白谷川の支川の規模が大きいだけで，流域幅が上・下流を通して広くも狭くもならず，ほぼ一様な流域形状である。宮之浦川は中・下流部の河床勾配が比較的緩く，本川沿いに林道が整備されており，**図-4.5.3**に示すように，この林道沿いに調査をした。標高差は，750 mのナカオ谷から20 mの本川の湯川橋まで，比較的低い高度範囲の支流群をカバーした調査である。

　調査結果を同様に，**図-4.5.4**に示す。宮之浦川の上・中流部は，安房川と比べて流域の広がりは小さく，調査地点の高度範囲は低い中・下流部が対象となっている[5]。しかし，調査地点の高度低

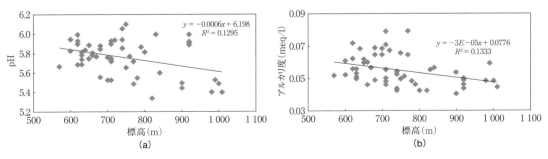

図-4.5.2　安房川の標高と水質濃度　(a) pH，(b) アルカリ度，(2013年3月)

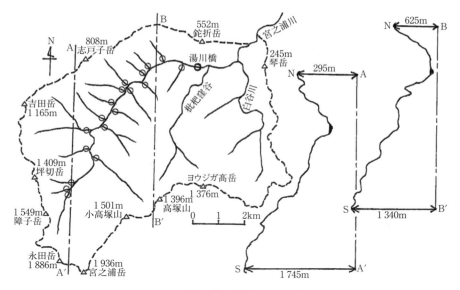

図-4.5.3 宮之浦川流域の渓流調査地点

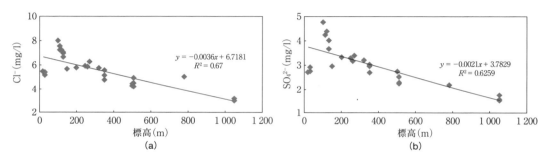

図-4.5.4 宮之浦川の標高と水質濃度 (a) Cl^-, (b) SO_4^{2-} (2013年3月)

下と水質濃度上昇の関係は，安房川の場合と同様である。

　これらの図から，一見するだけで明らかなように，調査地点の高度の低下とともに，水質濃度は上昇する。高度の低下に伴って，全般的に，山腹の斜面傾斜の勾配は緩くなり，土壌層が厚く，植生の鉛直方向空間の現存量も増して行く。それらが流下時間の長さに影響して，水質濃度差となって現れる。

4.6　小楊子川・黒味川・鯛之川

　屋久島高山部では，安房からヤクスギランドや紀元杉の前を通過する道路から宮之浦岳登山口まで車でアクセスできる。登山口から登山道沿いに，島中央の高山部で，安房川や小楊子川の最上流部の花之江河・小花之江河の高層湿原や投石平の源流域を徒歩によって調査した。また，宮之浦岳登山口から閉鎖された旧林道沿いの鯛之川の源流域調査を実施している。さらに，鯛之川や小楊子川の中流部地点での調査も追加して，中流部の水質濃度も確認した。

　島の南南西部の栗生川は，河口から約1km上流で右支川の小楊子川（流域面積29.7 km²）と左支川の黒味川（流域面積21.7 km²）が合流した河川である。小楊子川は，永田岳（標高1 886 m）と宮

之浦岳(同 1 936 m)の間，栗生岳(同 1 867 m)・翁岳(同 1 860 m)・安房岳(同 1 847 m)・投石岳(同 1 830 m)・黒味岳(同 1 831 m)の西側，黒味岳と高盤岳(同 1 711 m)の間に最上流域の支川を有している。とくに，小楊子川の最下流部は栗生川河口から直線的な河道となっており，下流部の石楠花公園内まで汽水域が続き，河口からカヌーで漕ぎ上がれる区間である。

黒味川は，最上流が島中央高山部南端にある本高盤岳(標高 1 711 m)と烏帽子岳(同 1 614 m)や七五岳(同 1 488 m)となる。小楊子川と黒味川とも島中央高山部の南西斜面を流域とした規模の大きな河川であるが，小楊子川の方が島中央最高峰の宮之浦岳直下までが流域となるため，河川長や流域面積とも黒味川より大きい。互いに隣り合う流域の小楊子川と黒味川では，永田川等とともに，その水量と落差を利用してダムを含めた水力発電計画があったほど，流量の大きな河川である。

鯛之川流域は，島中央高山部南斜面で，宮之浦岳登山口(標高 1 315 m)の直ぐ西南西側のジンネム高盤岳(同 1 734 m)の北側を源流域として東向きに流れ，中流部から南南東に流下して下流部の千尋滝や河口部のトローキ滝を経て太平洋に流入する急流である。上・中流部の境界近くにも 2 つの滝があるなど基盤岩層の露出が多く，流域幅の狭い急流河川である。上流部に小規模な支川がいくつか見られるものの，目立つほどの規模の大きな支川は存在しない。土壌層の薄さや河床勾配が約 1/6.6 の急勾配による流下時間の短さなどから，上流から下流まで水質濃度差が小さく，降水水質に近い渓流水質を呈している。

源流域の標高 1 600 m 前後の西向き斜面は，下方からの上昇気流が西方から来る湿気の多い気流と衝突して，大雨や霧を発生させやすい地形となっていて，林野庁屋久島森林管理署による自記雨量計調査では最も年間降水量の多い地点となっている。

鯛之川上流部には，宮之浦岳登山口から閉鎖されて荒れた林道が残されており，この林道沿いに上流域の支川群を調査した。鯛之川流域はかなり狭い細長い形状で，大きな支流はない。中流部へは，宮之浦岳登山口から乃木岳(標高 1 400 m)を通る尾之間歩道で鯛之川出合地点までは行けるが，それ以降の下流側は河床勾配が急な上，登山道が消えてアクセスが困難であった。したがって，出合地点での調査は 1 回のみの実施に終わった。

これら 3 河川に加えて，4.5 節の二大河川の流域特性を表-4.6.1 に示す。流域面積を河川長で除した値を，平均流域幅として流域の広がりの指標とした。さらに，河川それぞれの上下流端での水質濃度の高度差を，表-4.6.1 に加えて示している。その中で，平均流域幅が大きく違った鯛之川と安房川を比べると，それらの水質濃度差は，河床勾配の急な鯛之川の上・下流端での差がほとんどないのに対して，安房川ではその差が大きい[5]。流域形状が広葉樹の葉の形で，広い流域内を長い

表-4.6.1 大きな河川の流域特性と上下流部の SO_4^{2-} と NO_3^- 濃度(1999 年 5 月)

河川	方角	流域面積 (km²)	河川長 (km)	平均流域幅 (km)	河床勾配	下流部		上流部	
						SO_4^{2-} (mg/l)	NO_3^- (mg/l)	SO_4^{2-} (mg/l)	NO_3^- (mg/l)
安房川	東	86.1	21.2	4.06	0.091	1.92	0.077	1.19	0.020
宮之浦川	北東	62.8	15.9	3.95	0.121	2.51	0.087	2.34	0.063
永田川	北西	36.4	11.0	3.30	0.171	2.77	0.051	−	−
小楊子川	南西	29.7	16.2	1.83	0.119	1.41	0.015	1.25	0.011
黒味川	南西	21.7	12.4	1.75	0.140	1.59	0.035	−	−
鯛之川	南東	16.8	11.2	1.50	0.150	0.95	0.014	1.09	0.019

流下時間かけて下る安房川と，笹の葉状で狭い流域内を短い流下時間で滝のように落ち下る鯛之川の違いが明らかである．

4.7 川原川・半山川

川原と半山の渓流群は屋久島の，いわゆる，西部林道と呼ばれる屋久島西部地域に位置する．屋久島灯台がある北側の永田岬から南側の瀬切川に近い立神に向かって続く海岸寄りの西部地域には，半山1号渓流から半山4号渓流，そして川原1号渓流から川原3号渓流まで，常時流水が見られる渓流が7流ある．そのほかに，地下水での流出が1つ見られる．この西部林道の渓流群は，非常に特徴のあるイオン濃度を示す．すなわち，表-4.7.1 のように，すべてのイオン濃度が他地域の渓流より高い．とくに，海塩由来と考えられる塩化物イオン，ナトリウムイオン（一部化学風化でも溶出す

表-4.7.1 屋久島渓流水のpH，ECおよび主要イオン濃度

	河川	pH	EC (mS/m)	Cl^-	NO_3^-	SO_4^{2-}	Na^+ (mg/l)	K^+	Mg^{2+}	Ca^{2+}	SiO_2 (mmol/l)	HCO_3^-
西部地域	半山1	6.23	5.20	9.67	0.92	4.84	6.01	0.37	0.59	0.92	144	25
	半山2	6.32	6.39	12.7	0.69	5.57	7.93	0.40	0.73	1.04	152	29
	半山3	6.32	5.45	12.1	0.96	5.39	7.36	0.40	0.73	1.11	144	14
	半山4	6.42	8.39	18.7	0.69	6.61	10.7	0.52	1.03	1.28	177	33
	川原1	6.42	6.01	12.2	0.52	5.95	7.69	0.37	0.72	1.03	143	22
	川原2	6.05	5.35	10.1	0.53	5.35	6.44	0.32	0.61	0.95	128	20
	川原3	6.45	6.29	13.9	0.63	5.51	8.65	0.47	0.80	1.21	165	58
他地域	瀬切川	6.32	3.52	6.39	0.36	2.80	4.01	0.24	0.35	0.56	120	23
	大川	6.50	3.72	6.26	0.26	2.75	4.23	0.22	0.36	0.61	136	49
	栗生川	6.43	2.66	4.29	0.12	2.11	2.97	0.09	0.26	0.44	95.0	32
	黒味川	6.52	2.73	4.13	0.22	2.55	3.04	0.14	0.27	0.51	98.0	31
	中間川	6.64	4.43	7.23	0.35	3.20	5.18	0.28	0.46	0.81	198	71
	湯川	6.36	3.14	4.78	0.48	2.55	3.46	0.18	0.32	0.53	99.0	40
	鈴川	6.15	2.33	3.74	0.20	2.20	2.68	0.11	0.23	0.39	103	12
	鯛之川	6.12	1.75	2.22	0.20	1.55	1.71	0.07	0.17	0.31	70.9	5
	鯛之川（右）	6.14	1.52	2.16	nd	1.41	1.56	0.26	0.14	0.24	70.9	10
	鯛之川（左）	6.08	1.47	2.14	nd	1.46	1.61	0.03	0.14	0.23	65.1	8
	中瀬川	6.45	2.81	4.16	0.38	1.99	3.12	0.15	0.26	0.46	115	50
	花揚川	6.49	3.00	4.55	0.29	2.23	3.35	0.22	0.27	0.46	118	57
	小河川	6.63	4.40	7.80	0.69	2.99	5.29	0.46	0.65	0.98	147	96
	竹女護川	6.52	3.89	6.76	0.33	2.33	4.43	0.29	0.42	0.56	134	63
	荒川	6.35	1.96	2.91	nd	1.60	2.19	0.08	0.18	0.36	93.2	36
	淀川	6.50	1.72	3.26	0.14	1.91	2.60	0.33	0.19	0.40	93.2	30
	船行川	6.66	5.51	10.1	1.10	3.12	6.45	0.68	0.89	1.34	114	74
	女川	6.32	4.10	7.06	0.75	2.82	4.58	0.29	0.48	0.66	111	56
	男川	6.58	4.72	9.79	0.61	3.34	5.93	0.49	0.66	0.78	147	61
	椨川	6.40	3.71	6.43	0.81	2.94	4.24	0.25	0.46	0.60	118	40
	城之川	6.58	3.20	5.53	0.74	2.58	3.79	0.73	0.43	0.58	127	53
	白谷川	6.63	3.32	5.34	0.39	2.46	3.68	0.20	0.33	0.53	114	25
	ビアンクボ川	6.39	2.89	5.08	0.41	2.58	3.50	0.16	0.29	0.46	110	29
	宮之浦川	6.63	3.20	4.87	0.43	2.49	3.49	0.17	0.30	0.53	75.7	46
	志戸子川	6.49	4.97	8.72	1.06	4.28	5.76	0.29	0.62	0.80	146	52
	一湊川	6.59	4.12	7.37	0.40	3.34	5.17	0.33	0.44	0.73	163	66
	吉田川	6.65	5.89	10.0	0.55	4.15	7.50	0.43	0.64	1.21	218	114
	土面川	6.72	4.64	6.94	0.67	3.75	5.12	0.52	0.48	1.31	168	98
	永田川	6.50	3.34	5.22	0.33	2.72	3.63	0.18	0.31	0.63	-	-
	嶽之川	6.46	4.50	7.67	0.55	3.80	5.24	0.37	0.47	0.96	171	65
	宿子川	6.55	6.84	12.2	0.65	5.16	8.39	0.43	0.76	1.25	211	141

nd：not detected

表-4.7.2 屋久島3地点の林外雨のpH, ECおよび主要イオン濃度

	Date	pH	EC (mS/m)	SO_4^{2-}	NO_3^-	Cl^-	NH_4^+	Ca^{2+}	Mg^{2+}	Na^+	K^+
						(mg/l)					
一湊地域	1997年4月~1998年3月										
	4~10月	4.75	32.4	1.48	0.58	3.48	0.19	0.16	0.23	1.84	0.09
	11月~3月	4.43	59.6	2.95	0.94	7.1	0.37	0.29	0.42	3.43	0.16
	4月~3月	4.63	44	1.91	0.69	4.54	0.24	0.2	0.29	2.3	0.11
西部地域	1998年12月~1999年5月										
	12月~1月	4.22	146	13.3	6.01	20.6	1.19	1.68	1.77	12.5	0.92
	1月~3月	4.52	55.9	4.21	1.41	8.52	0.07	5.11	1.17	6.19	1.49
	3月~4月	4.68	25.3	1.96	0.67	3.27	0.07	0.47	0.3	1.99	0.31
	4月~5月	5.41	47.7	1.95	n.d.	4.53	0.02	0.48	0.4	2.81	0.42
	5月9~10日	5.39	48.1	1.05	0.38	1	0.03	0.42	0.19	0.69	0.65
中央山岳部	1996年6月~1996年12月										
	6月~8月	4.84	24	1.06	0.12	4	0.1	0.1	0.2	2.1	0.1
	8月~10月	4.74	15	0.66	0.23	1.33	0.07	n.d.	0.04	0.8	n.d.
	10月~11月	4.53	26	0.97	0.13	2.15	0.09	n.d.	0.1	1.27	n.d.
	11月~12月	4.31	38	1.95	0.48	3.54	0.11	0.08	0.22	2.05	0.05

表-4.7.3 屋久島西部地域の林内雨と林外雨のpH, ECおよび主要イオン濃度

	Date	pH	EC (mS/m)	SO_4^{2-}	NO_3^-	Cl^-	NH_4^+	Ca^{2+}	Mg^{2+}	Na^+	K^+
						(mg/l)					
林内雨	2000年										
	4/24~6/23	5.51	12.3	0.78	n.d.	1.54	0.02	0.00	0.08	0.83	0.87
	8/1~8/3	5.10	31.2	4.53	1.40	2.54	0.81	0.56	0.35	1.35	1.17
	8/18~8/19	6.30	24.8	1.47	0.2	2.59	0.09	0.37	0.17	1.27	3.2
	8/30~9/23	5.91	61.1	2.01	0.99	9.88	0.13	0.36	0.32	2.81	6.84
	9/23~10/24	6.61	25.0	2.50	1.99	2.17	0.11	0.33	0.38	1.12	2.15
	10/24~11/11	6.28	35.9	2.18	0.19	5.24	0.22	0.57	0.48	2.12	3.26
	11/11~11/23	6.21	52.3	2.83	0.95	12.2	0.15	0.66	0.69	5.01	2.46
	11/23~12/10	5.99	80.9	6.25	3.49	16.0	0.59	1.25	1.32	6.29	3.75
	12/10~12/27	5.99	44.6	3.01	n.d.	7.96	0.04	0.45	0.53	3.35	2.42
林外雨	2000年										
	4/24~6/23	4.89	1.40	0.56	0.00	0.43	0.04	0.00	0.00	0.25	0.09
	8/1~8/3	4.24	1.50	3.82	0.86	2.22	0.00	0.29	0.16	1.30	0.31
	8/18~8/19	4.78	1.21	1.06	0.00	1.57	0.11	0.18	0.07	0.85	0.21
	8/30~9/23	5.10	2.66	1.08	0.00	5.19	0.03	0.15	0.23	2.7	0.16
	9/23~10/24	4.65	1.33	1.21	0.00	0.61	0.02	0.15	0.07	0.42	0.15
	10/24~11/11	5.05	1.56	0.82	0.00	2.76	0.04	0.17	0.12	1.53	0.15
	11/11~11/23	4.95	2.81	1.30	0.09	5.85	0.03	0.20	0.23	2.92	0.71
	11/23~12/10	4.30	2.66	3.01	0.00	3.92	0.08	0.25	0.28	2.35	0.67
	12/10~12/27	4.65	1.46	1.38	0.00	1.89	0.01	0.17	0.17	1.03	0.14

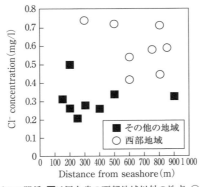

海岸からの距離と塩化物イオンの関係，■は屋久島の西部地域以外の地点，○は屋久島西部地区を示す。

図-4.7.1 河口からの距離とCl⁻濃度の変化

る）が飛びぬけて高い。一般的に，海塩由来のイオンは，海岸からの距離に比例して濃度が減少する。

しかし，図-4.7.1を見ると，海岸からの距離とは無関係な結果となっている。なぜ，西部林道の渓流群のみ濃度が高いのであろうか。この渓流群は，国割岳（標高1 323 m）を水源にしている。そして，滝のように急峻な渓流（平均河床勾配が20°）で，水源から東シナ海へとごく短い流下時間で流れ込む。急峻な地形から当然のことながら，渓流の流域面積は非常に小さい（最大でも1.54 km^2）。ところが，この流域は屋久島で一番の照葉樹林帯であり，この照葉樹林の密な樹冠が地表上を覆うため，大気からの湿性および乾性沈着物が効率よく捕捉されて，その旺盛な蒸散能もあって，このような高濃度になったと考えられる[18]。なお，この西部地域はわが国でも有数の照葉樹林帯であって，世界自然遺産に登録された地区である。

西部地域の樹冠から突き出た観測タワー（標高200 m）上で採取した湿性沈着物（林外雨）のイオン濃度を見ると，表-4.7.2のように，屋久島内の他地域のものとほとんど変わらない。しかし，表-4.7.3に示すように，林内雨は非常に高い濃度になっている。1998年2月13日～3月8日の川原1号渓流における水質の毎日データからも説明できる（図-4.7.2）。晴天時には，イオン濃度は非常に高いが，降雨があると濃度が下がる。すなわち，降雨によって，乾性沈着物として森林に蓄積され

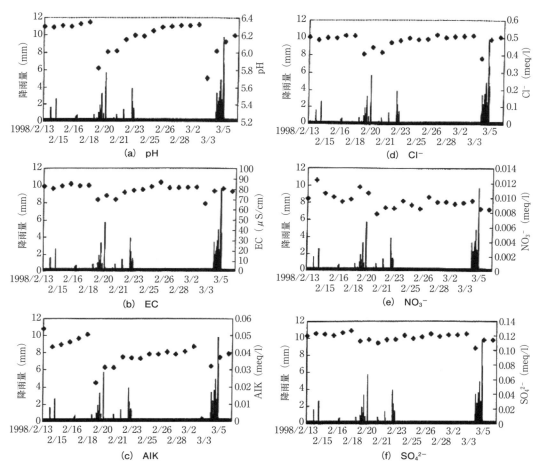

図-4.7.2　屋久島西部の川原1号渓流における降雨量（棒グラフ）と各イオン濃度（◆）

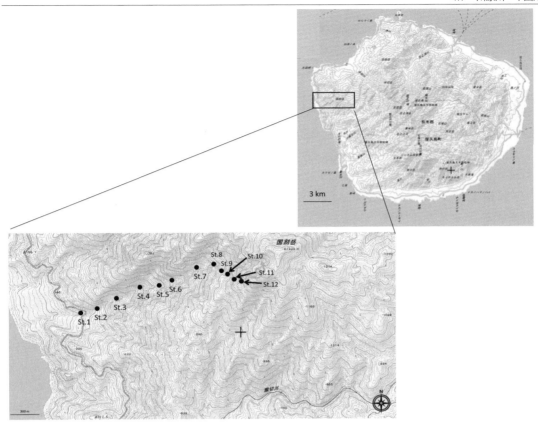

図-4.7.3 川原2号渓流調査地概要

表-4.7.4 川原2号渓流の高度毎のpH，EC，主要イオン，NO_3^-の窒素安定同位体比（$\delta^{15}N$）と酸素安定同位体比（$\delta^{18}O$）

標高 (m)	$\delta^{15}N$ of NO_3^- (‰)	$\delta^{18}O$ of NO_3^- (‰)	Cl^-	$NO_3^- - N$	SO_4^{2-}	Na^+	NH_4^+	K^+	Mg^{2+}	Ca^{2+}
			(mg/l)							
1 140	2.5175	2.7647	6.88	0.33	4.04	3.70	nd	0.13	0.67	0.83
1 020	2.0700	1.3459	6.56	0.41	4.11	3.45	nd	0.16	0.60	0.84
965	1.2548	2.5500	7.33	0.43	4.38	4.37	nd	0.22	0.72	1.07
910	1.2852	1.0212	7.50	0.45	4.55	4.30	nd	0.25	0.64	1.07
810	1.9070	1.9865	7.81	0.34	4.44	4.54	nd	0.21	0.62	1.03
710	1.1255	0.3238	8.64	0.30	4.54	4.78	nd	0.23	0.63	1.00
580	2.3455	1.1438	9.55	0.25	4.57	5.16	nd	0.23	0.67	1.00
480	0.9647	1.0579	9.64	0.22	4.59	5.51	nd	0.22	0.74	1.07
390	1.0670	− 0.1790	9.73	0.23	4.63	6.08	nd	0.26	0.84	1.25
300	0.3721	− 1.6699	11.48	0.27	5.05	6.26	nd	0.29	0.82	1.19
210	0.5093	− 1.7318	12.35	0.24	5.27	7.08	nd	0.32	0.92	1.36
160	0.5948	− 1.2807	13.19	0.22	5.44	8.32	nd	0.40	1.06	1.59

ていたイオン成分が洗い出され，その後は降雨の低濃度が渓流水に影響して濃度が下がるものと考えられる。

　この西部林道にある渓流群の特徴ある水質を明らかにするために川原2号渓流を源流から河口部まで高度ごとに渓流水を採水し，その水質形成過程を検討した。

調査は源流部から河口部まで12地点で行った（図-4.7.3）。川原2号渓流は源流部から河口部までまったく人為汚染源のない森林流域を流下している。表-4.7.4に川原2号渓流の高度ごとのpH，EC，主要イオン，NO_3^-の窒素安定同位体比（$\delta^{15}N$）と酸素安定同位体比（$\delta^{18}O$）を示す。源流部から河口部までの水質変化は項目によって特徴がみられた。pHは4.59から5.92に上昇し，ECも42.4から62.5 μS/cmと上昇した。アニオンではCl^-とSO_4^{2-}が6.84から15.4 mg/l，3.76から5.29 mg/lにそれぞれ濃度が上昇した。一方，NO_3^-はこれらとは異なった変化を示した。すなわち，最上流では1.00 mg/lであったが，200 m流下する間に1.39 mg/lまで上昇し，その後0.90～0.60 mg/lまで濃度が低下した。カチオンについては，Na^+，Mg^{2+}，Ca^{2+}は流下過程で濃度が上昇したが，K^+はほとんど濃度変化がなかった。非海塩性SO_4^{2-}（nss-SO_4^{2-}）のSO_4^{2-}に対する割合の変化をみると74％から59％へ減少しており，流下に伴い流域内への海塩の影響が大きくなることを示している。これは，Cl^-とNa^+の濃度変化とも一致している。では，河川勾配が21％，河床は花崗岩がむき出しの滝のように流下する渓流においてなぜこのような水質変化が起こるのであろうか。そこで水質の変曲点を求めるためにDistance Index[19),20)]（2.4節参照）を計算した。その結果，標高600 mを境に水質が異なることが明らかになった。

このように，Cl^-，SO_4^{2-}，Na^+等は海塩の影響を強く受け，流下に従ってその割合が大きくなっていることがわかる。しかし，NO_3^-については，流下過程での濃度変化が他の項目と異なっており，その原因を明らかにするためにNO_3^-の$\delta^{15}N$と$\delta^{18}O$を測定した。表-4.7.4と図-4.7.4より屋久島の森林渓流水中のNO_3^-は大気降下物由来のNO_3^-を含んでないことが示唆された。図-4.7.4に$\delta^{15}N$と$\delta^{18}O$の関係を示す。この図より流下過程で$\delta^{15}N$と$\delta^{18}O$はともに低下しており，硝化由来のNO_3^-の寄与の増大の可能性が示唆された[21)]。

次に，半山，川原渓流水群でとくに高濃度であった硫酸イオンについて議論する。陸水の酸性化や生態系被害を引き起こす大気汚染物質である硫黄酸化物の起源推定には，硫黄安定同位体比（$\delta^{34}S$）がよく用いられる。しかし，硫酸イオン濃度の低い試料水では，測定に必要な硫酸バリウ

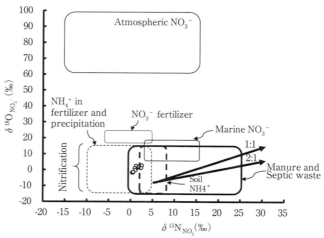

さまざまな起源から生じたNO_3^-の$\delta^{15}N$と$\delta^{18}O$の代表的なレンジは，Kendall, C., Elliott, E.M. & Wankel S.D. (2007) Tracing anthropogenic inputs of nitrogen to ecosystems Chapter 12. In Michener,R.H., Lajtha,K.,(eds.) Stable Isotopes in Ecology and Environmental Science, 2nd edition, Blackwell Publishing, London, pp.375-449. による。

図-4.7.4　川原2号渓流のNO_3^-の窒素安定同位体比（$\delta^{15}N$）と酸素安定同位体比（$\delta^{18}O$）

図-4.7.5 イオン交換樹脂を河川に係留する様子

表-4.7.5 屋久島全島の河川水中の硫酸イオンの硫黄安定同位体比

	調査地点	調査日	Cl^-	SO_4^{2-}	nss-SO_4^{2-}	$\delta^{34}S$	nss-$\delta^{34}S$
				(mg/l)		(‰)	
1	楠川	2004年2月4日	10.9	2.6	1.1	+10.4	−3.9
		2004年7月25日	9.2	2.7	1.4	+10.0	+0.3
2	城之川	2004年7月25日	9.9	2.7	1.3	+9.1	−2.7
3	白谷川	2004年2月4日	11.2	2.6	1.1	+11.3	−1.9
4	宮之浦川	2004年2月4日	11.3	2.8	1.2	+11.0	−1.1
5	一湊川	2004年2月4日	9.0	2.9	1.6	+11.8	+5.1
6	永田川	2004年2月4日	9.1	3.0	1.8	+10.7	+3.7
		2004年7月23日	6.4	2.5	1.6	+9.9	+4.0
7	半山1	2004年7月23日	10.2	4.2	2.8	+11.0	+6.2
		2009年10月2日	12.3	5.2	3.4	+11.3	+6.8
8	半山2	2009年10月2日	18.2	6.5	3.9	+11.3	+5.4
9	川原1	2000年4月22日	16.6	6.5	4.2	+9.9	+4.1
		2004年2月4日	15.4	5.3	3.1	+10.3	+3.4
		2004年7月23日	12.1	5.1	3.4	+10.1	+5.0
		2009年10月2日	16.1	7.0	4.8	+9.5	+4.4
10	川原2	2004年2月4日	15.4	4.7	2.5	+9.9	+1.1
		2004年7月23日	9.1	4.2	2.9	+11.4	+7.5
		2009年10月2日	12.6	5.9	4.1	+9.4	+4.7
11	川原3	2009年10月2日	17.6	6.2	3.8	+11.9	+6.4
12	瀬切川	2009年10月2日	7.5	2.9	1.8	+11.9	+7.1
13	大川の滝	2000年4月22日	8.6	3.0	1.8	+11.5	+5.7
		2004年7月23日	7.9	2.6	1.5	+12.8	+7.2
		2009年10月2日	8.8	3.0	1.8	+11.5	+5.3
14	宮之浦川	2000年4月23日	3.2	1.1	0.7	+10.2	+3.2
15	投石	2000年4月23日	3.8	1.3	0.7	+10.6	+3.7

ム(10 mg程度)を確保するためにイオン交換樹脂や蒸発などによる濃縮操作が必要である。このため,河川水などの陸水では数百 ml～数 l の試料を持ち帰る必要がある。さらに,屋久島のような山岳部での観測では,移動手段が徒歩に限られるためこのような多量の試料を運搬するのは不可能である。そこで永淵・吉村・阿久根らは陰イオン交換樹脂をメッシュバックに詰めて,渓流中に係留し(図-4.7.5),直接水中の硫酸イオンを短時間に捕集する方法を開発した[22]。

この方法を用いて,屋久島全島の渓流水中の硫酸イオンの硫黄安定同位体比を計測した。その結果を表-4.7.5に示す。屋久島渓流河川の非海塩性硫酸イオン(nss-$\delta^{34}S$)は,島の北東部(−3.9～

+0.3‰) より西部および中央山岳部 (+1.1～+7.5‰) で高い値を示した[23]。この硫黄安定同位体比に影響を与えると考えられる屋久島周辺の火山として，130 km 北に桜島，約 40 km 北に薩摩硫黄島，約 100 km 南西に諏訪瀬之島が存在する。笠作らは[24]，1993 年 3 月に屋久島南東部の安房で採取した降水の nss-δ^{34}S (+7.6‰) の高さから，屋久島の降水は δ^{34}S が桜島の火山ガス (+3.2～+8.4‰) より高い薩摩硫黄島の火山ガス (+10.1～+13.5‰) を受けているとしている。しかし，著者らの研究では，屋久島の河川の nss-δ^{34}S 値は，島の北東部で低く，北西部および中央山岳部で高い値を示した。屋久島の北から輸送される薩摩硫黄島の火山ガスが河川の nss-δ^{34}S に影響するなら島の北東部と北西部で同様な影響を受けると考えられる。しかし，前記したように島の北東部と北西部では値が異なっている。したがって，薩摩硫黄島の火山ガスの影響は小さいと推測される。諏訪之瀬島については，火山ガスの nss-δ^{34}S 値の報告例がないため同位体比から考察を行うことは難しい。しかし，永淵らが報告した 1997 年の 1 年間に屋久島の 1 700 m に到達した気塊の後方流跡線解析の結果から，7 月，8 月に諏訪之瀬島が位置する南西からの気塊は来ているものの，年間を通しての卓越風は西および北西風である。このことから，諏訪之瀬島の火山ガスの影響も小さいと考えられる[25]。

このように屋久島においては西風あるいは北西の風が卓越しており，屋久島と大陸の間には硫黄の人為発生源がないことから，屋久島西部および中央山岳部の渓流中の硫酸イオンの硫黄安定同位体比は大陸からの大気汚染物質の長距離輸送によると考えられる。

4.8　全島河川の方位分布

屋久島の全渓流はその長短にかかわらず，島中央から見ていずれも最終的には放射状の方向に流下して，円周形状の海岸に注ぎ込む。したがって，島の中心から海岸での流入位置に向かう円の半径として渓流配置を模擬することができる。しかも，どの渓流の本川ともその急勾配の河床のため，それぞれの放射状の径からほぼ逸れることなく，山腹を流下している。したがって，渓流の流域の方位を明瞭に分けて特徴付けができる。

一般に，標高が 1 500 m を超えると大気汚染物質を長距離輸送する高層大気の卓越風の気団に曝される。屋久島中央部には，その卓越風の気団が通過する中に屹立する高山群が存在する。また，屋久島は暖流の黒潮が周囲を取り巻くために，海表面からの海塩を含む水分の蒸発も盛んで，上昇気流となって急峻な山腹に沿って昇る際に，植生や岩盤の山肌にぶつかって，沈着物負荷を大量にもたらすことになる。とくに，冬季の季節風や夏季の台風等による強風時にはその影響が著しい。

このように，放射状に流下する渓流群には，卓越風による沈着物負荷の影響が予測され，円錐形状の島の卓越風の風向による差違も生じると考えられる。したがって，それらの影響をとらえるには，海岸部の下流端で全渓流群の季節変化を含めた水質調査が必須であった。海岸部の周回道路を利用し，比較的流域規模の小さい渓流ではこの周回道路脇の山腹側を調査地点として，調査を行った。また，河川沿いに上流側へのアクセス林道があれば人為汚染のない地点まで遡って，調査した。規模の大きな河川では上流側への道路が存在したので，上流側に立ち入って調査ができた。この調査を全島河川調査と称した。

1992 年 7 月に初めての全島調査を行ったが，この時は流量が比較的少なく規模の小さい流域の

渓流を調査対象としていなかった。1992年7月の18河川と1994年3月の25河川でのアルカリ度の方位分布を図-4.8.1に示す。アルカリ度の方位分布を，島中心の宮之浦岳から各渓流それぞれの流出先の円周状海岸方向への矢印付きの半経の長さで示している。1995年以降は原則として年4回（3月，7月，9月および11月）継続した全島河川の調査対象の渓流数は，流域規模の少し小さめの渓流を含めて60渓流に増やした。永田川や宮之浦川では，下流側で本川に合流する支川は，それぞれ1つの渓流としている。60の渓流数での1999年の場合について，同様の矢印図で，図-4.8.2に示す。また，夏季後半に台風の直撃による海塩影響が大きかった2004年10月の調査結果を図-4.8.3に示す。これらの図から，全渓流群の方位分布の特徴と傾向を見ることができる[5), 26)]。

さらに，1996～2013年の18年間年4回調査の平均値として，この約60の渓流群を，その流出方向の東西南北の4方位別に分けた平均水質濃度のレーダー図を，図-4.8.4に示す。この図を見ても，4方位別の濃度差の特徴が直感的に理解できる。すなわち，西側渓流群ではSO_4^{2-}やCl^-・Na^+の濃度が高く，かつ，アルカリ度やpHは低く，西風の影響が明らかになった[27)]。

孤立峰で高山の岩木山・鳥海山・大山等3山系では，その山麓渓流数が20～30の範囲にあり，4方位にそれぞれ5渓流程度が含まれる。したがって，6.4節で詳述するように，これらの3山系と

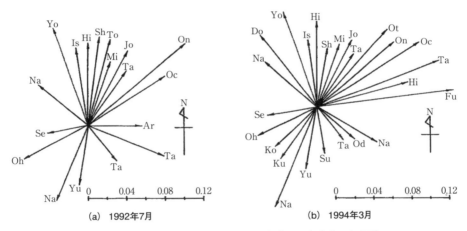

図-4.8.1 屋久島全島河川のアルカリ度（meq/l）分布の矢印図

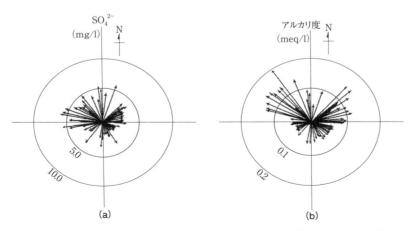

図-4.8.2 屋久島全島河川のSO_4^{2-}とアルカリ度分布の矢印図（1999年11月）

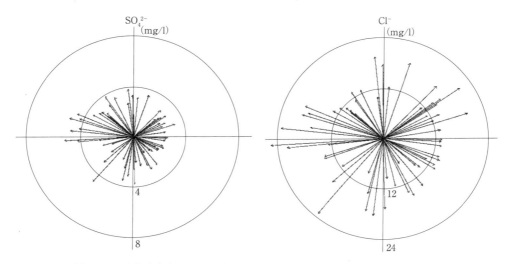

図-4.8.3　屋久島全島河川の水質濃度(mg/l)の円形矢印分布図(2004年10月)

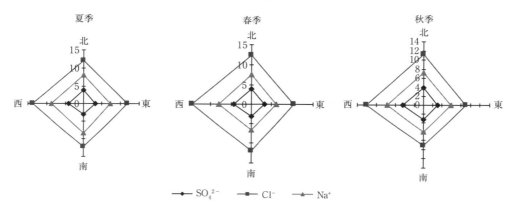

図-4.8.4　屋久島全島河川の三季節の水質濃度(mg/l)分布の4方位レーダー図(2010～2011年)

　屋久島で，冬季を除く3季節に同時期調査を実施し，その4方位別水質濃度分布の差違を統計検定付きで比較検討した[27]。その3回調査の結果の平均値について，表-4.8.1にまとめるとともに，4方位別レーダー図として図-4.8.5に示す。

　SO_4^{2-}は，大気汚染物質の長距離輸送による酸性沈着物負荷の影響を反映するが[28]，屋久島では大山とともに，西側で高いことが明らかになった。ただ，大山は約17 kmで日本海に北面するだけでなく約80 km西方も日本海であり，山頂から海岸への最短距離は15 kmの北西側である。海塩影響を反映するCl^-やNa^+の濃度が大山では北側で最も高くて，西側もそれに次いでかなり高かった。四周の海岸が宮之浦岳から等距離に近い屋久島と比べると，大山では北側のこの濃度の高さが異なる結果となった。岩木山と鳥海山は火山成因の影響のため，これらの方位で最大とはならなかった。これらの結果は，渓流数やその水質分布差の大きさで統計的に支持された結果である。

　屋久島では，渓流数が約60であり，きわめて多い。また，4方位のいずれにも偏ることのない渓流配置の調査であった。渓流数が多いので，4方位分布(円中心で90°分割)だけでなく，さらに方位を4つ増やし，8方位別(円中心で45°分割)に，すなわち，北・北東・東・南東・南・南西・西・北西での特徴を詳細に表示できる。それらのレーダー図を，図-4.8.6に示す。8方位分割でも，

4.8 全島河川の方位分布

表-4.8.1 屋久島山系の3回調査の方位別平均水質濃度（水温：℃, EC：mS/m, アルカリ度：meq/l, イオン：mg/l），（太字斜体：最大値，下線付：最小値，*：有意水準5%，**：有意水準1%（北にのみ付与））

季節	方位	渓流数	TOC (mg/l)	EC (mS/m)	pH	アルカリ度 (meq/l)	Cl⁻ (mg/l)	NO₃⁻-N (mg/l)	SO₄²⁻ (mg/l)	NH₄⁺-N (mg/l)	Na⁺ (mg/l)	K⁺ (mg/l)	Mg²⁺ (mg/l)	Ca²⁺ (mg/l)	Na⁺/Cl⁻
秋季	北	13	*0.87**,**	5.79	6.38	*0.108*	11.15*	0.159	*3.93**,**	*0.033*	*7.22**	*0.534*	1.28	2.56	1.00
	東	22	1.02	5.17	*6.39*	0.101	<u>8.92</u>	0.169	<u>3.00</u>	<u>0.029</u>	<u>5.82</u>	0.525	1.23	2.31	1.01
	南	13	*1.03*	<u>4.98</u>	6.30	0.093	9.03	*0.183*	3.14	0.034	5.87	<u>0.465</u>	<u>1.11</u>	2.26	*1.02*
	西	17	<u>0.89</u>	*6.14*	<u>6.29</u>	<u>0.09</u>	*12.03*	<u>0.096</u>	4.31	0.034	*7.68*	0.505	1.17	2.54	<u>0.986</u>
春季	北	13	0.98	5.80	*6.51*	0.087	12.39*	0.153	*3.81**,**	*0.068**,**	*7.53**	0.453	1.11	2.54	<u>0.94</u>
	東	22	<u>0.95</u>	<u>4.93</u>	6.47	*0.091*	10.38	*0.222*	3.18	0.070	<u>6.14</u>	*0.536*	1.12	<u>2.34</u>	0.91
	南	13	1.13	5.02	6.45	0.078	11.98	0.194	<u>2.99</u>	0.079	6.50	<u>0.369</u>	<u>0.98</u>	2.38	<u>0.84</u>
	西	17	*1.2*	6.04	<u>6.38</u>	<u>0.07</u>	*14.34*	<u>0.134</u>	4.29	0.082	*7.99*	0.414	1.00	*2.64*	0.87
夏季	北	13	*1.08**,**	*5.81*	*6.75**,**	*0.115*	12.06*	*0.195**,**	*3.78**,**	<u>0.024</u>	8.07	*0.632*	*1.26**,**	*2.31**,**	1.03
	東	22	1.08	<u>4.67</u>	6.76	0.114	<u>11.73</u>	*0.232*	3.22	0.037	<u>7.26</u>	0.505	1.23	<u>2.07</u>	<u>0.96</u>
	南	13	*1.07*	4.75	*6.60*	0.096	12.26	0.169	<u>2.88</u>	0.037	8.17	<u>0.426</u>	1.06	2.31	*1.03*
	西	17	1.14	5.71	6.63	0.104	*13.65*	<u>0.124</u>	4.06	0.027	*8.64*	0.509	<u>0.99</u>	2.58	0.99
3回調査平均	北	13	<u>0.98</u>	5.76	*6.52*	0.097	11.59	0.162	3.83	<u>0.043</u>	7.51	*0.536*	1.22	2.49	1.00
	東	22	0.98	4.93	6.51	*0.104*	<u>9.88</u>	*0.207*	3.16	0.045	<u>6.37</u>	0.538	1.20	<u>2.24</u>	*1.00*
	南	13	1.06	<u>4.90</u>	<u>6.38</u>	0.089	10.55	*0.182*	<u>3.02</u>	0.050	6.54	<u>0.440</u>	<u>1.08</u>	2.31	0.97
	西	17	*1.07*	5.96	6.41	<u>0.089</u>	*13.13*	<u>0.124</u>	4.21	0.049	*8.11*	0.486	1.06	2.58	<u>0.96</u>

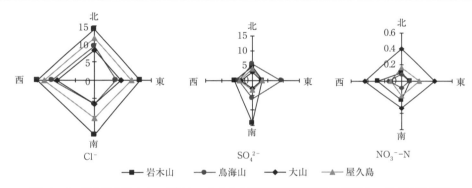

図-4.8.5 屋久島と岩木山・鳥海山・大山の3回同季節調査の平均濃度（mg/l）分布の比較

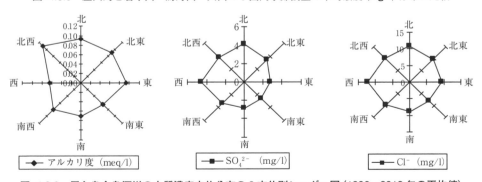

図-4.8.6 屋久島全島河川の水質濃度方位分布の8方位別レーダー図（1996〜2013年の平均値）

1方位に6渓流以上を含んだ水質濃度の平均値である。SO_4^{2-}濃度は西側で高く，アルカリ度も西側で低く，Cl^-は西側で高い結果となった。

屋久島上空の卓越風は偏西風であり，夏季を除いて西風となって[29]，とくに冬季に東シナ海を通過する過程で，蒸発して上昇する水蒸気に出会ってその中に含まれる海塩成分をも沈着物として島の高山部にもたらす。したがって，早春季の渓流水中の海塩濃度は高い傾向となる。ただ，夏季

には北太平洋上で発生した熱帯低気圧の台風が屋久島やその周辺を通過することが多い。台風は海上で発生して海上で発達するために雨雲には海塩成分が含まれる。さらに，その高波で荒れた海表面から吹き上げられた海水成分が，屋久島海岸部の渓流の中下流域に吹き付けられる。この両者の影響が合わさって，台風襲来直後の屋久島渓流水質の海塩成分濃度は高くなる。

約20年間の定期調査では，夏季の7月中旬や9月中旬の定期調査で，台風襲来の5～14日後に当たることもあった。その調査日が晴天継続中であっても，放射状流下渓流のほとんどで，通常の季節よりも海塩濃度が高く，Na^+/Cl^-モル比が1.0を下回り，0.86の標準海水のモル比に近い結果が数回見られた。海に取り囲まれた屋久島であり，さらに，土壌層の薄い急流の渓流水質ゆえ，本州内陸部の渓流群とは違って，地質由来のNa^+供給は少なく，Na^+/Cl^-モル比が1.2～1.5程度と，通常，きわめて低い状況にある。

4.9　山腹斜面の方位による水質差違

流域規模の大きな河川の高山部の支川群は，その流域界を成す高峰とそれらの稜線の高さと谷筋の方位によって，すなわち，流域斜面の立地条件によって，降水量や沈着物負荷に差違を生じ，その渓流群の水質にも顕著な違いが見られることになる。むろん，植生にも同じ高度でも多少の違いが見られることもある。したがって，ほぼ同じ高度で流域が互いに隣接し合う支川群で，植生の現況に大差がない場合について議論を進めることにする。

安房川の上流部から中流部にかけては，上流の二大支川の北沢や南沢の両流域で定期調査を行っているほか，宮之浦川の湯川橋上流では，左岸側の北麓支川群に加えて右岸側のヒロワタリに至る南麓支川群についても，追加調査を行っている。

屋久島中央の高山部では，1 800 mを超える8つの奥岳の高峰が南北に連なる壁となって存在する。その東側を源流域とする島最大の流域規模の安房川上流部では，卓越風の西風に対する北東側斜面の北沢渓流群と，南東側斜面の南沢渓流群とでは，それぞれの水質の平均濃度に明らかな差違が見られる。図-4.5.1に示した安房川上流部の北沢と南沢の流域平面図と，2箇所で南北方向に切断した鉛直断面図を，表-4.9.1に2つの沢での渓流群の水質濃度の平均値を示す。

年4回の調査で，西風による酸性物質の影響の少ない夏季の7月を含めて，pH，アルカリ度およびECの平均値は，障壁となる峰の低い北東側斜面の北沢が，高い峰に遮られた南東側斜面の南沢より明らかに低い。もちろん，日照時間・気温の気象条件やその影響を受ける植生にも多少の差違は存在すると考えられるが，偏西風が強いため酸性沈着物量の影響の差によることが大きい。

表-4.9.1　安房川上流部の北沢と南沢の水質濃度差

支川	北沢（渓流数：20）			南沢（渓流数：27）		
項目	EC (mS/m)	pH	アルカリ度 (meq/l)	EC (mS/m)	pH	アルカリ度 (meq/l)
3月	2.91	5.38	0.031	3.08	5.92	0.050
7月	2.70	5.54	0.037	2.75	6.07	0.055
9月	2.75	5.61	0.042	2.95	6.12	0.060
11月	2.81	5.76	0.052	2.96	6.06	0.061

もう1つの例として**図-4.5.2**に示した，同じ屋久島で2番目に大きな流域規模の宮之浦川において，本川中流部の南北両側山腹の支流群で同様の比較を行った。宮之浦川の流域界は，南西端がネマチ（標高1 814 m）や宮之浦岳（同1 936 m）の高峰であるが，その西側では北向きに延びる稜線が大障子岳（同1 549 m），坪切岳（同1 409 m），矢筈岳（同1 157 m）および吉田岳（同1 165 m）とかなり低い障壁となっている。

しかし，西側に高峰が聳え立った安房川の上流域とは違って，本川の北側山腹（南向斜面）と南側山腹（北向斜面）の両渓流群では，水質濃度の平均値には大きな差違は見られなかった。宮之浦川最上流の流域界をなす西側の尾根筋の標高は，安房川のそれと比べて低く，北側の一湊川との流域界は1 000 mから中流部でのおよそ900 mの標高になる。東側の安房川との流域界は，小高塚山（標高1 501 m）と高塚山（同1 396 m）が源流側で比較的高く，中流部の耳崩（同1 077 m）等は1 100 m前後となる。

3月調査では，**表-4.9.2**のように，両支流群でも高い尾根筋を背にした北向斜面の支川群と，少し低い尾根筋を背にした南向斜面の支川群では，酸性物質の沈着物負荷の影響が反映されるpH，アルカリ度およびECの平均値の差はわずかで，水質項目によっては高低の側が入れ替わった。この場合は，斜面の方向だけでなく，北向斜面の支川群が高い尾根筋を背にした分だけ河床勾配が急なため，短い流下時間で水質濃度の流下に伴う変化が小さかったと考えられる。このように，偏西風の強い影響が見られる標高の高い流域のほかは，支川流域の方向による水質濃度差を明瞭にはとらえ難い。

表-4.9.2 宮之浦川右岸側支川と左岸側支川の水質濃度差（2004年3月）

項　目	支川数	EC (mS/m)	pH	アルカリ度 (meq/l)
右岸側支川	6	4.39	5.98	0.065
左岸側支川	18	3.59	6.04	0.053

4.10　豪雨時の渓流水質の変化

屋久島の降水量の多さは，林芙美子の浮雲に「ひと月に三十五日雨が降る」の記述のように，降雨日数が多いことによる。その上，降雨イベントの構成内容では，降雨頻度が大きいだけでなく，降雨強度の大きい強雨や豪雨の頻度が高いことにある。急峻な山腹の土壌層の薄さの上に，豪雨頻度の高さに曝されて，浸食も進んだ屋久島の渓流は，少々の強雨ではほとんど濁らない。降雨強度の高い豪雨でも，灰濁しても黄濁にはなることが少ない。この屋久島の二大河川の宮之浦川下流での強雨流出と，安房川上流の極端な豪雨流出の観測例を示す。両河川でのそれぞれの流量ピーク時の渓流水は，前者は灰濁で，後者は黄濁であった。

1996年3月6〜7日の小瀬田の屋久島測候所で129.5 mmの，屋久島ではそれほど珍しくない強雨の調査結果である[29]。宮之浦川での調査地点は河口から約3.0 kmの湯川橋の下流で，最下流部に流入する白谷川と琵琶窪川の直上流である。当日は，調査準備を整えて降雨前からの調査ができ，途中の夕刻まで流水中に立ち入って流速と水深測定による流量観測も行えた。降雨前の流量は1.9 m^3/sと平常の流量であったが，日没後からは水位観測に切り替えざるを得なかった。先行降雨

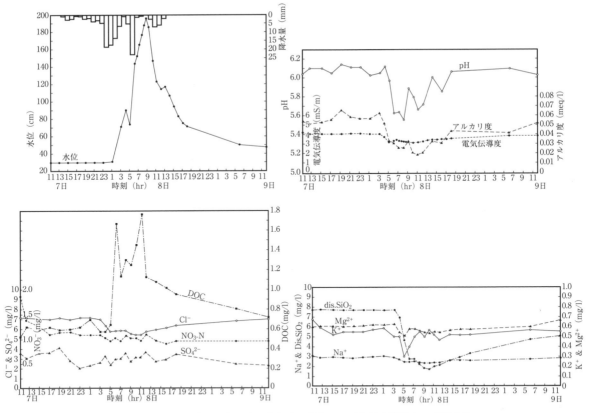

図-4.10.1 宮之浦川の豪雨時の降水量・水位および各種水質濃度の時間変化

は，15日前に当該降雨の規模を上回る189 mmがあってからは，0.5～3.5 mmの小雨しかなかった。

調査結果を図-4.10.1に示す。上流側高山部では下流に先立って降雨が始まったと推定できる少しの水位および流量増大が見られた。しかし，この15日前の先行降雨の流域内の土壌層に及ぼす影響が大きかったため，屋久島渓流河川でもわずかにとらえられる流出初期の早い中間流出によるNO_3^--Nの濃度上昇はなく，逆に希釈による濃度減少が生じた。その後，水位は最大で約165 cm上昇し，流水幅は最大約5倍に拡大し，浮流物の20 m直線区間の流下時間から求めた流速から，最大流量は約300 m³/sと推定された。日本の国内の他の流域では洪水と言える出水イベントであった[26]。

この最大の流量ピーク前後では，pH，アルカリ度およびECの低下が見られ，表面流出がほとんどを占めて，晩冬季の酸性雨の降水がそのままに近い成分状態で流出したと見られる。SSは流量と同様に鋭い濃度ピークを呈した。さらに，DOCの大きな濃度増加が見られ，植生表面や薄い土壌層からの流出と推定された。陽イオンではCa^{2+}を示していないが，流量ピーク前後に濃度減少した。Na^+の濃度低下は小さく，溶性シリカ（SiO_2，溶存態二酸化ケイ素）の濃度低下が著しく，その回復は遅くて2日後でもまだかなり低い濃度レベルであった。陰イオンのCl^-はNa^+並みのわずかな濃度低下にとどまった。

もう1つの降雨時流出調査例は，安房川支流で尾立ダムやヤクスギランドの上流側の荒川上流での，1996年7月17～18日の台風6号による希有の豪雨流出である。調査地点は，宮之浦岳登山道

で淀川小屋横の標高約 1 380 m の淀川トラス橋地点（流域面積 2.5 km²）である。台風 6 号は屋久島上空を縦断したため，淀川小屋では 18 日の朝に一時豪雨が止んで青空となり，台風の目が通過したと判断できた。なお，屋久島測候所では 8 時に 961.6 hPa の気圧を記録した。また，安房川河口で川沿いの民家では河道から越水して床下浸水の被害を引き起こしている。

淀川小屋横の小さな空地での円筒型バケツによる降水量の簡易測定では約 700 mm，最大 1 時間降水量は 116 mm にもなった。しかし，島東部の標高 37 m の海岸低地の屋久島測候所では 273.5 mm，南部の標高 60 m の尾之間 AMeDAS 地域気象観測所では 131 mm と少なかった。

ちなみに，1937 年観測開始以来の日最大降水量の記録は，一湊での 1942 年 8 月に 557.3 mm である。尾之間では 1976 年以降の観測で 1977 年 7 月の 385 mm であった。この 1996 年の台風 6 号による豪雨の先行降雨は，7 月 1 日に 21.5 mm，2 日に 18.5 mm，5〜6 日に 48 mm，7 日に 21.5 mm および 8 日に 7.5 mm であった[29]。

調査結果を図 -4.10.2 に示す。調査前に台風の前触れの数 mm の降水があった。調査開始後には，3 回の降水量ピークが見られた。この破格の豪雨によって淀川小屋付近での渓流水は初め，流路と流路沿いを流出していたが，降雨強度で 40 mm/h 以上の降雨が続くと，流域内のあちこちに多くの水みちが発生した。さらに，100 mm/h を超えると，流域内の凹地が水浸し状態となって，調査地点の淀川は越流して，流水幅は 4 倍以上に拡大した。この降雨強度最大時の野外作業は，林内といえども滝の中での修行状態そのものであった。初めには流水内に立ち入り，流水断面と流速測定によって，4 回分の毎時流量測定ができた。1 回目の 0.2 m³/s の流量は，終盤の最終の水位ピーク

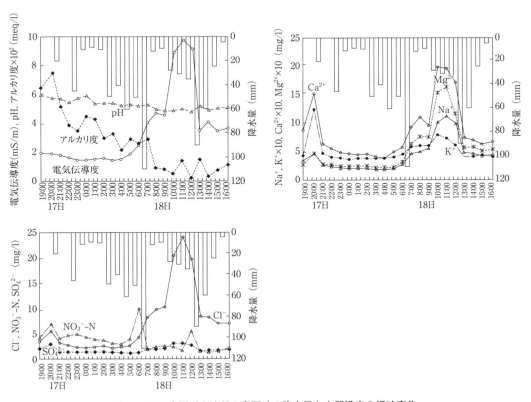

図 -4.10.2　安房川上流部の豪雨時の降水量と水質濃度の経時変化

と浮流物の流下時間からの流速推定値から，約 100 m³/s にも達した[5]。

　台風による前触れの数 mm の降水があった後，雨は数時間小止み状態で，本格的な雨の降り出しとともに，流出初期の早い中間流出による NO_3^--N だけでなく，陰・陽イオンやアルカリ度の濃度上昇が見られた。これは，11 日前や 10 日前の先行降雨の規模が小さく，その後は小雨のみで，ほぼ無降雨状態に近かったことによる。流量の急激な増大と新たな水みちの発生は，浸食を伴って SS の増大をもたらし，源流域に近い渓流ながら黄濁状態をもたらした。また，pH は徐々に低下して，アルカリ度は大きな濃度低下を示した。

　最終ピークの 90 mm に近い時間降雨量による流量の最大ピーク前後には陽イオンおよび Cl^- の濃度ピークを生じた。流域内の土壌の浸食による流出によって，海塩を大量に含んだ台風の降水に，土壌に保持されていた無機イオンも加わって流出するほどの希有の大出水であった。とくに，Cl^- と Na^+ および EC の最終の流量ピーク前後の濃度上昇は，その Na^+/Cl^- モル比からも，海塩成分によると推定できる。Ca^{2+}，Mg^{2+} および SO_4^{2-} の同様の濃度上昇の一部は上記海塩成分の寄与によっている[5), 26)]。台風は北太平洋上で発生した熱帯低気圧であり，その後海上で強力に発達して北上し，台風 6 号の中心が島を縦断したため，風雨ともに猛烈で，海水のしぶきを高山部にまで巻き上げて，まき散らしたと考えられる。

4.11　初期降雨による渓流水質の変化

　一湊川[30)]の中流地点（4.12 節の定点）において 2014 年 5 月から 10 月の期間，3 日以上降雨なし（雨量計で計測）の後 1 mm 以上の降雨があった場合，30 分ごとに 4 回採水するプログラムで河川水を採取し，初期降雨による河川水質への影響を調査した（**図 -4.11.1**）。この調査期間で 15 イベントを回収できた。自動採水器は，最大 24 サンプル回収できる，すなわち 6 イベント回収できる。

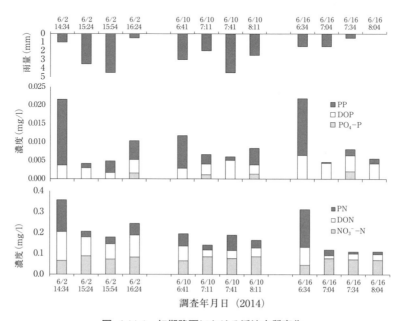

図 -4.11.1　初期降雨における渓流水質変化

しかし，6イベント終了後，すぐに屋久島に行けない場合は，リセットできないのでいくつかのイベントは逃すことになる。回収した15イベントの大部分で1 mm降雨後の最初の試料でT-N，T-Pが最大濃度になることが明らかになった。この結果は，1 mmの降雨後90分間で後半に降水量が増加しても同様な結果であった。

4.12　一湊川とヤクシマカワゴロモ

　日本に自生する約7 000種の植物のうち屋久島にはその特異な自然環境から約1 900種以上もの植物種が自生している。このように豊かな植生を有する屋久島には固有植物も78種確認されており[31]，ヤクシマカワゴロモはその中の一種である。ヤクシマカワゴロモが属するカワゴケソウ科植物は，渓流に生育する沈水植物である。世界で50属300種以上に分類され，主に熱帯のモンスーン地帯に分布し，西南アジアではジャワ島，インドなどに，東アジアでは中国と日本での分布が確認されている。日本には宮崎県と鹿児島県に2属8種が分布しており，ヤクシマカワゴロモは日本のカワゴケソウ科植物の南限に位置する[32]。ヤクシマカワゴロモは屋久島北部を流れる一湊川にのみ自生し，水位の低い冬季に開花して，結実する。その形態は，流れの速い渓流環境に適応するために，葉は退化して針状になり，葉緑体を持つ扁平な根を有する特異なものである。群落は河川の転石上にパッチ状に形成される（図-4.12.1）。

　ヤクシマカワゴロモは一湊川でも限られた範囲に生息している。その詳細な分布調査は，2009年に寺田ら[32]により行われ，生息域の上限は図-4.12.2に示す天幸橋周辺（St.4）で，下限が権見橋の上流にある水門周辺（St.9）であることを確認した。また，ヤクシマカワゴロモは流れのほとんどない場所や淵のような水深が深い場所には生育しない。また，著者ら（永淵）は2008年から生息域下限域（St.9）と生息域の中間地点（St.8）に多項目連続水質計を設置し，EC，pH，水温の連続観測を行った。その結果，生息域下限域は大潮時に海水が進入してくる最奥部であり，ヤクシマカワ

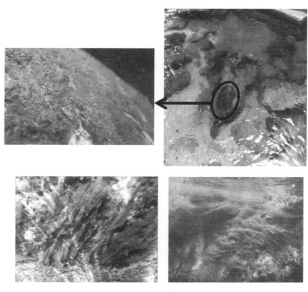

図-4.12.1　カワゴロモの様子

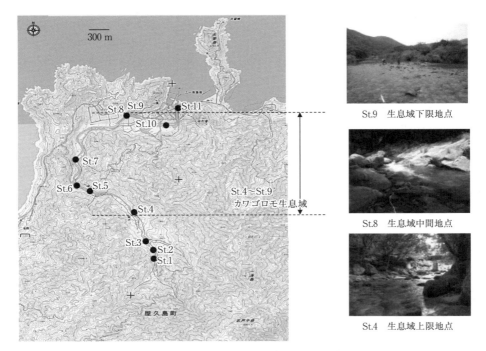

図-4.12.2　ヤクシマカワゴロモの生息域

ゴロモ生息下限の制限要因は塩分であることが分かった。また，流域内には目立った汚染源がなく，良好な河川環境が維持されている。2009年に行われた学術調査の結果によりヤクシマカワゴロモは2010年8月5日に国指定の天然記念物に指定された。しかし，ヤクシマカワゴロモはその限られた自生地から，環境悪化による絶滅が懸念され，環境省レッドデータブックの絶滅危惧種ⅠB類にも指定されている。

　一湊川は屋久島北部を流下する流域面積約14.3 km^2，河川総延長10 km（国土地理院）の河川である。流域内植生は杉林，2次林，自然林によって形成されており[32]，母岩は花崗岩と熊毛層群の堆積岩である。また，一湊川上流域は非常に傾斜が厳しく，平均河床勾配は1/8.8になる。このため河口近くまで渓流環境が連続している。

　一湊川流域内には2つの集落があり，1つは一湊川河口周辺の一湊集落で，もう1つはヤクシマカワゴロモ生育域上限の上流にある白川山集落である。一湊集落はヤクシマカワゴロモの生育域下限よりも下流にあるため，直接的な影響はほとんど無いと考えられる。また白川山集落はヤクシマカワゴロモ生育域上限の上流にあるが，人口30人以下の小規模な集落であり，集落内には商工業施設もなく住民の自然保護意識が強いため，一湊川に及ぼす人為的な影響は少ない。加えて，ヤクシマカワゴロモ生育下限より上流側には造成地や耕作地が無いため，降雨時の汚濁は森林伐採や崖崩れがない限り，大きな土砂流出はない。したがって，ヤクシマカワゴロモが土砂で被覆されることはほとんどない[32]。

　しかし，2010年以降，ヤクシマカワゴロモを被覆する藻類が現れてきた。それは珪藻のメロシラであり，2011年以降は緑藻のスピロギラも増殖し，ヤクシマカワゴロモを衰退させている（図-4.12.1）。これら2種の藻類は，水質的には富栄養化した水域に出現する種である。それでは，一湊

川の水質は2010年以降変化したのだろうか？　一湊川の平水時と降雨時の水質データから，平水時においては，2009年以降の水質の変化はなかった。

しかし，屋久島は年降水量が4 000〜10 000 mmの多雨な地域である[33)]。一湊川流域も屋久島の中で降水量の多い地域で，St.3とSt.4の間に設置した雨量計での観測値が7 000 mmを超える降水量を記録した（2012年8月〜2013年7月の1年間）。したがって，ヤクシマカワゴロモおよび付着藻類の生育環境を検討するには平水時の水質調査だけでは不十分であり，詳細な降雨時の調査が必要である。また，2011年から始まった上流域での間伐道工事が土砂流出に拍車をかけている。

実際，図-4.12.3に示すように降雨時の粒子態栄養塩の流出量が多く，降雨後の河床には浮泥が堆積することが多い。このような現象が続いた後に晴天が続くと，図-4.12.1に示すようにヤクシマカワゴロモの上にメロシラが繁茂することがよくみられる。これはヤクシマカワゴロモの表面から針状の葉が出ており，転石よりもヤクシマカワゴロモ表面の方が付着藻類とって定着しやすい場であると考えられる。また，ヤクシマカワゴロモ，メロシラ，スピロギラが付着している転石上の流速を比較すると，ヤクシマカワゴロモ＞スピロゲラ＞メロシラの順で，とくにメロシラは流速の遅いところに生息していた（図-4.12.4）。同様に，メロシラが繁茂している近くには，ほとんどの場合浮泥が堆積（流速遅い）しており，浮泥の存在が付着藻類の繁茂に何らかの影響を与えていることが示唆された。

浮泥から採取した間隙水と河川水の主要イオン濃度の特徴的なことは，間隙水中のNH_4-NとPO_4-P濃度が河川水に比較して高いことである。これらは，嫌気的な環境で底泥から溶出してくる

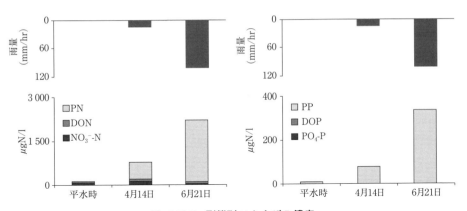

図-4.12.3　形態別NおよびP濃度

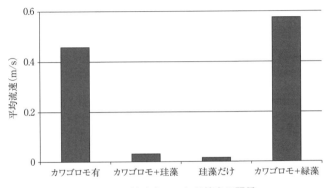

図-4.12.4　流速とメロシラ棲息の関係

ことが知られている。つまり，薄く転石上に堆積した浮泥内部でも嫌気的な環境になっていることが示唆された。この浮泥間隙水と河川水を用いてメロシラを培養したところ，間隙水で培養したメロシラの方が河川水より最大増殖時に高いクロロフィルa濃度を示した。t検定の結果でも$p<0.05$で有意差があった。この結果は，浮泥間隙水がメロシラの増殖を促進することを示唆している。この培養実験に用いた浮泥間隙水は採取時に河川水により希釈されており，メロシラに対する増殖促進能力はより高いと考えられる。

次にヤクシマカワゴロモ，メロシラ，スピロギラの生息域と日射量との関係をみるために，生息域と散乱光透過率の関係を検討した。St.1～6の散乱光透過率の分布を図-4.12.5に示す。メロシラを確認できたのは，St.6から上流側へ距離にして122～176 mの間と715～780 mの間の2か所であり，散乱光透過率の平均±標準偏差はそれぞれ59±14％，57±6.7％であった。一方，スピロギラは，St.6から上流側へ122～176 mの間と485 m地点の2か所で確認された。スピロギラが確認された122～176 m間の散乱光透過率は，前記した通りであった。また，485 m地点では全天写真を撮影していなかったため散乱光透過率は正確には算出できなかった（図-4.12.5）。しかし，スピロギラが生育していたのは砂防堰の下流側で天蓋が開けており，この堰の上流側で測った散乱光透過率が73.7％と高かったため，同様の散乱透過率と推定できる。

付着藻類が確認できた最上流は，St.6から上流へ780 m地点の群落である。ヤクシマカワゴロモが確認された最上流部は，St.6から上流へ1 534 m地点にある群落であった（St.4の天幸橋の約100 m上流）。また，St.6からの上流へ1 000 mの区間では，ヤクシマカワゴロモと付着藻類の両方を，1 000～2 000 m区間の1 534 m地点までヤクシマカワゴロモを確認した。2 000～2 800 m区間では，ヤクシマカワゴロモと付着藻類ともに確認ができなかった。この区間での散乱光透過率を求めた結果，0～2 000 mまでは上流に向かうにつれて減少した。この3区間についてt検定を行ったところ，0～1 000 m区間と1 000～2 000 m区間では$p<0.05$で有意差あり，1 000～2 000 m区間と2 000～2 800 m区間では有意差はなかった（$p>0.05$）（図-4.12.5）。加えて，メロシラを確認した区間で最も低い散乱光透過率39.8％以上の出現頻度は，0～1 000 mで81％であり，1 000～2 000 mでは

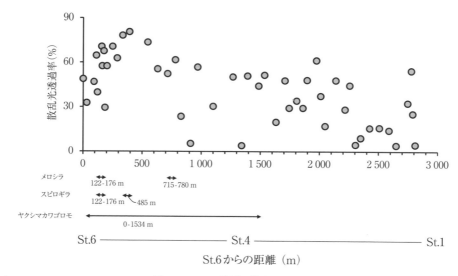

図-4.12.5　一湊川の散乱光透過率

62 %，2 000～3 000 m で 31 % であり，上流に向かって低下していた（**図-4.12.5**）。

この結果は，St.6 から上流へ 1 000 m 以上の地点で付着藻類を確認できなかった要因の 1 つに光制限があることを示唆している。また，St.6 から上流へ 1 000 m 以上の地点において局所的に天蓋が開け，散乱光透過率が高くなった地点もあったが，付着藻類は確認できなかった。その理由として St.4 より上流では付着する基盤としてのヤクシマカワゴロモが存在せず，河床勾配も 1/17 から 1/9 とおよそ 2 倍になり（**図-4.12.5**），付着藻類が生育するには流速が速すぎると考えられた。

4.13　全島河川の水質の経年変化

屋久島での渓流水質調査は 1992 年 7 月から開始して，すでに 23 年が過ぎた。最初はつくばから，3 年後には大阪から通うことになった屋久島は，大都市からのアクセスとしては遠い離島であり，1 年に何回も訪れ難い調査地である。

まず，屋久島全体として，渓流水質に酸性沈着物の負荷の影響が現れているか？　さらに，酸性沈着物負荷の影響が現れるとすれば，屋久島のどの地域に現れるのか？　これらを考慮して，島中央の高山部から放射状に流下して四周の海に流入する渓流を，できるだけ数多く調査することを目指して，島の外側の海岸沿いに周回する道路を利用した。いくつかの規模の大きい河川では，海岸近くで合流する支川群も本川と併せて調査した。この調査で，地域としての方位による水質分布状況が確認できる。

屋久島での全島河川調査や，安房川・宮之浦川の高度分布調査および島中央の高山部の源流域調査は，原則として，3 月，7 月，9 月および 11 月の年 4 回実施した。1997 年には，特別に，3 月から 2 か月ごとに 11 月まで年 5 回の調査を実施した。

まず，1992 年 7 月 16 日～17 日に初めての夏季調査と 1994 年 3 月 5 日～6 日に冬季調査を主要

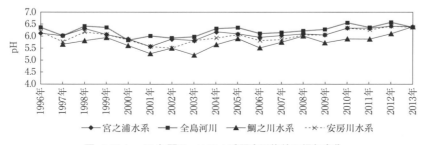

図-4.13.1　18 年間の pH の 4 季調査平均値の経年変化

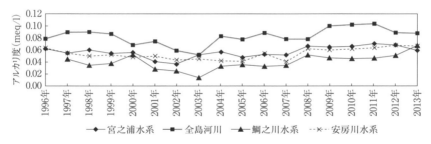

図-4.13.2　18 年間のアルカリ度の 4 季調査平均値の経年変化

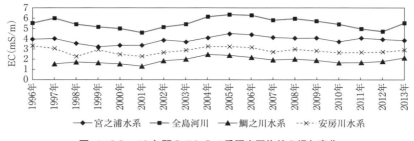

図-4.13.3　18年間のECの4季調査平均値の経年変化

河川について行った[26]。これら調査初期の方位別の水質濃度分布の一例は図-4.8.1に示している。その後1995年以降，調査渓流河川を60に増やして全島河川として，1996年以降は毎年4回同季節に定期調査として継続した。また，安房川や宮之浦川の上流部や鯛之川源流域ついても，同様の頻度で調査をした[5]。

毎回の調査ごとに渓流群の平均水質濃度を算出し，その経年変化を図-4.13.1～図-4.13.3に示す。酸性物質の負荷の影響をとらえやすいpH，アルカリ度およびECについて，ほぼ20年間の平均値の変化を見ると，3～5年程度の減少や増加の変化傾向が認められる。たとえば，1998～2001年の3年間ではpHは減少傾向が認められ[34]，2002～2013年の11年間ではpHの増大傾向と見ることができる。

しかし，20年間の全体としては，明確な増加や減少の傾向を言い難いのが現状である。それは，年降水量の経年変化だけでなく，毎回の調査日の先行晴天日数や先行降雨の規模の大きさの影響等との対応を検討すると，屋久島の豪雨とその後の影響の残存度などの水文影響が濃いと判断されるからである。20年間の調査を経ても，中国大陸の排出源での新しい環境変化が続いており，経年変化の判断は難しく，さらに調査の継続が必要である。

全国平均よりも濃度が高いH^+やSO_4^{2-}の酸性沈着物が全国平均の2.5倍を超える年降水量で負荷される屋久島で[28]，幸いなことに，渓流水質の酸性化はまだ顕在化はしていないと判断できる。しかし，渓流水質のアルカリ度の低さは相変わらずであり，カタストロフィックな変化が訪れないという保証はない。中国大陸方面からの大気汚染物質の長距離輸送の影響は，今現在も続いているのである。今後も，定点調査や観測による監視を怠ることはできそうにない状況である。

◎文　献

1) 大河内博 (2014)：第9章　雲の化学，pp.146-167；藤田慎一，三浦和彦，大河内博，速水洋，松田和秀，櫻井達也共著：越境大気汚染の物理と化学，p.247，成山堂，東京
2) 岡本芳美 (1995)：緑のダム，人工のダム，亀田ブックサービス，p.320
3) 鶴見実，一國雅巳 (1989)：多摩川上流の沢水に含まれる無機成分の特徴，環境科学会誌，2，pp.9-16
4) 鶴見実 (1992)：大気降下物の寄与，陸水の化学（日本化学会編），季刊化学総説，14，pp.7-15，学会出版センター，東京
5) 海老瀬潜一，永淵修 (2002)：屋久島渓流河川水質の流出特性と酸性雨影響，陸水学会誌，63，pp.1-10
6) 竹山栄作，南園博幸，長井一文，大津睦雄，右田譲 (1989)：屋久島における降水成分，鹿児島県環境センター所報，5，pp.111-117
7) 永淵修，海老瀬潜一 (2002)：渓流河川水質への森林機能の影響，陸水学会誌，63，pp.11-19
8) 日本の水環境 (1999)：九州編，日本水環境学会
9) 日本工業規格 (2000)：JIS K 0101
10) 伊勢崎幸洋，永淵修，阿久根卓，横田久里子，吉村和久 (2012)：低アルカリ度測定法の検討－屋久島の低レベルアルカ

リ度渓流河川への適用-，J. Ecotechnology Research, 16, pp.109-112

11) 落合志穂，宮北敦子，川上智規(2001)：Gran's plot 法による陸水の ANC の測定，土木学会論文集，685, pp.157-164

12) 永淵修，田上四郎，石橋哲也，村上光一，須田隆一(1993)：樹氷中の溶解成分による大気環境評価の試み，地球化学，27, pp.65-72

13) 永淵修，須田隆一，石橋哲也，村上光一，下原孝章(1993)：長距離移流物質による大気汚染の解析-樹氷に含まれる賛成物質の起源-，日本化学会誌，No.6, pp.788-791

14) Nagafuchi, O., (1995)：Analysis of long-range transported acid aerosol in rime found at Kyushu mountainous regions, Japan, Water Air Soil Pollu.,85, pp.2351-2356

15) 永淵修(2000)：屋久島における大陸起源汚染物質の飛来と樹木衰退の現状，生態学会誌，50, pp.303-309

16) 永淵修(2000)：樹氷の調査と試料分析(佐竹研一編)，酸性雨研究と環境試料分析-環境試料の採取・前処理・分析の実態-，愛智出版，pp.51-69

17) Nagafuchi, O., Mukai, H. & Koga, M. (2001)：Black acidic rime ice in the remote island of Yakushima, a World Natural Heritage area, water Air Soil Pollu., 130, pp.1565-1570

18) 永淵修，阿久根卓，吉村和久，久米篤，海老瀬潜一，手塚賢至(2003)：屋久島西部渓流河川の水質形成に及ぼす酸性降下物の影響，水環境学会誌，26, pp.159-166

19) Sokal, R.R.(1961)：Distance as a measure of taxonomic similarity, Syst. Zool., 10, pp.71-79

20) McIntosh, R. P. (1967)：An index diversity and the relation of certain concepts to diversity, Ecology, 48, pp.392-404

21) 永淵修，中澤暦，奥田青洲，尾坂兼一，中村高志，横田久里子，伊勢崎幸洋(2009)：屋久島西部渓流河川の水質形成機構，水環境学会年会講演要旨集

22) 阿久根卓：九州大学大学院修士論文

23) 土井崇史，永淵修，横田久里子，吉村和久，阿久根卓，山中寿朗，宮部俊輔(2011)：硫酸イオンの現場濃縮法を用いた屋久島の渓流河川における硫黄同位体比の測定，陸水学雑誌，72, pp.135-144

24) 笠作欣一，寶成隆志，向井人史，村野健太郎(1999)：桜島および薩摩硫黄島における火山ガスの硫黄同位体比と鹿児島県内の降水への火山ガスの影響評価，日本化学会誌，No.7, pp.479-486

25) 永淵修，横田久里子，中澤暦，金谷整一，手塚賢至，森本光彦(2015)：2009 年 5 月 8 日〜10 日に屋久島で観測された高濃度オキシダントと粒子状物質の起源解析，土木学会論文集 G, pp.217-255

26) 海老瀬潜一(1996)：屋久島渓流河川の晴天時・洪水時水質への酸性雨の影響，環境科学会誌，9, pp.377-391

27) 海老瀬潜一(2013)：孤立峰と円形島の放射状下渓流水質の方位分布特性，環境科学会誌，26, pp.461-476

28) 環境省地球環境局(2014)：越境大気汚染・酸性雨長期モニタリング報告書，平成 20〜24 年度，p.238

29) 気象庁(2009-2014)：気象統計情報，AMeDAS 観測記録，http：//www.data.jma.go.jp/

30) 北渕浩之(2014)：滋賀県立大学大学院修士論文

31) 屋久島森林環境保全センター(1992-2001)：洋上アルプス，九州森林管理局

32) 寺田仁志，手塚賢至，斎藤俊浩，手塚田津子，大屋哲(2009)：屋久島一湊川におけるヤクシマカワゴロモの分布と生育環境について，鹿児島県立博物館研究報告，第 28 号 別冊

33) 屋久島森林環境保全センター(1992〜2001)：洋上アルプス，九州森林管理事務所

34) Ebise S. & O. Nagafuchi(2006)：Influence distribution of acid deposition in mountainous streams on a tall cone-shaped island, Yakushima, J. of Water and Envir. Technology, 3, pp.169-174

屋久島　一湊川　水質とカワゴロモ調査

ヤクシマカワゴロモ

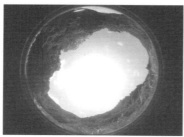
一湊川の全天写真

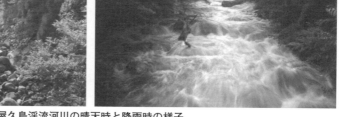
屋久島渓流河川の晴天時と降雨時の様子

第5章　孤立峰の沈着物負荷の特徴

5.1　富士山

　大気中の水銀汚染のバックグランド濃度の観測には山岳（自由対流圏）における観測が適している。なぜなら，山岳は①周辺に汚染源がない，②水銀の鉛直分布を把握することが可能である，③大気が地上の摩擦の影響を受けにくく輸送されやすいこと等から長距離輸送される水銀をとらえることが可能である。したがって，山岳での観測は，水銀の長距離輸送を評価できる可能性がある。

　富士山（標高 3 776 m）は独立孤峰であり，年間を通じてほぼ地上の影響を受けない自由大気に曝されている。したがって，図-5.1.1，図-5.1.2 に示すように，山頂の富士山測候所は近傍の大気汚染の影響を受けず，日本に到達する大気を観測する上ですぐれた観測地点である。なお，富士山は日本百名山の一つである[4]。

　著者らは，富士山測候所において 2005 年から大気中の水銀濃度の観測を始めた[1)-3)]。2007～2009 年には，図-5.1.2(b) のように測候所の外側で，小型のアクティブサンプラーを用いて[5]，粒子状水銀とガス状水銀を観測した。ただし，観測にはろ紙や電池の交換のための人員が常に必要であるため，各年度とも連続1週間の観測にとどまった。2009 年は，この1週間の連続調査を2回行った。2010 年から，環境省環境研究総合推進費の予算を得て水銀モニター計による連続観測が可能となった。2010～2014 年の夏季（7，8月）に，富士山測候所での水銀モニター計を用いた連続観測では，大気中 TGM（Total gaseous mercury）の分析の時間分解能を上げて，TGM の越境汚染の観測に務めた。しかし，最初の 2010～2012 年に思わぬ事態が発生し，満足できる測定データが

図-5.1.1　調査地点図

(a) 概観　　　　　　　　　(b) 小型サンプラーを仕掛けているところ

(c) 測候所内部，機械が並ぶ　　(d) われわれを悩ませたインレット

図-5.1.2　富士山測候所での観測風景

得られなかった。

　2010年は異なった水銀モニター計を2台（原子蛍光法と原子吸光法）用いて比較試験を行い，2011年は原子吸光型を用いて観測を行ったが，測定機器のコンタミネーションの残存や，外気の吸引チューブが外れるトラブル等を生じた。その結果，図らずも富士山測候所の機器を設置している部屋（1号庁舎2階；図-5.1.2(a), (c)）が，高濃度の水銀ガスで充満していたことが判明しただけで，図-5.1.3のように，2011年は8月末の1週間のデータしか取得できなかった。さらに，翌2012年も水銀モニターの不調で，測定データを取得できなかった。2013年は，水銀モニターの整備やサンプリングに腐心した結果，図-5.1.4に示すデータが取得でき，大陸からの汚染大気の飛来

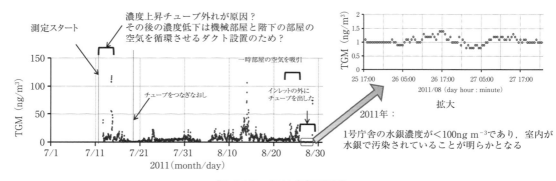

図-5.1.3　2011年観測結果

5.1 富士山

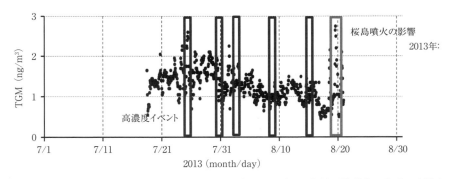

図-5.1.4 2013年夏季における富士山頂でのTGMの濃度変動と大陸から気塊が輸送された時の高濃度イベント

時に，水銀濃度が上昇することをとらえ，さらに，桜島の噴火による水銀濃度の上昇もとらえることができた。以下に2013年の大気中水銀濃度の解析結果を示す[6]。

図-5.1.4に示す2013年の観測期間中のTGM, COおよびオゾン濃度の変動では，図中のカラム表示は汚染イベントを表しており，汚染イベントは以下のようにして決定した[7],[8]。すなわち，CO濃度が調査期間の平均値より15％高い濃度の時間が12時間以上連続している期間であり，オゾンあるいはHg濃度がCOと同様に調査期間の平均値より15％高い時間が12時間続く場合とした。さらに，後方流跡線解析[9]の結果，気塊が大陸から進入した時とした。その結果，4回の汚染イベントが抽出された。その4イベントについて，次式により各成分のEnhancement(Δ)を求めた。

$$\text{Enhancement}(\Delta) = \text{Average}_{pol\ eve} - \text{Average}_{period} \quad (5.3.1)$$

ここで，Average$_{pol\ eve}$：Pollution eventの平均値，Average$_{period}$：調査期間の平均値である。

HgとCOの比は人為由来，バイオマス燃焼由来の起源の推定のために用いられている。表-5.1.1のように2013年の富士山頂で観測されたTGM/ΔCOを検討すると，沖縄（辺戸岬）やBachelor山の結果と比較して一桁大きいことがわかった。辺戸岬やBachelor山では通年観測であるが，富士山では夏季しか調査を行ってないため，結果の単純な比較はできないが，富士山山頂（自由対流圏）における越境大気汚染の起源推定に利用できる可能性が示された。

自由対流圏におけるTGMの鉛直分布を検討するために富士山体を使用し，山頂（3 776 m）から5合目（2 230 m）の間に6か所の観測点を設け，2009年8月から9月に5回（#1, #2, #3, #4, #5）の観測を行った（図-5.1.1）。水銀の測定はアクティブサンプラーとパッシブサンプラーを併用して行った。観測期間中の水銀濃度の範囲は，1.00～5.00 ng/m^{3}に分布した。

5回の観測のうち，図-5.1.5に示すように水銀濃度が鉛直方向に変化がない場合が3回（#1, #4, #5），一方，高標高で濃度が高くなる鉛直分布を示す場合が2回（#2, #3）であった。#1, #4, #5の水銀濃度は全標高で北半球のバックグラウンド値（1.5 ng/m^3）程度であった。一方，#2, #3では，高標高において2.0～5.0 ng/m^{3}の範囲に分布し，低標高において1.0～1.5 ng/m^{3}に分布した。これらの鉛直分布と気塊の移動経路の関係を検討した結果，#1, #4, #5の場合は各標高での後方流跡線解析による移動経路はほぼ同じであり，#2, #3の場合は，各標高での移動経路が異なり，典型的な例として#3（8月28日～8月30日）の後方流跡線解析の結果は（図-5.1.6），標高が高い方から低い方へ大陸からの気塊の移動割合が減少し，それに関連するようにTGM濃度も減少した（図-5.1.7）。

第 5 章　孤立峰の沈着物負荷の特徴

表 -5.1.1　汚染イベント

	Pollution event			ΔO_3 (ppbv)	ΔCO (ppbv)	$\Delta Hg(0)$ (ng/m^3)	$\Delta O_3/\Delta CO$ (ppbv)	$\Delta Hg(0)/\Delta CO$ ((ng/m^3)/ppbv)
	Start	End	hours					
2008, 富士山								
#1	7/29 10:00	7/29 23:00	14	11.8	19.5	No data	0.606	No data
#2	7/30 12:00	7/31 04:00	17	8.5	29.6	No data	0.289	No data
#3	8/11 13:00	8/12 02:00	14	7.6	19.0	− 1.204	0.399	− 0.063
#4	8/12 14:00	8/13 11:00	22	5.2	47.2	− 0.734	0.110	− 0.015
#5	8/17 14:00	8/18 01:00	12	4.7	16.5	1.5	0.287	0.091
#6	8/20 07:00	8/20 23:00	17	9.4	41.0	No data	0.228	No data
2010, 富士山								
#7	07/30 19:00	07/31 10:00	16	15.9	45.8	No data	0.348	No data
#8	08/13 07:00	08/15 04:00	50	19.0	55.9	No data	0.440	No data
2013, 富士山								
#9	7/26 19:00	7/27 20:00	26	14.5	23.3	0.32	0.624	0.014
#10	7/30 03:00	7/30 19:00	18	12.4	48.6	0.29	0.255	0.006
#11	8/01 2:00	8/2 06:00	18	11.1	− 0.95	0.01	− 0.01	− 0.010
#12	8/07 11:00	8/08 06:00	20	8.75	10.6	− 0.28	0.823	− 0.026
#13	8/13 06:00	8/14 04:00	23	9.76	32.7	− 0.27	0.299	− 0.008
2004, 沖縄[7]								
	04/02 2:00	04/04 07:00	29	No data	No data	No data	No data	0.0056
2004, Mt.Bachelor, オレゴン, アメリカ[8]								
	04/10 15:00	04/11 06:00	15	28	40	0.71***	0.00	0.0035***

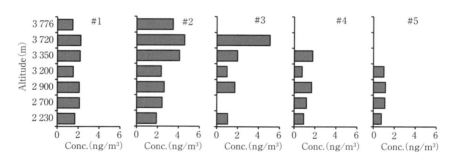

図 -5.1.5　2009 年夏季に富士山体で観測した TGM 濃度の鉛直分布

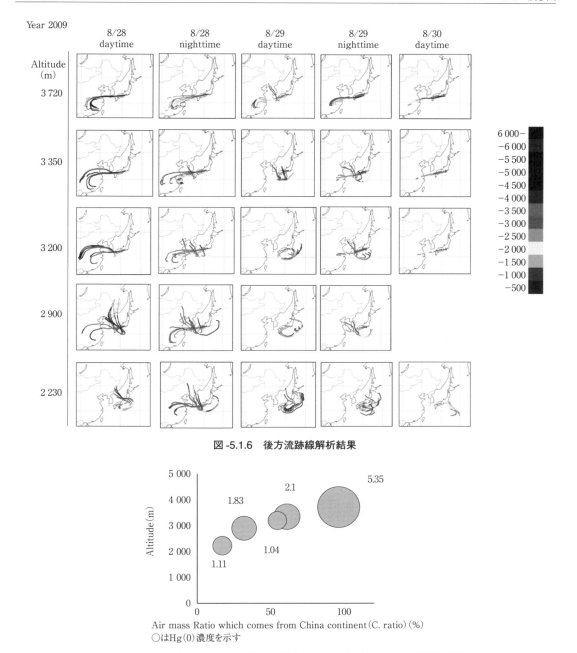

図-5.1.6 後方流跡線解析結果

図-5.1.7 富士山体の高度と大陸から進入した気塊の割合とTGM濃度の関係

5.2 漢拏山

　漢拏山は，韓国済州島の中央に位置する韓国最高峰（1 950 m；33°21′44″N，126°32′9″）の独立峰である。2007年6月には，ユネスコにより世界自然遺産に登録されている。

　図-5.2.1に示す調査地点で，1995年3月に，漢拏山で連続する2度の寒波について樹氷を採取した。1 700 mから山頂(1 950 m)までは，生態系保全のため登山禁止であったため，採取高度は標高

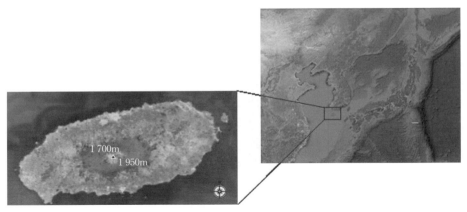

図-5.2.1 漢拏山の調査地点

1 700 m である。3月7日の寒波における樹氷中の粒子は，電子顕微鏡で観察すると図-5.2.2(a)に示すように，海塩粒子と化石燃料由来粒子の一つである無機系の球形粒子（IAS）であった。環境中 IAS は，その 80 % が石炭燃焼由来であり [10]，石油燃焼由来は 0.1 % 程度である [11]（2.3 節参照）。**表-5.2.1** に示すように，その溶解成分中イオン濃度も SO_4^{2-} および NO_3^- 濃度が高く，それと対応する

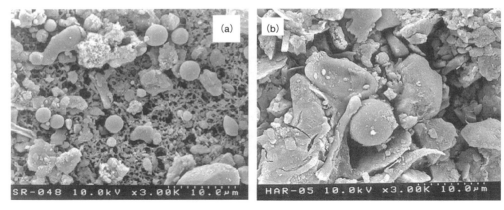

図-5.2.2 SEM による樹氷不溶解成分の観察結果

表-5.2.1 溶解成分中イオン濃度

採取日	標高 (m)	pH (−)	EC (mS/cm)	Cl^-	NO_3^-	SO_4^{2-}	Na^+	NH_4^+	K^+	Mg^{2+}	Ca^{2+}
				(mg/l)							
1995年3月7日	1 500	4.08	242	45.5	7.36	26.7	21.1	5.34	1.45	2.80	10.1
	1 700	4.15	309	54.5	9.83	36.7	29.7	6.27	1.84	3.70	16.1
1995年3月14日	1 700	7.35	99.9	14.4	2.62	4.59	7.93	0.27	2.24	2.00	26.0
1996年12月20日	1 300	5.01	144	44.4	10.9	10.7	12.0	1.22	1.19	2.42	3.54
	1 500	4.60	260	78.2	13.6	22.5	21.4	2.87	1.67	4.12	4.74
	1 700	4.39	135	37.2	7.87	14.2	11.0	2.16	1.09	2.08	2.70
	1 800	4.20	119	20.4	7.30	12.7	7.03	2.38	0.92	1.28	2.25
	1 850	4.41	144	36.4	6.87	13.2	10.5	1.80	0.93	2.00	2.40
	1 950	4.4	93.8	16.6	6.45	9.95	5.40	1.89	0.83	1.03	1.95

カウンターカチオンはH^+とNH_4^+であった。一方，その後の寒波（3月15日）では，樹氷中粒子は黄砂粒子が多く，樹氷の色も黄色を呈していた（**図-5.2.2(b)**）。ただし，黄砂粒子の中にもIASが多く認められた（**図-5.2.2(b)**）。その溶解成分の陰イオンは前述と同様であったが，カウンターカチオンはカルシウムイオンであった。

1998年12月の調査では，国立公園事務所の許可を得て山頂までの調査を行った。樹氷は1 300 m，1 500 m，1 700 m，1 800 mと1 950 mで採取した。樹氷中粒子を電子顕微鏡で観察し，各標高の樹氷中IASを500個ランダムに計数し，**図-5.2.3**に頻度分布図として示した。その結果，1 300 mでは，粒子径にバラツキがあり，粒径は広い範囲に分布していた。標高が1 500 mを越えると1 μm前後に粒径が収束する高くて鋭い分布を示した。各標高の粒子数の定量評価は，写真の枚数で行った。つまり，粒子数密度が高い場合は，当然，写真枚数が少なくなる。写真枚数の結果から1 500 mが最も高密度であり，山頂が最も低密度であった。これらの粒子数分布の傾向は，**表-5.2.1**，**図-5.2.3**に示す主要イオンでも同様で，1 500 mが最高濃度であった。

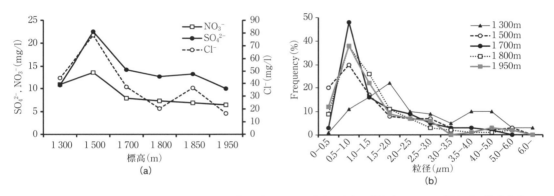

図-5.2.3　（a）1998年12月20日の標高別の樹氷中アニオン濃度，（b）同樹氷中のIASの標高別の粒度分布

5.3　伊吹山

滋賀県の最高峰かつ孤立峰で，伊吹山地の主峰である伊吹山（標高1 348 m）を利用して，(1)伊吹山における大気中水銀の鉛直分布，(2)大気中水銀の季節変動，(3)これら大気中水銀の動態を規定する要因の推定を行った。調査は，**図-5.3.1**に示す滋賀県米原市と岐阜県揖斐郡揖斐川町の県境に位置する伊吹山山系で実施した。伊吹山は，北緯35°25′24″，東経136°24′40″に位置し，おおむね地上0～1 000 mとされる大気境界層と1 000 m以上の自由大気（自由対流圏）の両者を含む標高にある。また，地域的に大気汚染の影響を与えるような阪神圏や中京圏の大都市からも離れている。さらに，伊吹山は日本海側の若狭湾と太平洋側の伊勢湾を結ぶ最も狭い地域に位置している。このため，若狭湾からの北西気流と伊勢湾からの南東気流が流入しやすく，双方の気流による影響を観測するのに適している。このように，伊吹山は周辺に汚染源のない大気境界層と自由大気における水銀の輸送および鉛直分布の検討に最適な山岳調査地点と言える。なお，伊吹山も日本百名山の一つである[4]。

調査地点は，**図-5.3.1**に示す山頂（標高1 348 m）付近から0合目（同260 m）まで，標高差約

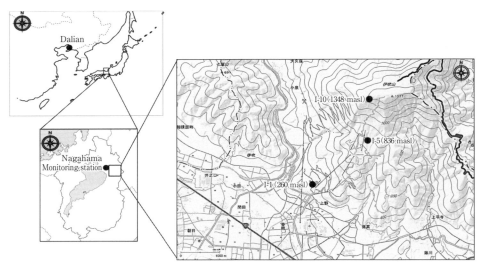

図-5.3.1　伊吹山の調査地点

100 m ごとに 10 箇所（I-1～I-10 地点）を設定した。調査は 2009 年 4 月 17 日から 2011 年 11 月 24 日まで，原則として毎月 2 回の定期調査を 3 年間実施した。また，1 週間連続調査を 2009 年 6 月 3 日～6 月 9 日，2009 年 8 月 2 日～8 月 6 日，2009 年 8 月 28 日～9 月 2 日，2011 年 7 月 12 日～7 月 18 日および 2011 年 8 月 23 日～8 月 29 日に実施した。山岳部を徒歩で登坂するため，冬季（1～3 月）および悪天候時は調査不能であった。I-1 地点から I-10 地点のすべての調査地点に，高さ 1.5 m のポールを設置して，温湿度計および水銀パッシブサンプラーを取り付けた[13]。また，I-1（標高 260 m），I-5（同 836 m）および I-10（同 1 348 m）の 3 地点に，水銀アクティブサンプラー[5]とカスケードインパクターを設置して，元素態ガス状水銀（Hg(0)）および粒子状水銀（Hg(p)）を観測した。粒子状物質（PM）は，電子顕微鏡による形態分析を行った。粒子状物質は，2.6 節と同じ方法で採取した。SEM による形態分析は $PM_{2.5-10}$ と $PM_{1.0-2.5}$ について行った。また，後方流跡線解析は，2.4 節と同様の方法で行った。

アクティブサンプラーとパッシブサンプラーによる TGM 濃度の時間分解能は，24～48 時間である。そのため，それぞれの水銀濃度は 24～48 時間の平均値となる。ここでは，この平均値を用いて解析した。気塊の移動経路は，図-5.3.2(a) に示すように分けた。中国北部を CH，中国南部を CS，シベリア大陸を SC，日本国内を JP，フィリピン海を PH，太平洋を PE とした。

TGM の鉛直分布は，2009 年や 2010 年は I-1 と，I-5 および I-10 の地点間には，明らかな違いが認められた（t 検定で有意差あり：2009 年 $t<0.05$，2010 年 $t<0.01$）。しかし，2011 年は標高による差は認められなかった（t 検定で有意差なし）。この原因としては，おそらく，2011 年のサンプル数が少ないこと，とくに，最も変動の激しい春季のデータ数が少ないこと，に起因すると考えられる。2009 年と 2010 年の結果から，I-10 地点が他の地点より明らかに濃度が高く，変動も激しいことがわかる。CV 値（変動係数）は，I-1 地点を除いたすべての観測地点で，40 % 以上の値を示した。とくに，I-10 地点では，65 % となり，変動の幅が非常に大きくなった。この Hg(0) の鉛直分布を特徴付けるものは，大気の構造，あるいは，地域的な水銀排出源，に由来すると考えられる[15]。

各標高での TGM 濃度は，大気の構造による影響を受けている可能性が示された。標高 260 m

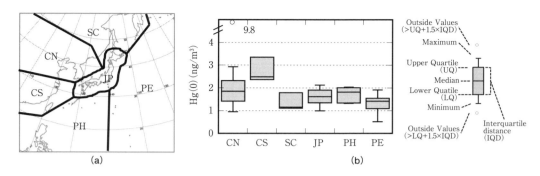

図-5.3.2 (a) 気塊の通過経路区分図，(b) 各区分における TGM 濃度の出現範囲

(I–1 地点)，836 m (I–5 地点)，1 348 m (I–10 地点) の 3 地点を抽出し，大気中 TGM 濃度と Hg(p) 濃度の特徴を検討した。まず，TGM と Hg(p) の和に占める TGM の割合を見ると，TGM の割合が 95 % 以上を占める場合が，全調査結果の 74 %（90 % 以上を占める場合は全調査結果のうち 89 %）を占め，すでに報告されている大気中水銀の存在割合（TGM が 95 % 以上）と同様の結果であった[14]。ただし，このアクティブサンプラー法では，フィルターや水銀管に Hg(II) が吸着する可能性はある。しかし，その量はわずかと考えられるため，それを無視した結果となっている。

さらに，経時変化を見ると，3 年間で大きく変化することはなかったが，全地点で春季に濃度が高くなる傾向が見られた。TGM については，水銀のバックグラウンド値（$1.5\ \text{ng/m}^3$）[14]を超える濃度が観測されたのは I–1，I–5 および I–10 それぞれの地点で，すべてが春季であった。そこで 3～5 月を春季，6～8 月を夏季，9～11 月を秋季，および，12～2 月を冬季として，**図-5.3.3** のように箱ひげ図を作成した。TGM と Hg(p) 濃度は，どの高度においても，春季に高くて夏季に低くなる季節変化であった。しかし，I–1 地点と I–5 地点においては，TGM の季節による変動幅が非常に小さく，春季に濃度が高くなることが顕著に観測されたのは I–10 地点のみであった。以上のことから，I–1 地点や I–5 地点と I–10 地点では大気中の TGM 濃度が異なることが明らかになった。

I–10 地点は，自由大気の下層と大気境界層の界面であり，I–1 地点や I–5 地点とは異なる TGM 濃度の変化であった。そこで，I–10 地点における TGM 濃度と長距離輸送の関係に着目して，その起源解析を行った。

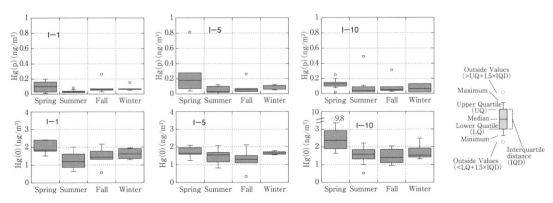

図-5.3.3 季節別，地点別にみた TGM 濃度

大気中の TGM 濃度と後方流跡線解析の関係を検討するために，TGM が調査期間中で最も高濃度であった I-10 地点の 2009 年 4 月 23 日（観測値，9.83 ng/m^3）と，その比較対象として 2010 年 7 月 18 日（観測値，1.05 ng/m^3）について，図-5.3.5 に示す。2009 年 4 月 23 日の気塊の移動経路は，中国大陸の比較的低い標高を通過していた。中国の大気中への水銀排出量は世界のおよそ 1/3（東アジア，東南アジア地域の 3/4）を占める[16]。その汚染された大気を巻き込んだ気塊が，伊吹山まで輸送された可能性がある。一方，2009 年 8 月 6 日の場合は，大気汚染源のない太平洋から気塊が伊吹山に到達しており，伊吹山山頂の大気中の TGM 濃度は気塊の移動経路による影響を受けている可能性が示唆された。そこで，後方流跡線解析をすべての観測時について行い，図-5.3.2 に示し，I-10 地点の TGM 濃度と比較した。その結果，春季には中国大陸からの気塊が，夏季には国内あるいは太平洋側からの気塊が伊吹山系に到達した割合が多かった。秋季および冬季には，ほとんどが中国大陸由来の気塊であり，2.0 ng/m^3 を超える濃度の場合は，一部を除き中国大陸由来の気塊であった。

気塊の移動経路と TGM 濃度の関係を詳細に検討するために，伊吹山に到達する気塊の移動経路によって，図-5.3.2(a) のように 6 つのパターンに分類した。例えば，2009 年 4 月 23 日であれば CN で，2010 年 7 月 18 日は PE となる。図-5.3.2(b) から，移動経路別の濃度範囲を見てみると，CN については濃度範囲が非常に大きくて 0.95～9.38 ng/m^3 であった。CS は 2.37～3.36 ng/m^3 と，常に高濃度であった。その他の経路では，1～2 ng/m^3 程度で推移した。大陸由来の気塊のうち，中国（CN，CS）を通過する気塊で濃度が高くなる傾向が見られた。

このように，中国大陸性由来の気塊の場合でも，大気中の Hg(0) 濃度が高い時や低い時が存在した。そこで，中国大陸由来の気塊で大気中の Hg(0) 濃度が高い場合に後方流跡線解析を検討すると，2 つの特徴が見られた。1 つは，中国大陸における気塊の移動高度が比較的低いこと，2 つは，中国大陸での気塊の滞留時間が長いことであった。一方，中国大陸由来の気塊で大気中水銀濃度が低い場合は，気塊が中国大陸を非常に高い高度で移動するか，あるいは，滞留時間が短いという傾向であった。東アジアおよび東南アジア地域での大気中への水銀排出量は世界の水銀の排出量の 39.7 % を占めている[16]。これらの地域における水銀の大気中への排出量が非常に大きいことから，I-10 地点における大気中の Hg(0) 濃度の変動は，水銀排出量の大きい地域（水銀高排出域）における移動高度と滞留時間が関連しているという仮説をたて，I-10 地点における Hg(0) 濃度と，中国大陸の水銀高排出域での移動高度，および，滞留時間の関係を検討した。

1999 年における中国の水銀排出インベントリーを参考にして[17]，図-5.3.4(a) のように，中国における大気中水銀の排出量が 0.1 t/year/(30 × 30) min 以上の範囲を"水銀高排出域"と設定した。この水銀高排出域である大連において，2009 年 10 月 22 日～24 日に著者らが観測を行った結果，TGM が 7～28 ng/m^3 と，やはり高濃度であった。

I-10 地点の 120 時間遡った後方流跡線解析において大陸由来の気塊時のみ抽出し，水銀高排出域の滞留時間と移動高度をプロットし，その時の TGM 濃度を与えると図-5.3.4(b) になる。ここで，滞留時間は，120 時間のうち水銀高排出域を通過した時間の比，移動高度は水銀高排出域における平均高度である。その結果，滞留時間の比が大きくなるにつれて，平均移動高度が低下する傾向を示した。I-10 地点における TGM が高濃度（2.5 ng/m^3 以上）の場合には，水銀高排出域での滞留時間が長くて，かつ，比較的低い高度を移動しているという 2 つの条件を満たした結果であることが

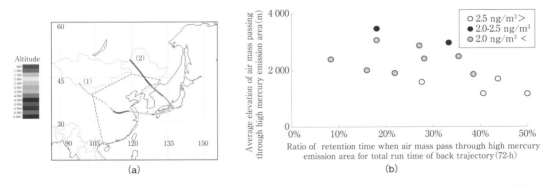

図-5.3.4 (a) 中国の水銀高排出域（点線）と (b) 水銀高排出域での滞留時間割合と通過高度と TMG 濃度の関係

わかった。

中国大陸における TGM の主たる発生源は石炭燃焼である。そこで，石炭燃焼時に形成される特有の粒子に着目した。図-5.3.5(a) に，走査型電子顕微鏡（SEM）を用いた形態分析の結果を示す。1～2 μm のパール状の粒子が多く確認できるが，これらの粒子は IAS（Inorganic Ash Spheres）と呼ばれるものである。この主成分は，Al と Si であり，自然界に存在する IAS の 80 % 以上が石炭燃焼由来であり[10]，石油燃焼由来は 0.1 %[11] 程度と報告されている。

TGM 濃度が，バックグラウンド値よりも明らかに高かった時（TGM = 9.81 ng/m^3，2009 年 4 月 23 日，I-10 地点）とバックグラウンド値程度であった時（TGM = 1.15 ng/m^3，2011 年 7 月 18

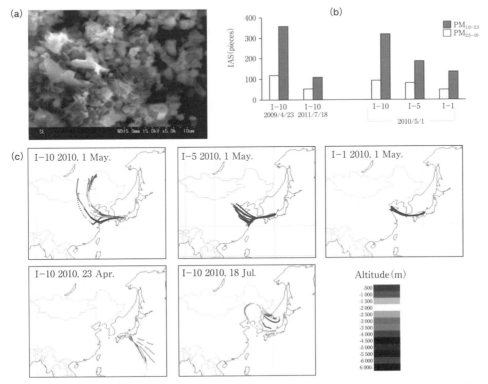

図-5.3.5 PM 中の IAS の電子顕微鏡写真（SEM）(a)，大陸からの気塊と太平洋からの気塊による PM 中 IAS の濃度 (b)，(b) の各採取日と標高における流跡線解析の結果 (c)

日，I-10 地点），さらに，標高別の IAS 濃度を見るために，2010 年 5 月 1 日の場合（TGM = 2.5 ng/m^3；I-10 地点，TGM = 1.62 n/m^3；I-5，TGM = 1.78 ng/m^3；I-1 地点）について，IAS 数を計測した。IAS 粒子数を計測するには，同じ倍率でランダムに写真を 20 枚撮影して，その中に含まれる IAS 粒子の数を計測する手法を用い，結果を図 -5.3.5(b) に示した。

2009 年 4 月 23 日と 2011 年 7 月 18 日の PM$_{2.5-10}$ と PM$_{1.0-2.5}$ の IAS 粒子数を比較すると，両日とも PM$_{2.5-10}$ より PM$_{1.0-2.5}$ の方が粒子数は多く，PM$_{2.5-10}$ で約 2 倍，PM$_{1.0-2.5}$ で 3 倍の違いがあった。この時の後方流跡線解析結果を，図 -5.3.5(c) に示す。4 月 23 日は大陸から気塊が移動して，7 月 18 日は太平洋から進入しており，4 月 23 日の方が石炭燃焼の影響を強く受けていることがわかる。また，2010 年 5 月 1 日の標高別の IAS 粒子数は，PM$_{1.0-2.5}$ では I-10 地点と I-5 地点および I-1 地点の差は約 2 倍あるが，PM$_{2.5-10}$ では大きな違いはなかった。

TGM 濃度と PM 中の IAS 粒子数との関係，とくに PM$_{1.0-2.5}$ において，石炭燃焼の影響を受けていることが明らかになり，後方流跡線解析の結果からも納得できる結果であった。このように，TGM が高濃度であるときは，石炭燃焼に特有の IAS 粒子数が多くなることが明らかになった。すなわち，中国大陸での大量の石炭燃焼が，環境大気中の TGM 濃度をバックグラウンド値から押し上げるほどの影響を与えていることを示している。

5.4　大山の樹氷

大山（だいせん）は日本の鳥取県にある標高 1 729 m の火山で，鳥取県および中国地方の最高峰であり，中国山地から離れた位置にある独立峰で，主峰の剣ヶ峰や三鈷峰などの中央火口丘の峰と，烏ヶ山や船上山などの外輪山の峰の総称である。山体は東西約 40 km，南北約 35 km，総体積 120 km^3 を越える。また，大山も日本百名山の一つである[4]。

したがって，大山は中国地方で大気境界層と自由大気の界面の大気を観測するのに最適の場所であり，日本海を挟んで中国大陸と対峙している。この大山において 1995 年 2 月，3 月および 2001 年 2 月，2003 年 3 月に樹氷を採取し，その成分から大陸からの越境汚染について検討した（ただし，2001 年と 2002 年のデータは河野ら[12]の論文から引用したものである）。図 -5.4.1 に調査地点を表 -5.4.1 に樹氷の pH，EC，および主要イオン成分を示す。

数少ないデータであるが 5.7 節で示す九州山岳の樹氷の pH に比較して高く，とくに pH が 3 を示すものはない。どちらかと言うと，5.2 節で示した漢拏山に近い値である。当量比で見た NO$_3^-$/SO$_4^{2-}$（N/S）は，1990 年代の九州山岳地域と大山では中央値でみると，0.3 と 0.6 と大きな違いがある（図 -5.4.2）。この時の NO$_3^-$ の中央値は大山の方が大きく，SO$_4^{2-}$ の中央値は九州山岳部の方が大きかった。樹氷採取時後方流跡線解析の結果をみると，九州山岳部のこの N/S が低い時は気塊が中国中央部を移動しており，N/S が高い時は中国北部から韓国を移動していた（図 -5.4.3）。大山では中国北部か韓国を移動して，大山に飛来していることがわかった。これらの結果から樹氷採取時の年代や通過地点の工業化やモータリゼイションの発達状況に大きくかかわっていることがわかった。

さらに，図 -5.4.4 に示すように，1995 年の 2 月と 3 月の樹氷中に含まれる粒子を電子顕微鏡で観察すると，2 月では IAS と土壌粒子が主であるが，3 月になると花粉粒子が多く含まれ，大陸における地表面の変化が樹氷中粒子に表れている。

5.4 大山の樹氷

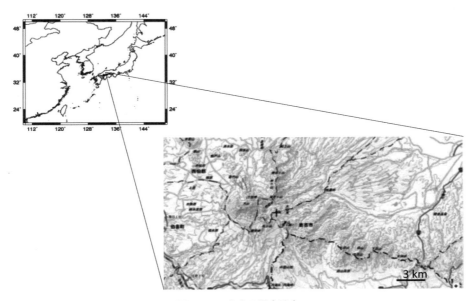

図-5.4.1 大山の調査地点

表-5.4.1 氷のpH, EC, および主要イオン成分

採取日	標高(m)	pH(-)	EC(mS/cm)	Cl^-	NO_3^-	SO_4^{2-}	Na^+	NH_4^+	K^+	Mg^{2+}	Ca^{2+}	Reference
				(mg/l)								
1995年2月19日	1 729	4.5	55.5	5.89	4.98	6.47	3.63	1.81	0.39	0.51	2.41	—
1995年3月19日	1 729	6.4	86.7	24.4	8.98	11.8	12.3	4.11	1.61	1.29	11.3	—
2001年2月28日	1 700	5.7	—	4.40	0.27	1.81	2.50	0.01	0.65	1.19	0.26	35)
2002年2月24日	1 700	4.8	—	6.75	12.1	16.1	3.78	1.69	0.79	3.30	0.82	35)

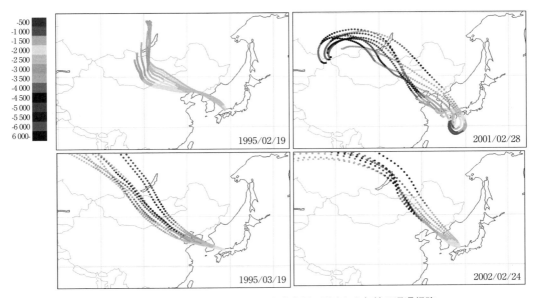

図-5.4.2 表-5.4.1の樹氷採取日に大山山頂に到達した気塊の通過経路

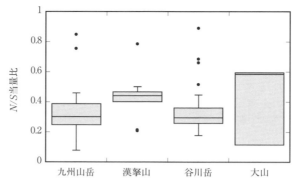

図-5.4.3　1990年代から2000年代前半の各山系で採取した樹氷中のN/S比の箱ひげ図

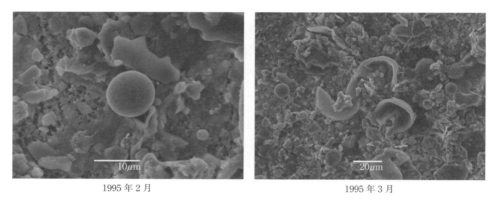

1995年2月　　　　　　　　　　　　　　　1995年3月

図-5.4.4　SEMによる大山の樹氷中不溶解成分の観察結果

5.5　九州山地の樹氷

　1991年から1995年に祖母山系の障子岳，九重山系[1)]，英彦山，由布岳，市房山で採取した樹氷中成分から長距離越境大気汚染について解析を行った。調査地点は**図-2.4.1**に示した。

　樹氷の採取方法等は，2.5節に示しているので参照してほしい。5.5節では1990年前半の大陸から九州に輸送されて飛来する物質について示すことにする。**表-5.5.1**に各山系の樹氷中のイオン成分を，**図-5.5.1**にpH，NO_3^-，SO_4^{2-}ヒストグラムで示す。

　pHの最大頻度がpH3.7付近にあることが特徴的である。この特徴を明確にするため，1990年代前半の漢拏山の樹氷，大山の樹氷，2000年代前半の谷川岳の樹氷のpHの比較を**図-5.5.2**に箱ひげ図で示す。同年代の九州山岳部と済州島漢拏山でpHの分布が異なっており，年代が進むにしたがって，pHが上昇していることがわかる。pHは樹氷中のH^+濃度を示しており，pHが上昇するということはアニオンとカチオンのイオンバランスを考慮すると，主要カチオン濃度が高いということを意味している。1990年代前半の九州山岳部と漢拏山のpHの差は，大陸に近い漢拏山ではアニオン，カチオンとも九州山岳部に比較して高濃度である（5.2節）。しかし，九州山岳に長距離輸送される間にカチオンが中和のために消費され，イオンバランスを保つためにアニオンに対して不足したカチオンとして，H^+が増加することにより九州山岳部のpHが低くなっていると考えられる。

　そこで，同様に箱ひげ図でカチオン，アニオンについて検討を行ってみた。すべて中央値で比較

表-5.5.1 各山系の樹氷中のイオン成分

	採取日	標高(m)	pH	EC(mS/cm)	Cl⁻	NO₃⁻	SO₄²⁻	Na⁺	NH₄⁺	K⁺	Mg²⁺	Ca²⁺
								(mg/l)				
1	1990年11月3日	1700	3.35	368.0	40.4	3.96	19.1	20.10	3.68	6.25	2.20	2.90
2	1991年1月2日	1786	3.95	58.0	8.17	4.23	7.32	4.52	1.69	0.64	0.51	0.93
3	1992年1月2日		4.28	19.0	1.35	0.37	0.95	0.43	0.22	0.21	0.04	0.00
4	1992年1月3日	1786	3.43	140.2	7.22	1.31	9.39	2.22	1.55	0.52	0.27	0.41
5	1992年1月4日	1786	4.14	29.7	3.12	0.67	2.79	1.26	0.50	0.46	0.14	0.12
6	1992年1月4日	1786	3.29	170.2	7.53	0.41	4.05	1.64	0.70	0.52	0.16	0.13
7	1992年2月11日	1786	3.67	319.0	15.8	9.60	22.7	8.44	4.95	1.08	1.31	2.16
8	1992年2月11日	1786	3.98	97.3	6.86	3.64	10.5	2.99	3.17	0.75	0.51	1.30
9	1992年2月11日	1786	4.11	91.1	9.69	4.16	11.2	5.21	3.16	1.64	0.57	1.20
10	1992年2月11日	1786	4.19	68.5	7.14	4.74	12.3	3.29	2.88	0.63	0.56	0.80
11	1992年2月11日	1786	3.96	113.5	13.8	6.51	11.4	5.88	3.20	0.77	0.91	1.62
12	1992年2月11日	1786	3.83	250.0	32.8	18.8	40.3	15.9	8.27	1.96	2.56	3.80
13	1992年2月11日	1786	3.95	160.0	16.1	14.00	25.8	8.96	7.26	1.34	1.44	2.54
14	1992年2月11日	1786	3.93	152.0	17.1	8.81	19.1	8.54	5.15	1.07	1.32	2.23
15	1991年2月3日	1583	3.90	114.0	10.8	6.07	6.23	6.17	3.17	1.06	0.91	1.83
16	1992年1月11日	1583	3.71	264.0	22.7	18.1	36.1	15.4	9.39	2.63	1.95	2.13
17	1992年1月11日	1583	3.97	233.0	47.2	6.99	18.4	31.0	2.81	1.73	3.63	1.32
18	1992年1月11日	1583	3.84	112.2	6.52	6.06	13.3	4.18	3.41	0.64	0.53	0.61
19	1992年1月11日	1583	3.78	159.8	12.8	9.44	20.2	8.71	5.00	0.95	1.08	0.91
20	1994年3月14日	1200	4.25	138.5	17.3	7.79	19.2	9.87	4.99	1.02	1.375	3.90
21	1994年3月16日	1200	4.28	238.0	22.9	16.4	49.3	13.9	8.70	1.61	2.15	10.75
22	1992年1月25日	1721	3.84	116.7	14.2	8.00	14.3	8.01	3.13	0.93	1.00	1.37
23	1992年1月25日	1690	3.64	234.8	21.8	21.6	38.2	13.9	7.74	2.21	1.92	2.98
24	1992年2月25日	1721	4.10	134	21.9	4.87	15.5	11.1	3.31	0.96	1.32	1.65
25	1992年2月25日	1690	3.91	160.3	27.8	6.22	21.2	12.3	3.99	1.02	1.47	1.68
26	1992年2月25日	1690	3.92	269	29.6	10.4	27.2	15.4	6.51	1.39	1.86	2.21
27	1994年1月23日	1721	4.03	72.9	5.89	2.14	10.1	3.4	2.36	0.53	0.45	1.51
28	1994年2月9日	1721	6.50	87.8	10.7	3.16	14.2	6.27	3.08	0.69	0.86	6.26
29	1995年1月14日	1721	3.85	81.7	6.86	3.18	8.02	3.19	1.51	0.45	0.48	2.37
30	1995年1月15日	1721	3.51	220.0	21.2	17.2	15.7	9.1	3.31	0.74	1.15	6.88
31	1995年1月15日	1721	4.08	104.9	13.1	5.05	8.49	5.62	2.13	1.73	0.70	3.59
32	1995年3月2日	1721	4.01	184.1	25.421	8.68	26.236	13.147	5.15	1.22	1.35	4.27
33	1995年3月8日	1721	3.75	106.5	5.27	4.38	13.7	3.41	2.00	0.52	0.48	2.95

注) 1：祖母山系, 2-14：九重山系, 15-19：由布岳, 20-21：英彦山, 22-33：市房山

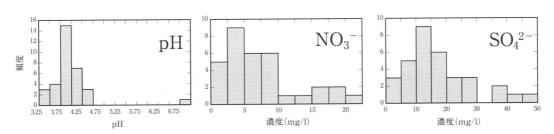

図-5.5.1 九州山地における樹氷中 pH, NO₃⁻, SO₄²⁻の頻度分布

するとアニオンでは，NO₃⁻は漢拏山の方が大きく，SO₄²⁻は，九州山岳の方が大きかった。カチオンではNH₄⁺は九州山岳の方が大きく，Ca²⁺は漢拏山の方が大きかった（図-5.5.2）。

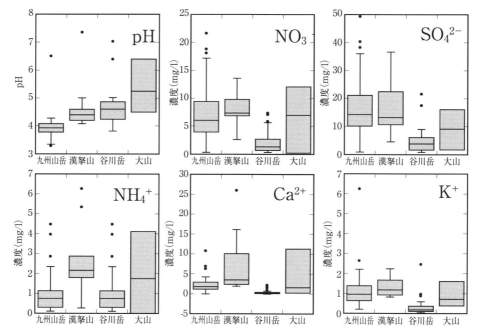

図-5.5.2 九州山岳，漢拏山，谷川岳，大山の箱ひげ図

5.6 利尻山

利尻山は北海道，利尻島に位置する独立峰で標高1 721 mである。利尻礼文サロベツ国立公園内の山域は特別区域に指定され，日本百名山に選定されている[4]。

産業革命以後は産業活動が盛んになり，20世紀以降，大量の化学物質が環境中へ排出されている。これらの化学物質は人間が意図的，非意図的に生産したものであり，それらは発がん性を持っていたり，オゾン層を破壊したりと，直接的，間接的にヒト，生態系へのリスクを増大させている。ここでは，都市域と比較して局地的影響を受けないバックグランド地域である利尻山頂（1 721 m）で，1999年8月と10月，さらに2000年5月（5月は豪雪のため山頂直下の長官山（1 218 m）で）に大気観測を行った。利尻山では，キャニスター法により微量有機化合物について観測を行った。このキャニスター法は屋久島でも観測を行っており，南北の山岳島における比較を行った。

図-5.6.1に利尻山の調査地点を示す。対象とした物質は，フロン類とベンゼン類である。フロン類はフロン11，フロン12，フロン113，フロン114について観測を行った。これらの結果には，バックグランド地域としての屋久島と白神山地の観測結果[14]を，都市域としての北九州市の観測結果[19]を比較対象にして，表-5.6.1に示す。4種のフロン類すべてが，バックグランド地域と都市域の北九州市とでほとんど同じ値であり，対流圏の大気境界層と自由対流圏の下部には均一な濃度で広がっていることが明らかである。また，バックグランド地域の観測日ごとの値を図-5.6.2に示すが，季節的な変動はほとんど見られないことから，全球的にこのような濃度で分布していることがわかる。

ベンゼン類は，ベンゼン，トルエン，エチルベンゼンの3種について，バックグランド地域で比

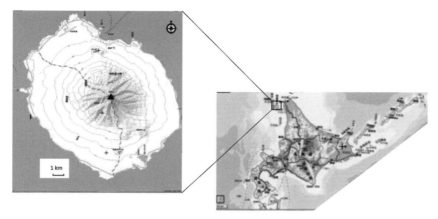

図-5.6.1 利尻山の調査地点

表-5.6.1 屋久島，白神山地の観測結果および都市域として北九州市の観測結果 (ppb)

	屋久島 (250 m)[20]	屋久島 (1 700 m)[20]	利尻島	白神山地[18]	北九州市[20]
フロン 12	0.37 − 0.53	0.33 − 0.54	0.45 − 0.59	0.52 − 0.56	0.58
フロン 11	0.239 − 0.290	0.207 − 0.269	0.453 − 0.593	0.250 − 0.272	0.273
フロン 113	0.044 − 0.092	0.061 − 0.098	0.029 − 0.086	0.082 − 0.091	0.089
フロン 114	0.011 − 0.020	0.003 − 0.028	0.017 − 0.019	0.015 − 0.016	0.016

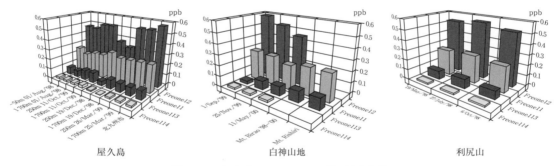

図-5.6.2 各山系におけるフロン類の濃度変動

較検討した (表-5.6.2)。

　ベンゼンについては，屋久島[20]と利尻山や白神山地では最低濃度に差がみられ，屋久島が 0.007 ppb と 0.006 ppb とかなり低く，利尻山，白神山地は 0.11 ppb と 0.14 ppb と屋久島の 20 倍の濃度であった。しかし，最大濃度をみると，ほぼ同じ濃度であった。トルエンについては，ベンゼンと似た傾向であったが，白神山地の低濃度が目立っている。エチルベンゼンについては3地域ともにほぼ同じ濃度で分布していた。ベンゼン類がこのような分布を示した理由は，利尻山と屋久島は標高が1 700 m 程度で大気境界層と自由対流圏の境界で汚染物質が輸送されやすい高度である

表-5.6.2 屋久島，利尻島および白神山地の観測結果 (ppb)

	屋久島 (250 m)[20]	屋久島 (1 700 m)[20]	利尻島	白神山地[18]
Benzen	0.007 − 0.58	0.006 − 0.25	0.11 − 0.46	0.14 − 0.30
Toluen	<0.05 − 0.69	ND − 0.158	0.11 − 0.52	<0.05 − 0.06
Ethylbenzene	ND − 0.08	ND − 0.04	0.01 − 0.03	0.01 − 0.02

ことから，観測期間中で最高濃度の時は大陸からの気塊が移動し，濃度が高くなったと考えられる。屋久島の最低濃度を観測した時は太平洋からの清浄な気塊の影響であったことが，このような分布を示したと考えられる。これらの結果から，フロン類はすでに全球的に均一な濃度で分布しており，ベンゼンなどは，大陸からの越境汚染の影響を示していることがわかった。

5.7 乗鞍岳

　北アルプスの乗鞍岳（標高2 873 m地点），台湾の鹿林山（標高2 873 m地点）を調査地とし，自由対流圏での大気中水銀の同時観測を行った。以下に調査地についてそれぞれの詳細および観測期間を記す。なお，乗鞍岳は日本百名山の一つである[4]。

　本研究では乗鞍岳の摩利支天岳山頂（標高2 873 m）にある乗鞍観測所（旧乗鞍コロナ観測所）を観測地点とした（**図 -5.7.1**）。乗鞍岳は岐阜・長野県境に位置しており，付近に大都市はない。東約40 kmにある長野県松本市と西約30 kmにある岐阜県高山市が主な市街地として挙げられるが，その影響はほとんどない。乗鞍岳は登山で有名な山であり，7月から9月までは避暑や紅葉のため登山客で賑わっている。標高2 702 mの畳平鶴ヶ池駐車場までは道路が整備されているが，近年では通年でマイカー規制が敷かれ，一般車は上山できない。乗鞍観測所はさらにそこから山を越えて2 kmほどの道のりがあり，観光バスやタクシーなどからの排ガスの影響はほとんどない。

　台湾鹿林山での観測はLulin Atmospheric Background Station（LABS：標高2 862 m）にて行った（**図 -5.7.1**）。LABSは台湾中部の有山国立公園内にある鹿林前山の山頂に位置しており，大気化学の研究のために2006年に設立された施設である。日本と同様に台湾も東アジアや東南アジアな

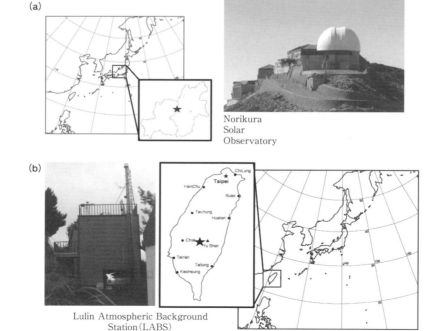

図 -5.7.1　調査地点　(a) 乗鞍観測所と (b) 鹿林山の位置図

5.7 乗鞍岳

どの大気汚染発生源の風下に位置しているが，日本よりもさらに発生源に近い。これらの越境大気汚染物質が台湾に与える影響について研究するために建てられたのがLABSである。

LABSは最寄りの駐車場から歩いて約30分の距離である。また，山頂や周辺地域には水銀の排出源はなく，越境大気汚染の観測に適している。さらに，LABSの標高（2 862 m）は乗鞍観測所の標高（2 873 m）とほぼ同じであり，大気中水銀濃度の地理的差異や時間的変化を同一高度で比較することが可能である。

台湾のLABSについては，2011年10月に，乗鞍の観測と同時に一週間の集中観測を行った。乗鞍観測所での観測は積雪がある冬季，春季はアクセスが困難であるため，夏季から秋季にかけての観測となっている。乗鞍観測所においては常設の観測機器を使用したが，商用電源が通っていないため，集中観測時のみ小型発電機を用いて行った。

乗鞍観測所における大気中水銀の観測は，富士山頂での観測と同様に，環境中総水銀モニターと，水銀アクティブサンプラー（5.1節参照）を併用して行った。LABSではアクティブサンプラーのみで観測を行った。

乗鞍観測所における水銀モニターによるTGM濃度の観測は，2011年から2013年でそれぞれ約一週間のデータが得られている。2011年の観測期間でのTGM濃度は，平均0.84 ± 0.10 ng/m^3，最小0.6 ng/m^3，最大1.1 ng/m^{3}と，比較的安定していた。一方，2012年のTGM濃度は平均1.57 ± 0.64 ng/m^3，最小0.2 ng/m^3，最大2.4 ng/m^{3}であるが，観測期間中に急な濃度上昇がみられたため，濃度の変動範囲が広くなっている（図-5.7.2）。2013年は，前の2年間よりも全体的に高いTGM濃度が観測された。

水銀アクティブサンプラーを使用して観測を行った2011年の乗鞍観測所，および，台湾LABSのアクティブサンプラーによる大気中水銀濃度の測定結果を，図-5.7.3に示す。2011年の乗鞍観

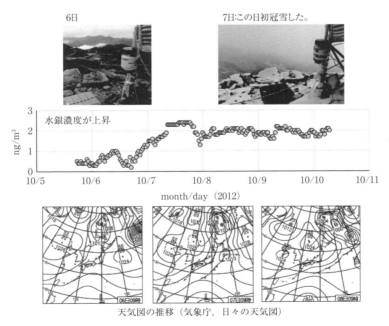

図-5.7.2　水銀濃度変動

測所および LABS における TGM 濃度は，富士山での観測値と同様で，北半球のバックグラウンド値程度 (1.5-1.7 ng/m³)[14] であり，乗鞍観測所および LABS での TGM 濃度はそれぞれ平均 0.98 ± 0.13 ng/m³，1.17 ± 0.28 ng/m³ であった。2 地点の平均 TGM 濃度にはわずかながら有意な差があり，LABS の濃度が若干高かった ($p = 0.029$)。LABS は水銀の高排出源とされる中国大陸に近く，乗鞍よりもその影響を受けている可能性がある。乗鞍観測所および LABS における大気中水銀濃度の経時変化を，図 -5.7.3 に示した。両地点の観測結果から昼間にガス状水銀濃度が高くなり，夜間に低くなる日変動がみられた。これは富士山観測で見られた結果と同様であり，日中は大気境界層の気塊が山頂に上昇したためと考えられる。観測期間中の調査地点に到達する気塊の起源を明らかにするため，NOAA の HYSPLIT Trajectory Model 28 [9] を用いて後方流跡線解析を行った。流跡線で遡行時間は 72 時間を基本とし，必要に応じて 120 時間とした（詳細は 2.5 節）。

後方流跡線解析の結果，観測当時の乗鞍観測所にはほぼすべて大陸性の気団がもたらされていたことがわかった。その一例を図 -5.7.4 に示す。2011 年の乗鞍観測所では，バックグラウンドを大きく超える水銀濃度は観測されておらず，水銀による汚染大気は飛来してないと考えられる。すなわち，観測地点へ到達する気塊が大陸由来であっても，いつも水銀濃度が上昇することはなく，一つの条件として 5.3 節の伊吹山で解析したことが重要な条件になる。

LABS の観測期間における後方流跡線解析の結果の一例を図 -5.7.5 に示す。観測した TGM 濃度と対応して考察すると，観測期間中に比較的高濃度であった 10 月 7 日の昼間に，LABS にもたらされていた気塊の一部は，中国近海を移動していることがわかる。一方，最も低濃度であった 10 月 10 日の夜間の気塊の起源は一貫して太平洋方面であった。7 日の昼間に観測された水銀濃度は 1.61 ng/m³ と高いとは言えないものの，太平洋起源の気塊の水銀濃度がこれよりも明らかに低いことを考慮すると，中国近海を移動した気塊が 7 日の昼の水銀濃度に寄与している可能性が考えられる。

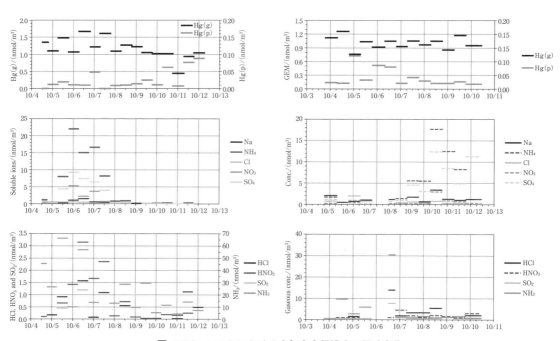

図 -5.7.3　LABS における大気中水銀濃度の経時変化

5.7 乗鞍岳

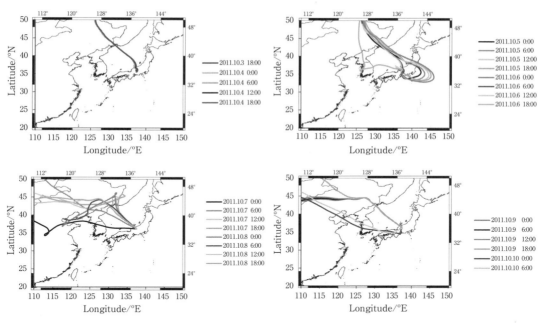

図-5.7.4 乗鞍岳における後方流跡線解析（2011年10月）

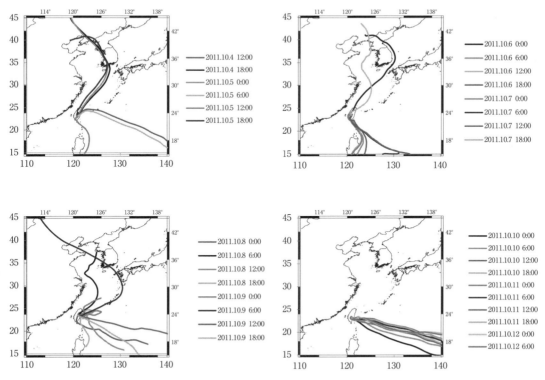

図-5.7.5 鹿林山における後方流跡線解析（2011年10月）

105

5.8 谷川岳

調査を実施した谷川岳（1 977 m；北緯36°50′14″，東経138°55′49″）は群馬県と新潟県の県境にある三国山脈に位置している（図-5.8.1）。西側の山頂（トマノ耳；1 963 m）から5 m（St.1：1 962 m），15 m（St.2：1 957 m），250 m（St.3：1 911 m）離れた地点で2006年2月19日，2月25日，3月4日に採取した。また，2002年1月14日，1月20日，1月26日，2月17日，2月25日，3月3日にトマノ耳でも樹氷を採取した。なお，3月4日は山頂直下の南斜面（St.4，5：1 901 m）でも樹氷を採取した。

ここでは，2002年と2006年に谷川岳山頂付近で採取した樹氷と雪のイオン種の濃度と，1993〜1996年（福崎・森）[29)-31)]の樹氷と雪のデータを比較することで，長距離越境輸送に関係する大気汚染物質の変遷を検討した。

表-5.8.1に，2002年と2006年に採取した樹氷と雪のpH，ECおよび主要イオンの測定値を示す。さらに，図-5.8.2に後方流跡線解析[9)]の結果を示す。なお，後方流跡線の遡行時間を72時間，始点高度としては観測地点の谷川岳山頂（トマノ耳）の緯度経度に合わせ，標高（1 963 m）とした。

カチオンとアニオンのイオンバランスは0.98から1.10の範囲であり，十分な分析精度であった。また，Na^+とCl^-のモル比は0.90であり，標準海水のモル比が0.863であることから，この2つのイオン種は大部分が海塩の影響であることを示している。また，非海塩性のSO_4^{2-}，Ca^{2+}，K^+のSO_4^{2-}，Ca^{2+}，K^+に対する比率は，それぞれ樹氷では0.89〜0.99，0.65〜0.97，0.74〜0.99，雪では0.73〜0.88，0.06〜0.83，0.39〜0.69であった。谷川岳の冬季の風向と周辺に火山がないことから，これらの両サンプルでは，海塩の影響については，樹氷では小さく，雪の方が大きいことが明らかとなった。化石燃料燃焼由来と考えられるNO_3^-とnss-SO_4^{2-}の当量比を福崎ら[29)]，森[30),31)]の報告から計算した値と比較検討した。

2006年の樹氷および雪サンプルのカチオン，アニオンそれぞれの相対組成を比較した。解析方法は次式に示すDistance Index（D.I.）[33),34)]である。D.I.に関する詳細は，永淵ら[21)]に記述しているが，

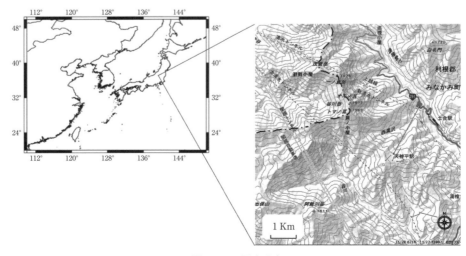

図-5.8.1　調査地点

表-5.8.1 2002年と2006年に採取した樹氷と雪のpH,ECおよび主要イオン濃度

採取日	標高(m)	pH	EC (mS/cm)	Cl⁻	NO_3^-	SO_4^{2-}	Na^+	NH_4^+	K^+	Mg^{2+}	Ca^{2+}
				(mg/l)							
2002年1月14日	1 963	3.82	137	5.18	7.34	21.59	3.69	4.46	0.88	0.72	1.80
2002年1月20日	1 963	4.60	35.2	2.89	1.74	4.99	2.14	0.34	0.37	0.30	0.72
2002年1月26日	1 963	4.36	41.2	2.22	1.81	4.79	1.65	0.39	0.24	0.25	0.44
2002年2月17日	1 963	4.2	61.2	2.87	3.29	9.05	1.93	1.14	0.36	0.44	1.53
2002年2月25日	1 963	4.21	97.5	8.40	5.84	17.49	5.87	3.96	0.96	0.90	2.16
2002年3月3日	1 963	4.61	51.3	4.21	1.92	6.18	2.25	0.94	0.57	0.37	0.97
2002年1月14日	1 963	4.52	-	1.05	0.66	1.15	0.55	0.12	0.04	0.03	0.01
2002年1月20日	1 963	4.70	-	1.29	0.36	0.91	0.66	0.11	0.04	0.06	0.03
2002年1月26日	1 963	4.96	-	2.68	0.46	1.38	1.46	0.16	0.11	0.15	0.22
2002年2月17日	1 963	4.65	-	1.61	0.43	1.38	0.86	0.17	0.08	0.09	0.01
2002年2月25日	1 963	4.65	-	2.48	0.73	2.08	1.35	0.30	0.16	0.15	0.14
2002年3月3日	1 963	5.02	-	2.19	0.53	1.43	1.18	0.20	0.13	0.11	0.27
2006年2月19日	1 911	4.94	17.65	0.50	1.29	2.81	0.39	0.60	0.11	0.05	0.23
2006年2月19日	1 957	4.88	19.93	0.68	1.27	3.30	0.54	0.60	0.16	0.09	0.31
2006年2月19日	1 963	4.86	17.91	0.50	1.36	2.66	0.41	0.63	0.10	0.05	0.25
2006年2月19日	1 962	4.87	21.9	0.59	1.68	3.79	0.56	0.87	0.20	0.07	0.35
2006年2月25日	1 911	4.32	35.2	0.47	2.71	4.07	0.22	0.96	0.11	0.01	0.18
2006年2月25日	1 957	4.39	35.1	0.46	3.42	4.00	0.18	1.32	0.11	0.01	0.23
2006年2月25日	1 963	4.24	52.8	0.83	5.65	6.39	0.41	2.35	0.20	0.04	0.44
2006年2月25日	1 962	4.57	47.8	1.59	7.06	6.15	0.94	2.85	0.41	0.10	0.71
2006年3月4日	1 911	4.79	11.03	0.29	0.44	1.13	0.11	0.19	0.04	0.02	0.04
2006年3月4日	1 957	4.13	46.7	0.63	1.34	5.77	0.40	0.88	0.17	0.03	0.05
2006年3月4日	1 963	4.09	51.8	0.94	1.53	6.69	0.63	0.98	0.24	0.03	0.10
2006年3月4日	1 962	4.22	40.3	0.92	1.18	5.07	0.78	0.87	0.34	0.02	0.09
2006年3月4日		7.02	55.7	8.64	0.81	1.74	6.17	2.04	2.46	0.03	0.32
2006年3月4日	1 904	6.39	15.75	1.41	0.73	1.72	1.06	0.58	0.60	0.01	0.27

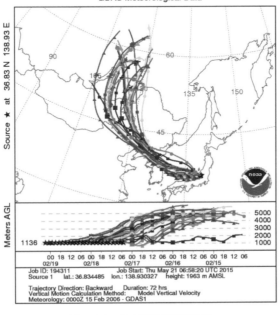

図-5.8.2 後方流跡線解析結果

D.I. の値が小さいほど類似性が高いことを示している。2006 年の 2 月 19 日，2 月 25 日，3 月 4 日の各 4 地点の樹氷は似通った組成であった。とくに 2 月 19 日は組成が近いことがわかる。しかし，この 3 採取日の樹氷間では，相対組成が異なっていた。また，雪と樹氷の組成比を比較すると，大きく異なっていることがわかった。

一般的に樹氷と雪の濃度を比較すると，樹氷の方が数倍から 10 倍以上高いと言われている[21),29),35)-37)]。しかし，2006 年のサンプルは海塩由来粒子については雪と樹氷で濃度に大きな差はなかったが，人為的な大気汚染に係る NO_3^-，$nss\text{-}SO_4^{2-}$，NH_4^+ などは，樹氷の方が数倍から 10 倍以上濃度が高く，樹氷は人為的な大気汚染をよく反映していると言える。

表 -5.8.2 に，樹氷と雪それぞれの各成分間の相関係数を示す。樹氷と雪の Na^+ 濃度と Cl^- 濃度はきわめて高い相関係数を示し，海塩粒子の影響であると思われる。$nss\text{-}SO_4^{2-}$ 濃度との相関をみると樹氷では NH_4^+ と最も相関が高く，Ca^{2+}，Mg^{2+} とも相関は高かった。NO_3^- との間の相関は若干高いという程度であり，NO_3^- は他のイオン種とも高い相関は示さなかった。樹氷を採取した 9 日間の後方流跡線解析の結果（図 -5.8.2）は，すべて中国大陸からの気塊であった，そのうち，2002 年は 5/6 が中国東北部の重工業地帯の遼寧省，内モンゴル，モンゴル，ロシアを経由しており，1/6（2 月 17 日）は一部韓国を経由しているが，遼寧省，内モンゴル，モンゴルも経由している。

表 -5.8.2　谷川岳の樹氷，雪中のイオン濃度の相関関係

	pH	EC(mS/cm)	Cl	NO₃	SO₄	Na	NH₄	K	Mg	Ca	nss-SO₄	nss-Ca	nss-K	nss-Mg
pH	1.00													
EC(mS/cm)	−0.78	1.00												
Cl	−0.40	0.78	1.00											
NO₃	−0.50	0.75	0.54	1.00										
SO₄	−0.69	0.98	0.83	0.73	1.00									
Na	−0.41	0.78	0.99	0.53	0.85	1.00								
NH₄	−0.56	0.87	0.68	0.93	0.88	0.68	1.00							
K	−0.50	0.88	0.95	0.65	0.91	0.94	0.80	1.00						
Mg	−0.42	0.81	0.97	0.55	0.88	0.98	0.69	0.92	1.00					
Ca	−0.40	0.81	0.93	0.67	0.87	0.92	0.75	0.90	0.96	1.00				
nss-SO	−0.70	0.98	0.81	0.74	1.00	0.82	0.89	0.89	0.86	0.85	1.00			
nss-Ca	−0.40	0.81	0.91	0.68	0.86	0.91	0.75	0.89	0.96	1.00	0.85	1.00		
nss-K	−0.52	0.89	0.92	0.67	0.91	0.91	0.81	1.00	0.89	0.88	0.89	0.86	1.00	
nss-Mg	−0.38	0.77	0.81	0.52	0.82	0.81	0.61	0.77	0.91	0.92	0.81	0.93	0.75	1.00

	pH	EC(mS/cm)	Cl	NO₃	SO₄	Na	NH₄	K	Mg	Ca	nss-SO₄	nss-Ca	nss-K	ss-Mg
pH	1.00													
EC(mS/cm)	−	1.00												
Cl	−	−	1.00											
NO₃	−	−	0.16	1.00										
SO₄	−	−	0.70	0.67	1.00									
Na	−	−	1.00	0.18	0.71	1.00								
NH₄	−	−	0.69	0.62	0.98	0.70	1.00							
K	−	−	0.89	0.43	0.89	0.89	0.92	1.00						
Mg	−	−	0.99	0.18	0.76	0.99	0.75	0.89	1.00					
Ca	−	−	0.83	0.10	0.41	0.82	0.47	0.76	0.73	1.00				
nss-SO₄	−	−	0.54	0.74	0.98	0.55	0.96	0.80	0.62	0.25	1.00			
nss-Ca	−	−	0.78	0.09	0.35	0.77	0.42	0.72	0.67	1.00	0.20	1.00		
nss-K	−	−	0.79	0.50	0.91	0.80	0.95	0.99	0.81	0.69	0.84	0.66	1.00	
nss-Mg	−	−	0.27	0.09	0.56	0.27	0.54	0.33	0.43	−0.25	0.59	−0.32	0.34	1.00

2006年についてみると，2月19日は2002年のパターンであったが，2月25日は韓国を横断し，渤海湾を通過し，モンゴルに至っている。3月4日は内モンゴルから来ているが，穏やかな風のためか72時間での移動距離は短かった。これらの後方流跡線解析とイオン成分濃度の関係を検討してみた。

樹氷を採取した9イベントのうち，唯一後方流跡線が異なっていた2006年3月4日をみると，アニオンの成分比でSO_4^{2-}が72 %を占めて圧倒的に大きいことがわかる。この時のnss-SO_4^{2-}も平均97 %であり，非海塩性であることがわかる。すなわち，中国東北部の遼寧省と吉林省の重工業地帯の石炭燃焼に係るSO_4^{2-}をもって谷川岳に飛来していることがわかる。また，Ca^{2+}濃度がカチオン中の比率で最も低いことから，土壌粒子の巻き上げに関与していない気塊であったと考えられる。

人為的な酸性物質であるNO_3^-とnss-SO_4^{2-}の比の変遷から，1993～2006年の間の環境変化について検討した。図-5.8.3に，各年度の月ごとのNO_3^-/nss-SO_4^{2-}の比を示す。折れ線図の毎月変化は，1993年から1996年までの樹氷中NO_3^-とnss-SO_4^{2-}濃度の中央値（福崎，森）から計算したものである。11月から減少をはじめ，1月，2月が最低値で，その後3月，4月と上昇している。年度ごとの変化を検討してみたが，経年的に上昇するとか下降するとかの明確な傾向は認められなかった。ただし，pHとNO_3^-/nss-SO_4^{2-}をプロットしたところ，低い正の相関があった。また，ECとNO_3^-/nss-SO_4^{2-}もプロットしたところ，弱い指数関数的な関係があった。

2002年と2006年を比較すると後方流跡線が似ているのに，NO_3^-の比率が2002年では15 %前後あったものが，2006年では20～30 %に増大している。また，NH_4^+の比率も増大している。このNO_3^-の増大原因として考えられるのが，中国の自動車保有台数の増大であり，NH_4^+の増大は，内モンゴル地区の放牧主体の牧畜から定住型の農業への変換が関係しているのかもしれない。

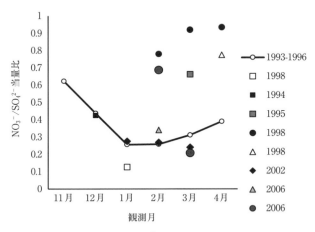

図-5.8.3　NO_3^-/SO_4^{2-}当量比の月ごとの変化

◎文　献

1) 兼保直樹，永淵修，G.R. Sheu(2012)：第6章 すす，水銀，よみがえる富士山測候所 2005-2011，pp.119-126，土器屋由紀子，佐々木一哉編著，成山堂書店，東京
2) 永淵修(2014)：第18章 大気中の水銀，汚染物質の観測，水銀に関する水俣条約と最新技術・対策，pp.158-180，高岡昌輝編著，シーエムシー出版，東京
3) 横田久里子，永淵修，山根省三，本多安希雄，伊勢崎幸洋(2009)：夏季の富士山におけるパッシブサンプラーを用いた

ガス状成分の鉛直分布，Journal of Ecotechnology research，15(1)，pp.31-36
4) 深田久弥(1964)：日本百名山，新潮社
5) Kagaya, S.,Amatani, M., Nagai, T., Tohda, K. and Kawakami, T.(2007)：A simple Method for Determination of Gaseous and Particulate Mercury in Atmosphere, Journal of Ecotechnology Research, 13,13 241
6) 永淵修(2015)：環境中水銀の動態，大気環境学会講演要旨集
7) Daniel Jaffea, Eric Prestbob, Phil Swartzendrubera, Peter Weiss-Penziasa, Shungo Kato, Akinori Takamido, Shiro Hata, keiyamada, Yoshizumi Kajii(2005)：Export of atmospheric mercury from Asia, Atmospheric Environment, 39, pp.3029-3038
8) Peter Weiss-Penziasa, Dan Jaffea, Phil Swartzendrubera,1, William Hafnera, Duli Chanda & Eric Prestbob(2007)：Quantifying Asian and biomass burning sources of mercury using the Hg/CO ratio in pollution plumes observed at the Mount Bachelor observatory, Atmospheric Environment, 41, pp.4366-4379
9) Draxler, R. R., and Hess, G. D.：An overview of the HYSPRIT_4 modelling system for trajectories, dispersion and deposition, Australian meteorological Magazine, 37(4), pp.295-306, 1998.
10) Watt, J. D. & Thorne, D. J(1965)：Composition and pozzolanic properties of pulverized fuel ashe from some British power stations and properties of their component particles, J. App. Chem., pp.585-594
11) Henry, W. M. & Knapp, K. T.(1980)：Compound forms of fossil fuel fly-ash emission, Environ. Sci. Technol., 14, pp.450-456
12) 河野仁，井上亮，江口加奈子(2006)：近畿・中部・中国地方山岳における樹氷と雪の化学成分，日本雪氷学会誌，68(5)，pp.481-488
13) 國木里加，川上智規，加賀谷重浩，井上隆信，Elvince Rosana，永淵修(2009)：大気中の水銀濃度の測定～パッシブサンプラーの開発～，環境工学研究論文集，Vol.46, pp.355-359, 2009
14) Lindqvist, O., Johansson, K., Bringmark, L., Timm, B., Aastrup, M., Andersson, A., Hovsenius, G., Håkanson, L., Iverfeldt, Å. & Meili, M.(1991)：Mercury in the Swedish environment-Recent research on causes, consequences and corrective methods. Water, Air Soil Pollut. 55(1-2), pp.xi-261
15) 小倉義光：一般気象学，pp.21-24
16) UNEP Global Mercury Partnership：Mercury air transport and fate research partnership area(2008)Mercury fate and transport in the global atmosphere：Measurements, models and implications(http：//www.chem.unep.ch/mercury/Sector-Specific-Information/Fate%20and%20Transport(1).html)
17) Streets, D.G., Hao, J., Wu, Y., Jiang, J., Chan, M., Tian, H., & Feng, X.(2005)：Anthropogenic mercury emissions in China, Atmospheric Environment, Vol.39, pp.7789-7806
18) 齊藤勝美，平野耕一郎，児玉仁(1997)：白神山地における大気環境中ガス状物質とその特徴，大気環境学会誌，32，pp.315-322
19) Environment Agency, Government of Japan(1999)：Quality of The Environment in Japan 402
20) Minoru Koga, Yoshifumi Hanada, Junlin Zhu, & Osamu Nagafuchi(2001)：Determination of ppt levels of atmospheric volatile organic compounds in Yakushima, a remote south-west island of Japan, Microchemical Journal 68, pp.257-264
21) 永淵修，田上四郎，石橋哲也，村上光一，須田隆一(1993)：樹氷溶解成分による大気環境評価の試み，地球化学 27, pp.65-72
22) Nagafuchi, O., Suda, R., Mukai, M., Koga, M., & Kodama, Y.(1995)：Analysis of ling-range transported acid aerosol in rime found at Kyushu mountainous regions, Japan, Water air and soil pollution 85, pp.2351-2356
23) 永淵修，須田隆一，石橋哲也，村上光一，下原高章(1993)：長距離移流物質による大気汚染の解析－樹氷に含まれる酸性物質の起源－，日本化学会誌，No.6, pp.788-791，1993
24) Nagafuchi, O., Mukai, H., & Koga, M.(2001)：Black acidic rime ice in the remote island of Yakushima, a world natural heritage area, Water air and soil pollution, Vol 130, pp.565-1570
25) 今井昭二，黒谷功，伊東聡史，山本孝，山本裕史(2011)：四国・高知県梶が森山頂の冬季降雨，降雪，樹氷および雨氷中の鉛とカドミウム濃度，分析化学会誌，60，pp.179-190
26) 柳沢文孝，中川望，安部博之，本間仁，安芸皓一(1996)：山形県蔵王の積雪と着氷の化学組成，日本雪氷学会誌，58，pp.393-403
27) 内山政弘，水落元之，矢野勝俊，福山力(1991)：蔵王の着氷に含まれる不溶性物質の化学組成，日本化学会誌，5，pp.517-519
28) 松木兼一郎，山下千尋，柳澤文孝，阿部修(2005)：山形県蔵王で採取した着氷の化学組成と粒子組成，日本雪氷学会誌，67，pp.23-32
29) 福崎紀夫，森邦広(1996)：谷川岳における降雪および樹氷中の化学成分濃度，日本雪氷学会誌，58，pp.417-421
30) 森邦広(2000)：谷川岳の霧・樹氷・降雪および降雨，環境技術，29，pp.470-477
31) 森邦広(1997)：谷川岳1275回で見た酸性雨・大気汚染の進行と自然環境の変化，環境技術，26，pp.13-21

32) 気象庁(2002, 2006)：日々の天気
33) Sokal, R. R.(1961)：Distance as a measure of taxonomic similarity, Syst. Zool., 10, pp.71-79
34) McIntosh, R. P.(1967)：An index diversity and the relation of certain concepts to diversity, Ecology, 48, pp.392-404
35) 河野仁，井上亮，江口加奈子(2006)：近畿・中部・中国地方山岳における樹氷と雪の化学成分，日本雪氷学会誌, 68, pp.481-488
36) Berg, N., Dunn, P., & Fenn, M.：Spatial and temporal variability of rime ice and snow chemistry at five sites in California, Atmospheric environment Vol.25 A, No.5/6, pp.915-926, 1991
37) Duncan, L. C.(1991)：Chemistry of rime and snow collected at a site in the central Washington Cascades, Environmental Science and Technology, 26, pp.61-66

富士山測候所

富士山火口

富士山頂調査風景

富士山頂気象計

谷川岳

第6章　孤立高山の渓流水質方位分布

6.1　孤立峰の気象・水文特性と渓流調査

　一般に，地表面や海面から厚さ 10 m〜数十 m の大気の層は接地境界層と呼ばれ，大気が地表面や海面と接してよく混合される。さらに，その上の厚さ数百 m から 1〜2 km の層は混合層と呼ばれ，大気は対流で鉛直混合されるため，地表面や海表面付近の影響が大きい。したがって，その大気の影響を受けることになる標高 1 500 m を超える高山は，偏西風をはじめとする上空の気団の気流の影響を受ける下端にもあたり，大気汚染物質の長距離輸送の影響が見られる[1]。

　大気の動きを左右する標高と気圧の関係は，標高 1 000 m が約 899 hPa，標高 2 000 m が約 795 hPa，標高 3 000 m が約 701 hPa に相当するので，その標高高度に対応した気圧近辺での高層気象観測結果を入手すれば，風向・風速や気温・湿度を推定することができる。標高から考えると，その少し低めでおよそ 950 hPa から，900 hPa，800 hPa，700 hPa までの気圧の測定値が参考になり，卓越風の風向が確認できる。

　ちなみに，日本国内では気象庁によって，16 地点について GPS ラジオゾンデで 1 日に 9 時と 21 時の 2 回観測され，地上からの各気圧位置での測定値は，地表近くでは密に，高くなると疎の間隔で公表されている。現在では，北から稚内，札幌，釧路，秋田，輪島，館野（つくば），八丈島，潮岬，松江，福岡，鹿児島，名瀬，石垣島，南大東島，父島，南鳥島まである。過去には，根室，仙台，米子，那覇で観測された測定値も存在する。

　高山で孤立峰は，その地形によって気流分布を変化させるため，気流分布に支配される風速や降水量などの気象・水文への影響が顕著に現れることで注目される存在である。高山では高層大気の気団の移動と，高山斜面の上昇気流とがぶつかり合って大量の降水量や沈着物負荷がもたらされる。わが国の孤立峰中でも，富士山は抜群の存在であり，著者の 1 人が大気汚染物質の負荷の実態観測を行った特別な調査フィールドである。しかし，山麓に湧水と湖沼が存在するのみで渓流河川は存在せず，太平洋側に位置する。したがって，以下の孤立峰のような渓流水質調査の対象とはならない。

　大気汚染物質の長距離輸送を考えて，日本列島の日本海・東シナ海側にあって，標高 1 500 m を超える高山で，冬季に冠雪する孤立峰を対象と考えると，その数は限られる。その中でも，高山があって離島という屋久島の渓流群との水質比較をするために，とくに岩木山（標高 1 625 m），鳥海山（同 2 230 m）および大山（同 1 729 m）の三山について，冬季を除いて三季の同時期調査を企画した。

　ほかに，日本海・東シナ海側に面する円錐形状の孤立峰として，羽越地方の月山（標高 1 980 m），

朝日岳（同1870 m）および飯豊山（同2105 m）を選んだ．さらに，九州地方では上記の高山よりは低いけれども，偏西風を考慮して，西側の円錐形状孤立峰の多良山（標高983 m）および東側の両子山（国東半島，721 m）に，その中間の内陸部高山としての九重山（同1787 m）を加え，東シナ海から瀬戸内海への東西の直線的位置関係で，大気汚染物長距離輸送の影響度変化を検討した．

また，本州の中央部内陸において日本海には面していないが，その西方に障壁となる高山が存在しない孤立峰の御嶽山（標高3063 m）を加えた．さらに，日本列島の地域的な配置を考慮して，北海道の道央内陸部にあって，北海道の屋根とも称される高山群の大雪山系と，それに南接する十勝岳連峰の放射状流下渓流群の調査を行った．また，東北地方の東北端に突き出して三方が海に面し，高山ではなく800 m 級の山々で構成される下北半島の恐山山地の放射状流下渓流群も調査フィールドとした．

日本列島および日本海の最北端部に位置する山岳島で，均斉のとれた円錐形状で火山成因の利尻山（標高1719 m）は，山腹斜面に常時流水のある渓流が少なく，山麓の海岸部に湧水や池沼が存在する．また，九州中央部の孤立峰の阿蘇山（標高1592 m）は，常時流水のある渓流群がなく，湧水や地下水に涵養される大きな流域規模の白川や緑川が山麓を取り巻く形である．したがって，阿蘇山は渓流対象の調査フィールドから除外した．

ただ，北海道南西の内陸部にあって日本海には面さないが，その西方に障壁となる高山が存在しない孤立峰の羊蹄山（標高1893 m）には，常時は空谷（からだに）状態で豪雨時のみに流水が現れる渓流群のみであるが，上記の常時流水が存在する渓流が多数存在する孤立峰との対照比較のために，山麓の湧水群を調査対象とした．山麓の湧水や湖沼水は，その比較的大きな滞留時間の間に基盤岩層中での岩石との化学反応を経るため，そのアルカリ土類金属をはじめとする金属元素濃度は渓流水のそれよりも高いのが一般的である．

調査対象とした山系を図-6.1.1 に示し，調査フィールドとしての地理的位置や高度についての特徴を表-6.1.1 にまとめて示した．これらには，孤立峰の山地にとどまらず，後述する脊梁山地や離島についても，一覧して互いに比較できるように，これらの図表に加えて示している．

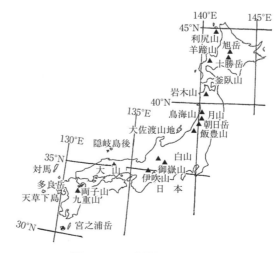

図-6.1.1　調査対象とした山系

表 -6.1.1 調査山系の地理・地形特性

山系	中央峰(m)		最高峰(m)		緯度	経度	調査標高	調査面積	平均勾配	渓流数	最短海岸(km)	
大雪山	旭岳	2 290	旭岳	2 290	43°40′	142°51′	614 m	784 km²	1/10.6	19	NE	84.0
十勝岳	十勝岳	2 077	十勝岳	2 077	43°25′	142°41′	466 m	1 064 km²	1/11.4	16	W	103.0
羊蹄山	羊蹄山	1 893	羊蹄山	1 893	42°50′	140°49′	216 m	122 km²	1/3.7	13	NW	9.8
下北半島	小尽山	513	釜伏山	879	41°18′	141°05′	65 m	293 km²	1/11.9	25	SE	4.4
岩木山	岩木山	1 625	岩木山	1 625	40°39′	140°18′	218 m	115 km²	1/4.3	28	NNW	15.0
鳥海山	鳥海山	2 230	鳥海山	2 230	39°06′	140°03′	409 m	230 km²	1/4.7	32	W	14.7
月山	月山	1 980	月山	1 980	38°33′	140°02′	322 m	564 km²	1/8.1	19	NW	34.8
朝日岳	朝日岳	1 870	朝日岳	1 870	38°16′	139°55′	276 m	1 440 km²	1/13.4	14	W	43.0
飯豊山	飯豊山	2 105	大日岳	2 128	37°51′	139°42′	283 m	1 269 km²	1/10.9	22	WNW	38.5
大佐渡山地	タダラ峰	940	金北山	1 172	38°14′	138°42′	84 m	397 km²	1/10.3	40	WNW	4.4
両白山地	白山	2 702	白山	2 702	36°09′	136°46′	814 m	2 139 km²	1/13.8	29	NW	43.0
御嶽山	御嶽	3 063	御嶽	3 063	35°54′	137°29′	1 130 m	340 km²	1/5.4	20	NW	110.0
伊吹山地	伊吹山	1 377	伊吹山	1 377	35°24′	136°24′	468 m	607 km²	1/15.3	29	NW	40.6
隠岐島後	時張山	522	大満寺山	608	36°12′	133°14′	45 m	95 km²	1/12.5	38	NE	5.5
大山	大山	1 729	大山	1 729	35°22′	133°32′	349 m	181 km²	1/5.5	25	NW	14.8
対馬上島	矢立山	649	矢立山	649	34°11′	129°14′	26 m	625 km²	1/22.6	23	W	8.5
対馬下島	雄岳	479	雄岳	479	34°34′	129°23′	20 m	1 146 km²	1/41.6	40	SW	10.9
国東半島	両子山	721	両子山	721	33°35′	131°36′	184 m	80 km²	1/9.4	34	N	10.3
久重山	星生山	1 762	中岳	1 791	33°05′	131°14′	746 m	523 km²	1/12.3	30	NE	30.3
多良岳	多良岳	983	経ヶ岳	1 076	32°58′	130°06′	419 m	87 km²	1/8.0	23	SSW	9.5
天草下島	角山	526	天竺	538	32°26′	130°06′	77 m	133 km²	1/14.1	30	WSW	8.9
屋久島	宮之浦岳	1 936	宮之浦岳	1 936	30°20′	130°30′	49 m	430 km²	1/6.2	65	SW	9.7

6.2 羊蹄山・大雪山・十勝岳

　北海道には離島の利尻山を除いても，多くの孤立峰の高山が存在する。そのほとんどが火山成因である。最も均斉の取れた孤立峰に蝦夷富士と称される羊蹄山がある。羊蹄山は渡島半島東端の狭窄部にあり，西北の日本海へは約 30 km と比較的海に近く，利尻山も含む那須火山帯に属する。また，内陸部にあって北海道の屋根と称され，道内最高標高の旭岳を擁する大雪山系と，その南方の十勝連峰は際だった高山群であり，その周囲には放射状渓流群が多数存在する。標高 2 291 m の旭岳と 2 077 m の十勝岳は，千島火山帯の西端に位置し，西側の日本海まではともに最短距離で約 104 km と遠い。

　北海道内の国設酸性雨測定所は，利尻島，札幌市および根室半島の落石岬に存在するが，海岸部や大都市にあって，羊蹄山や大雪山系・十勝連峰とは離れており，あまり参考にはならない。北海道環境科学研究センターでは，名寄市西方の朱鞠内湖北東端で西北西の日本海まで約 40 km の母子里で，酸性雨調査を継続している。母子里でも旭岳の北北西約 94 km と遠いけれども，それによると，湿性沈着物の SO_4^{2-} や NO_3^- および H^+ 濃度は日本列島での平均よりも少し低い方である[2]。

6.2.1 羊蹄山

　蝦夷富士とも称される羊蹄山は，北海道南西部にあり，日本海側の積丹半島積丹岬と太平洋側の室蘭市のチキウ岬を結ぶ約 120 km の直線上のほぼ真ん中に位置する標高 1 898 m のコニーデ型の成層火山である。およそ東経 140°48′，北緯 42°49′に位置する山頂には，直径 700 m，深さ 200 m の火口があり，西北西側斜面には側火口も存在する。山頂から西北側の日本海までは，最短

直線距離で約 30 km である。

図-6.2.1 に示す均斉のとれた円錐形火山で，羊蹄山の周囲およそ 50 km 圏内には 1 000 m 前後の山が多く存在し，中でも標高 1 308 m のニセコアンヌプリは約 14 km 西北西に位置する高山である。さらに，羊蹄山とニセコアンヌプリを結ぶ西北西の直線の延長上には，約 7 km 隔てて標高 1 135 m のチセヌプリと，さらに 9 km 隔てて標高 1 212 m の雷電山が日本海方向に連なるように存在する。

2003 年に気象庁により活火山に指定されたが，約 6〜7 万年前からの火山活動があるものの，約 6000 年前以降には噴火等の活動はない。地質としては溶岩流や火砕流による堆積物に覆われており，輝石安山岩や溶結凝灰岩が含まれる[3]。

羊蹄山周辺の AMeDAS 地域気象観測所による年降水量，平均気温および日照時間の平年値を，表-6.2.1 にまとめて示す。表-6.2.1 の地点と，それらの少し外側の観測地点や平年値の測定年数に届かぬ西南西側のニセコ地点の測定値も含めて推定すると，本州と比べて年降水量は少なく，南側で多くて北側で少ない傾向にある。倶知安では最多風向の平年値は南南西であり，冬季には北西風が卓越する[4]。なお，均斉の取れた円錐形状の羊蹄山は，気象学的に見ても注目の調査フィール

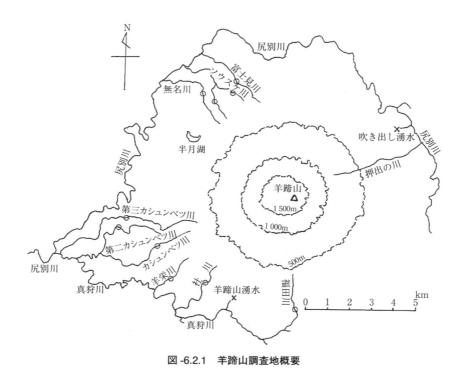

図-6.2.1　羊蹄山調査地概要

表-6.2.1　羊蹄山周辺の気象観測所の平年値

地　点	倶知安	喜茂別	真狩	蘭越
方　位	北北西	東南東	南	西
降水量（mm/年）	1 477	1 150	1 322	1 203
平均気温（℃）	7.0	5.7	5.5	7.6
日照時間（時間）	1 465	1 454	1 324	1 343

ドであり，北海道大学による山麓での風向や降水量の方位分布の調査報告がある[5]。

羊蹄山は半年以上の期間が冠雪する高山である。支笏湖の西側から羊蹄山の東に流れてきた尻別川が，羊蹄山の北麓を東から西へと反時計回りに取り巻いて流れる。その後，ニセコアンヌプリの南麓を西流して，日本海に注いでいる。また，羊蹄山の南麓には真狩川が西流して，ニセコ町で尻別川に合流する。尻別川の融雪流出等を除いた晴天継続時の流量は少ない。

羊蹄山では，西北西から南西部を除くと，標高千数百mから麓まで続く渓谷が形成されているが，融雪最盛期や夏〜秋季の豪雨時等を除けば，涸れ谷状態で流路表面には流れは見られない。詳細な地図で，唯一河川名のついた東北東を流下する渓流の押出の川でさえ，山麓でも通常，流水は見られず，涸れ谷状態である。しかし，火山灰や溶岩を浸透した雨や雪が山麓の十数箇所で湧出している。

その中でも，北東部山麓の標高250mの「ふきだし湧水」や，南南西部の標高240mの「羊蹄山湧き水」，西北西部の標高240mの火口湖「半月湖」はアクセスしやすい湧水である。また，北西側の山麓230m前後の原野には湧水を集めて流れるソウスケ川が存在し，さらに，西南西側にはカシュンベツ川が流れている。これらの地点を中心に，2011年10月9日に東北東側で流水のなかった押出の川から反時計回りに調査を行った。調査日の先行降雨は10月6〜7日にまとまった降雨があり，西側の倶知安で24.5 mm，ニセコで52.5 mmと多く，真狩で10 mm，喜茂別で6 mmと南や東側では降水量が少なかった[4]。先行晴天日数はほぼ2日であったが，羊蹄山直近では渇水状況で調査への影響はほとんどなかった。

調査結果を表-6.2.2に示す。調査地点が少ないけれども，4方位別の水質分布をレーダー図の図-6.2.2に示す。調査対象が，湧水と，湧水が表流水になったもの，滞留した湖水であったが，南西

表-6.2.2 羊蹄山の4方位別水質分布（最大値：太字斜体，最小値：下線付）

項目	渓流数	標高(m)	距離(km)	TOC(mg/l)	EC(mS/m)	pH	アルカリ度(meq/l)	Cl⁻(mg/l)	NO_3^--N(mg/l)	SO_4^{2-}(mg/l)	NH_4^+-N(mg/l)	K⁺(mg/l)	Na⁺(mg/l)	Mg^{2+}(mg/l)	Ca^{2+}(mg/l)	Na⁺/Cl⁻
北	4	205	6.4	0.94	9.66	<u>7.46</u>	<u>0.791</u>	8.44	<u>0.366</u>	<u>4.71</u>	0.025	<u>1.64</u>	9.46	<u>1.63</u>	<u>6.33</u>	<u>1.75</u>
東	1	*350*	5.9	<u>0.90</u>	<u>9.33</u>	7.62	0.932	<u>6.24</u>	*0.551*	5.94	*0.064*	1.99	<u>8.04</u>	1.96	8.06	1.99
南	3	223	<u>5.5</u>	1.20	19.12	7.69	2.179	7.96	0.385	*13.32*	0.037	2.07	14.93	*5.47*	*17.03*	*2.74*
西	5	<u>194</u>	6.7	*1.68*	*19.55*	*7.92*	*2.460*	*8.62*	0.277	5.07	0.029	*2.15*	*15.23*	4.64	16.47	2.68

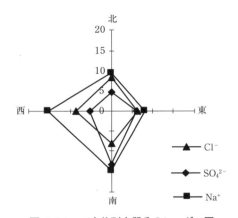

図-6.2.2 4方位別水質分のレーダー図

側の地点では EC（電気伝導度）やアルカリ度が高く，とくに Ca^{2+} や Ma^{2+} 濃度が高くて，K^+ の濃度も少し高かった。これらは，土壌や基盤岩層を長時間かけて浸透した湧水の特徴と考えられる。なお，「羊蹄山湧き水」の流入する尻別川支川の真狩川は，低温かつ清涼で豊富な湧水に涵養されており，バイカモの見られる清流で，オショロコマ生息の南限と言われている。

羊蹄山は渡島半島東端部の内陸部に存在して，西北側の約 30 km に日本海があり，南南西側約 44 km に内浦湾（噴火湾）があるが，Na^+/Cl^- モル比の高さから見て偏西風による海塩影響は小さいと考えられる。

また，SO_4^{2-} 濃度は南南西側で高かった。これは，アルカリ度やアルカリ土類金属イオン濃度の高さとも併せて推測すると，地質による影響が大きいことは，羊蹄山麓に散在する温泉の泉質からも見ても頷ける結果である。山頂から直線距離で東北 6.3 km の山麓の京極温泉は塩化物・硫酸塩泉，同じく北西約 10 km の倶知安温泉は塩化物・炭酸水素塩泉，南南西に約 7.4 km のまっかり温泉は塩化物・硫酸塩泉である。また，ニセコアンヌプリの方が近い西北西約 9.7 km の山麓のひらふ温泉は塩化物・炭酸水素塩泉で，西南西約 10.4 km の綺羅乃湯は塩化物泉でアルカリ分が多い地質と考えられる[6]。

6.2.2 大雪山

北海道の屋根と称される大雪山系は，図-6.2.3 に示すように，最高峰の旭岳（標高 2 291m）をはじめとして，西北に愛別岳（同 2 113 m），北に凌雲岳（同 2 125 m）と北鎮岳（同 2 244 m），北東に赤岳（同 2 291 m），東に白雲岳（同 2 230 m）と緑岳（同 2 019 m）などの 2 000 m 級の高山で構成される火山群で，表大雪がそれに当たる。さらに，東南側のニペソツ山（同 2 013 m）や石狩岳（同 1 967 m）など 1 900 m 級の山々を東大雪と呼ぶ。また，石狩川を挟んで北側のニセイカウシュッペ山（同 1 883 m）など 1 700 m 級の山々を北大雪と呼ぶ。

大雪山系は，およそ北緯 43°40′，東経 142°51′に位置する旭岳を中心にして，放射状に流下する河川が存在する。ただ南側にはトムラウシ山が続くため，南北に少し長い形状となる。とくに，それを包み込むように，東側から北側に石狩川の本川とその支川群が迫り，北東側に狭まった急峻な渓流群が密集し，北東から

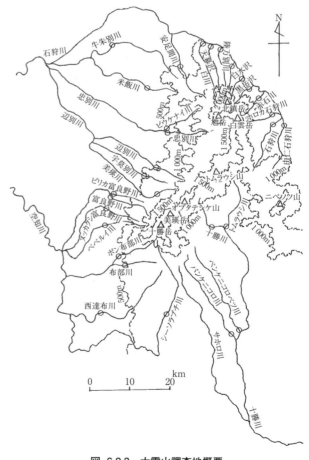

図-6.2.3 大雪山調査地概要

東側は石北峠や三国峠に続く高地部となっている。西側は牛朱別川と忠別川，南側は美瑛川の石狩川支川が取り囲む流域となっている。この北西から南西側には比較的ゆるやかな山麓丘陵地が存在する。

大雪山系は火山成因で，成層火山の旭岳は現在も噴煙活動中であるが，2万年前から数千年前に安定期に入っていると見られている。火山としての旭岳は，約1万5000年前から火山活動があり，約3000年前からは水蒸気噴火はあったが，マグマ噴火は起こしていない。大雪山系の基盤岩は火山岩の凝灰岩等で構成されている[3]。

大雪山系周辺には，少し西方の旭川地方気象台をはじめ，西側には多くのAMeDAS地域気象観測所が存在する。北の方から志比内，東川，瑞穂，美瑛，南南西側の白金に，北側は西方から比布，上川，北東寄りの層雲峡にあり，東側には南東側の三股にあるが直近にはない。これら観測地点での年降水量，平均気温および日照時間の平年値を，**表-6.2.3** にまとめて示す。年降水量の平年値は西側の900 mmから北東側の1 300 mmや南西麓の1 370 mmまで広範囲に分布し，降雪量の差違によっており，直近の山麓で多い傾向にある[4]。

南側のトムラウシ山（標高2 141 m）周辺は周氷河地形が生成されたとされる。旭岳は西北西側の留萌の海岸まで約105 kmの距離にあり，留萌南接の暑寒別岳（同1 491 m）を主とする増毛山地のみが，日本海側の高山となる。

大雪山系の周縁には数多くの温泉が存在する。南西側の白金温泉はナトリウム・カルシウム・マグネシウム−硫酸塩・塩化物泉（亡硝泉）で酸性が強い。旭岳から南西約7.5 kmの山麓の天人峡温泉はナトリウム・カルシウム・マグネシウム−硫酸塩・炭酸水素塩・塩化物泉，旭岳直近で西南西約4.5 kmの旭岳温泉はカルシウム・マグネシウム・ナトリウム−硫酸塩泉で，忠別川への影響が推測される。旭岳から北西約7 kmの愛山渓温泉はナトリウム・マグネシウム−炭酸水素塩・硫酸塩泉で，安足間川への影響が考えられる。旭岳から北東約9 kmの層雲峡温泉は単純泉と硫黄泉である。旭岳から東南東約7.5 kmの大雪高原温泉は単純泉・酸性泉で高温かつ酸性が強く，石狩川本川上流への影響が懸念される[6]。

渓流調査は，2015年10月7日11時から8日10時までの2日にかけて，南西側の美瑛川から時計回りで層雲峡の赤谷川で，日没のため1日目の調査を終え，翌早朝からホロカ石狩川からトムラウシ川までと，約23時間での調査となった。10月3日を主に2〜4日におよそ20〜55 mmの先行降雨があった後，3〜4日の先行晴天日数があり，渓流流量は多い状態であった。とくに，山間部の層雲峡はその先行降雨が最大の55 mmと多い地点であった。8日の降雨の降り始めは6時以降で，大雪山系の渓流調査への影響はないと考えられる。

渓流水質の調査結果を4方位別分布として，**表-6.2.4** に示し，4方位別の水質分布をレーダー図

表-6.2.3　大雪山系周辺の気象観測所の平年値

地点	上川	白滝	白金	旭川
方位	北北西	東北東	南南西	西北西
降水量（mm/年）	1 130	862	1 435	996
平均気温（℃）	5.3	5.0	−	6.9
日照時間（時間）	1 464	1 630	−	1 042
最多風向	−	−	−	南南東

表-6.2.4 大雪山系の4方位別水質分布（最大値：太字斜体，最小値：下線付）

項目	渓流数	標高 (m)	距離 (km)	EC (mS/m)	pH	アルカリ度 (meq/l)	Cl⁻ (mg/l)	NO₃⁻-N (mg/l)	SO₄²⁻ (mg/l)	NH₄⁺-N (mg/l)	K⁺ (mg/l)	Na⁺ (mg/l)	Mg²⁺ (mg/l)	Ca²⁺ (mg/l)	Na⁺/Cl⁻
北	2	<u>290</u>	23.6	6.59	7.42	0.356	**2.91**	0.169	4.94	1.22	1.25	4.76	**2.11**	6.86	<u>2.53</u>
東	3	***847***	<u>14.4</u>	5.97	***7.58***	0.328	<u>1.54</u>	<u>0.068</u>	6.07	<u>0.09</u>	<u>1.06</u>	3.38	1.33	8.04	***3.38***
南	2	475	18.9	<u>5.04</u>	<u>7.32</u>	<u>0.301</u>	1.81	0.130	<u>3.27</u>	***1.79***	***1.42***	<u>3.33</u>	<u>1.02</u>	<u>6.49</u>	2.82
西	3	770	15.5	***7.81***	7.46	***0.411***	2.26	0.143	***8.32***	0.11	1.27	***4.88***	1.91	***9.27***	3.09

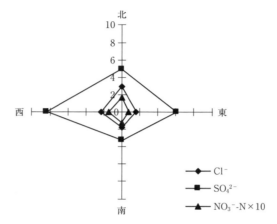

図-6.2.4 大雪山系渓流の水質濃度（mg/l）分布の4方位別レーダー図

として，図-6.2.4に示す。大雪山系旭岳山麓で，北や北東部の上川から層雲峡までの石狩川上流部に直接流入する支川群は，標高2 200 m級の高山群から流下する急流である。ほとんどの渓流が火山・温泉の影響を受けて，他の方位の渓流群と比べてSO_4^{2-}濃度が極端に高く，pHが低いため，統計計算から除外した。さらに，南南西側のトムラウシ山西側の数渓流でも同様の影響が見られたため，調査19河川中9河川を統計計算から除外した。したがって，各方位の対象渓流数は2〜3渓流と少なくなった。

大雪山系や十勝連峰は北海道の内陸部に位置するため海岸から遠くて，Cl^-濃度が低く，Na^+/Cl^-モル比が高い傾向であった。EC，pHおよびアルカリ度が西側で低くなく，南側で低い傾向にあった。北側は最も海岸に近いため，Cl^-濃度が他より高く，Na^+/Cl^-モル比が最小であった。これらは，春から秋の西北西寄りの偏西風の影響や，秋から冬の南南東の卓越風の影響を反映していると考えられる。

6.2.3 十勝岳

旭岳の南ほぼ15 kmにトムラウシ山（標高2 141 m）があって，さらに，南西約10 kmにオプタテシケ山（同2 013 m）・美瑛岳（同2 052 m）・十勝岳（同2 077 m）等からなる十勝連峰が存在する。幅の狭い北東側から横幅の広くなった南西側へ伸びる形状の十勝連峰は，細長いだ円形である。したがって，十勝連峰は短い脊梁山地の形状に近い。大雪山系とは標高1 400 m超の鞍部を介して連なっている。

十勝岳は成層火山で，現在も西北西側の前十勝の火口から噴煙が上がり，山頂部は火山灰で覆われている。十勝火山群としては，新生代第三紀末の大規模な火山活動があり，その山体の基盤岩は

第四紀前期や約100万年前に噴出した火山岩や流紋岩・溶結凝灰岩等からなっている[3]。

十勝連峰の南寄りで，ほぼ北緯43°25′，東経142°41′に位置する十勝岳を中心に，図-6.2.3に示すように，放射状の流下渓流群が存在する。十勝連峰の北側は美瑛川，西側は富良野川・空知川の石狩川支川群，東側と南側は十勝川の本支川の流域となっている。ただ，大雪山系の南端と十勝岳連峰北端とは，およそ標高1400m超の馬の背のような高地で繋がっているため，大雪山系の南側渓流と，十勝連峰の北側渓流は，両者間の共通の渓流としての存在となる。なお，西側の石狩湾までは最短距離でも103kmと遠く，西北西海岸部の暑寒別岳を含む増毛山地が高山として存在するのみである。

十勝連峰の周縁には数多くの温泉が存在する。十勝岳から北西約7kmの白金温泉は大雪山系でも記述のごとく，ナトリウム・カルシウム・マグネシウム－硫酸塩・塩化物泉（亡硝泉）である。十勝岳から西北西約4kmの吹上温泉はカルシウム・ナトリウム－硫酸塩・塩化物泉，十勝岳から西約3.5kmの十勝岳温泉とその西約1kmの翁温泉はカルシウム・ナトリウム－硫酸塩泉で，前の2つは酸性が強く，それぞれ旭野川とヌッカクシ富良野川への影響が考えられる[6]。旭岳から東北東約14.5kmのトムラウシ温泉はナトリウム－塩化物泉・炭酸水素塩泉である。とくに，南西側の吹上・翁・十勝岳の3つの温泉は高山部に存在するため，富良野川の上流側支川の渓流群への影響が推定される。

大雪山系に南接する十勝連峰の周辺にもAMeDAS気象観測所が多い。十勝連峰北西側の美瑛や北麓の白金は大雪山系とも共用になる。北西側に上富良野，西側に富良野，南西側に麓郷，かなり東側のぬかびら源泉郷，南東側の鹿追と新得，南側に幾寅のAMeDAS気象観測地点がある。これら地点での年降水量，平均気温および日照時間の平年値を，表-6.2.5にまとめて示す。年降水量は西部の上富良野・富良野や南西部の麓郷で922～973mmと少なく，南側の幾寅や南東側の鹿追・新得でも932～1131mmと少なく，北東側のぬかびら源泉郷や北西山麓の白金の山間部で1315～1435mmと多い。平均気温は内陸部ゆえ5.2～6.6℃の範囲で低く，山間高地のぬかびら源泉郷では3.7℃とさらに低い。日照時間は1461～1861時間の広い範囲にあり，南東側で多い[4]。最多風向の観測地点はない。

渓流調査は，2015年10月8日10時から15時30分にかけての調査であった。大雪山系と共通の流域となる北東側のトムラウシ川から時計回りに南麓を経て，北西側のピリカ富良野川まで時計回りに調査した。10月2～3日におよそ10～50mmの先行降雨があり，東側山間のぬかびら源泉郷や南麓の幾寅で多かった[4]。8日の渓流調査当日は，7時以降の降り始めから断続的な弱雨が続いたため，午後の南側から西側の渓流調査には少し影響が見られた。

渓流水質の調査結果を4方位別分布として，表-6.2.6に示し，4方位別の水質分布をレーダー図として，図-6.2.5に示す。旭岳南側と十勝連峰標高2013mのオプタテシケ山北側の中間には標高

表-6.2.5　十勝連峰周辺の気象観測所の平年値

地点	白金	ぬかびら源泉郷	麓郷	富良野
方位	北西	東	南南西	西南西
降水量(mm/年)	1 435	1 315	973	970
平均気温(℃)	−	3.7	5.5	6.3
日照時間(時間)	−	1 636	1 476	1 529

表 -6.2.6　十勝岳の 4 方位別水質分布（最大値：太字斜体，最小値：下線付）

項目	渓流数	標高(m)	距離(km)	EC(mS/m)	pH	アルカリ度(meq/l)	Cl⁻(mg/l)	NO₃⁻-N(mg/l)	SO₄²⁻(mg/l)	NH₄⁺-N(mg/l)	K⁺(mg/l)	Na⁺(mg/l)	Mg²⁺(mg/l)	Ca²⁺(mg/l)	Na⁺/Cl⁻
北	2	475	18.9	<u>5.04</u>	7.32	<u>0.301</u>	1.81	0.132	3.27	*0.179*	1.42	3.33	1.02	6.49	2.82
東	2	*985*	<u>14.1</u>	8.92	*7.53*	0.477	2.29	0.133	*9.49*	<u>0.082</u>	1.46	*5.65*	1.98	10.41	*3.76*
南	3	<u>317</u>	*30.6*	5.79	7.39	0.339	2.02	0.173	3.31	0.082	1.85	3.89	1.40	<u>6.15</u>	3.04
西	2	385	15.8	*10.50*	<u>7.32</u>	*0.488*	*3.89*	*1.210*	6.06	0.147	*3.93*	5.16	*2.68*	*10.74*	2.09

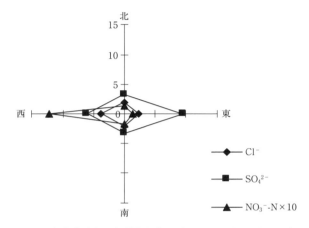

図 -6.2.5　十勝岳渓流の水質濃度（mg/l）分布の 4 方位別レーダー図

2 141 m のトムラウシ山が位置する。この山麓を取り巻く渓流群は大雪山系と十勝連峰との両方に属するものとして取り扱う。十勝連峰西側の多くの渓流では，源流域に近い高山部に火山・温泉影響が見られた。SO_4^{2-} 濃度が極端に高く，pH が低い渓流は，統計計算から除外した。したがって，調査 16 渓流中の 7 渓流を統計計算から除外することになった。多くの水質項目で西側渓流が高い濃度となった。多くは火山・温泉等の地質影響が反映されていると考えられる。十勝連峰は，大雪山系とともに北海道中央の内陸部のため，海塩の影響が少なく，そのため Cl^- 濃度が低く，Na^+/Cl^- モル比が高い傾向であった。

6.3　下北半島恐山

　東北地方の東北端で，青森県下北半島西側北部の恐山山地は，東部で太平洋側に南北に伸びる下北丘陵とは，その幅約 10 km の低地部で繋がった半島部である。図 -6.3.1 に示すように，恐山山地は那須火山帯に属する第四紀の火山群から成り，直径約 4〜6 km のカルデラが存在する。近年に噴火の記録はない。恐山山地の中心部は，東部を除いて約 15〜30 km の距離で，津軽海峡・平舘海峡・陸奥湾と三方を海に囲まれている。

　恐山山地中心部に湖表面積約 2.7 km²，最大水深約 20 m のカルデラ湖の宇曽利山湖がある。湖水は pH がおよそ 3.5 の酸性で，ウグイが生息する。唯一の流出河川は酸性河川の正津川で，北東方向に流下して，津軽海峡に注ぐ。最高標高の高山の朝比奈岳でも 874 m に過ぎず，比較的なだらかな山地である恐山山地は，その多くが下北半島国定公園に含まれ，ブナやヒバの混成林となっ

6.3 下北半島恐山

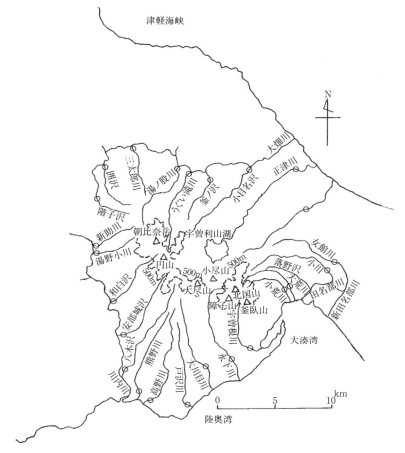

図-6.3.1 恐山山地概要

ている。

外輪山として標高500～800mm級の蓮華八峰と呼称される山々が，宇曽利山湖の南側に立地する。この八峰含めて，標高800mm級の山は，西側から南側に向かって朝比奈岳（標高874m），円山（同807m），大尽山（同828m），障子山（同863m），北国山（同844m），釜臥山（同879m）が湖表面標高209mの宇曽利山湖を取り巻いている。この宇曽利山湖の周囲の山々から四周に放射状に流下する渓流群を，その中心を小尽山（標高513m，北緯41°19′，東経141°05′）とした位置関係でとらえて，水質の方位分布を検討した。

恐山山地は火山成因ゆえ，火山ガスの噴出があり，宇曽利山湖の周辺には硫黄の析出も見られる。また，周辺地域には温泉が散在する。宇曽利山湖の北縁に恐山温泉があり，泉質は硫化水素含有の酸性緑ばん泉である。宇曽利山湖の北北東約8kmに奥薬研温泉，北東約7kmに薬研温泉がある。いずれも弱アルカリ性の単純泉である。宇曽利山湖西約10.5kmの湯野川温泉は，アルカリ性単純泉である。宇曽利山湖南南西約14kmの川内温泉は，ナトリウム－硫酸塩・塩化物泉である[6]。これら温泉の影響は比較的少ないが，宇曽利山湖の湖底や北縁部からの火山噴出物による酸性影響は，流出河川の正津川に及んでいる。

恐山山地周辺には多くのAMeDAS気象観測所が存在する。津軽海峡に面した最北端の大間，平

舘海峡に面した南西端の脇野沢，陸奥湾再奥部で東部のむつ，恐山山地西北側の内陸部で川内川中流部の湯野川にある。それらの年降水量，平均気温および日照時間の平年値を，**表-6.3.1** にまとめて示す。年降水量の平年値は1 180～1 600 mmと幅広い範囲にあって，山間部高地の湯野川で極端に多いが，平地では1 340 mmが多い方である。最多風向の記録は東部のむつのみで，南西である。平均気温は9.5～9.9℃，日照時間は1 595～1 610時間の範囲となっている[4]。

また，近隣には，平舘海峡を挟んだ対岸の津軽半島北端の竜飛岬に国設の酸性雨測定所が存在する。宇曽利湖の西南西約60 kmの竜飛岬では，pHが4.68と低く，SO_4^{2-} や NO_3^- の濃度も比較的高い。しかし，年降水量が1 219 mmと少ないため，SO_4^{2-} や NO_3^- および H^+ の湿性沈着物量は日本の平均的な値を少し下回る程度となっている[7]。

渓流調査を実施したのは，2015年9月26日12時～27日10時で，2日にわたる22時間を要した。恐山山地周辺のAMeDAS気象観測地点での先行降雨は，10～12日前の約55～110 mmと18～19日前の約20～40 mmの規模の大きなイベントであった[4]。その後6日の先行晴天日数があったが，渓流流量の多い状況であった。また，調査の26日夜に西部や南部で5～15 mmの夕立があったが，27日の調査は降水量の少ない南部であったため，渓流水質への影響は小さいと考えられる。

渓流水質の調査結果を4方位別分布として，**表-6.3.2** に示し，4方位別の水質分布をレーダー図として，**図-6.3.2** に示す。調査26河川の2河川（正津川と湯ノ股川）が他の渓流よりも SO_4^{2-} 濃度が高くてpHが低いため，統計計算から除外したが，除外河川は予想より少なかった。SO_4^{2-} 濃度が北側で高いが，火山・温泉影響と考えられる。アルカリ度が西側で最小であり，pHも比較的低い。pHが東側で高いのを見ると，火山・温泉の影響を少し受けながら，酸性の湿生沈着物の負荷影響も重なっていると考えられる。下北半島は三方を海に囲まれるために，Na^+ や Cl^- 濃度が高くて Na^+/Cl^- モル比が1.2～1.4と低い。とくに，南側で低く，南側の渓流流域が海岸に近くて，海塩影響が大きいと考えられる。

表-6.3.1 恐山山地周辺の気象観測所の平年値

地点	大間	むつ	小田野沢	脇野沢
方位	北北東	東	東南東	南西
降水量（mm/年）	1 180	1 342	1 281	1 296
平均気温（℃）	9.9	9.5	9.1	9.8
日照時間（時間）	1 595	1 609	1 651	1 559
最多風向	−	南西	−	−

表-6.3.2 恐山山地の4方位別水質分布（最大値：太字斜体，最小値：下線付）

項目	渓流数	標高(m)	距離(km)	EC(mS/m)	pH	アルカリ度(meq/l)	Cl^-(mg/l)	NO_3^--N(mg/l)	SO_4^{2-}(mg/l)	NH_4^+-N(mg/l)	K^+(mg/l)	Na^+(mg/l)	Mg^{2+}(mg/l)	Ca^{2+}(mg/l)	Na^+/Cl^-
北	5	52	10.6	9.53	<u>7.11</u>	0.280	11.31	0.078	*__7.09__*	<u>0.120</u>	0.732	9.30	2.04	6.75	1.27
東	6	58	<u>7.8</u>	8.95	7.33	*__0.394__*	9.26	*__0.106__*	3.37	0.129	<u>0.675</u>	8.36	2.31	*__7.65__*	*__1.39__*
南	6	<u>46</u>	9.1	*__9.60__*	7.23	0.342	*__12.92__*	<u>0.057</u>	3.48	*__0.134__*	0.763	*__10.18__*	2.48	6.75	<u>1.22</u>
西	7	*__97__*	*__11.0__*	9.03	7.37	<u>0.277</u>	10.69	0.083	5.99	0.127	*__0.819__*	8.88	<u>2.01</u>	6.20	1.29

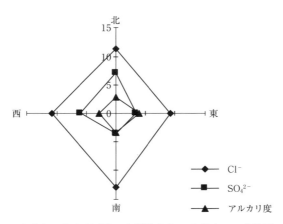

図-6.3.2　下北半島恐山山地渓流の水質濃度 (mg/l) 分布の4方位別レーダー図

6.4　岩木山・鳥海山・大山

　以下の岩木山，鳥海山および大山の三山は，図-6.1.1に示す屋久島との高山渓流群の水質比較のために，冬季を除く3つの季節の同時期に，連続調査の対象とした孤立峰である。この三山に屋久島も含めて，それらの山系の概要は表-6.1.1に示している。いずれも，標高1 600 mを超えて冬季に冠雪する高山で，三山が孤立峰であり，屋久島のみが高山群の離島で山岳島である。

6.4.1　岩木山

　津軽平野の西南端に位置する津軽富士とも称される岩木山は，図-6.4.1に示すように，標高1 625 mの孤立峰の火山であり，岩木山は鳥海山とともに，鳥海火山帯に属する。円錐形状に近い山体は，いくぶん東北東側に突き出て，東側への張り出しが小さい。東経140°18′，北緯40°39′の山頂から，西北西側1.5 kmに追子森（標高1 139 m），北西側0.9 kmに西法寺山（同1 288 m）が突起状で存在する。西側に位置する日本海までの山頂からの最短距離は西北西側で約15 kmである。
　岩木山には，山頂付近から放射状に流下する多数の渓流群が密に存在し，それらの渓流水は南側から東および北側は岩木川に集まり，西側のみが中村川になって，それぞれ北流して日本海に注ぐ。
　岩木山周辺のAMeDAS地域気象観測所は，鰺ヶ沢（北北西），弘前（東南東），岳（南西），深浦（西）の4地点がある。この4地点の観測値の平年値を表-6.4.1に示す。岳のみ風の観測がなく，鰺ヶ沢で西，深浦が南南西，弘前が西南西の最多風向であった[4]。年降水量では，東南東側の弘前で少ないことがわかる。岩木山，鳥海山，月山，朝日岳，飯豊山，白山および大山のような日本海側の高山では，年降水量の多さは降雪量と，平均気温や日照時間の影響する融雪期の残雪量に関係する。
　また，岩木山近辺での湿性沈着物量の観測は，北西側の日本海沿岸の鰺ヶ沢が最も近い観測地点である。青森県による鰺ヶ沢舞戸（標高30 m）観測では，pHが4.65と低く，nss-SO_4^{2-}濃度は14.3 μmol/lとさほど高くない[2]。年降水量1 550 mm前後であるため，H^+やnss-SO_4^{2-}の沈着物負荷量はとくに大きな値とはならない。国設の酸性雨測定所は津軽半島北端の竜飛岬にあり，北方約67 kmと少し遠いが，鰺ヶ沢とほぼ同様の傾向にある[7]。
　岩木山は火山成因であるため，周縁には温泉が多い。調査地点近くの山腹の南西4.2 kmの嶽温

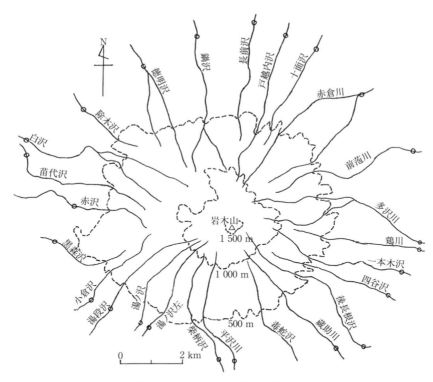

図-6.4.1 岩木山の渓流と調査地点

表-6.4.1 岩木山周辺の気象平年値の比較（1981〜2010年，*1986〜2010年，**1987〜2010年，***1990〜2010年）

項目	地点	方位	1月	2月	3月	4月	5月	6月	7月	8月	9月	10月	11月	12月	年間
降水量 (mm)	鯵ヶ沢	北北西	109	77	69	68	81	76	129	143	145	132	152	139	1 319
	弘前	南南東	121	95	77	59	72	70	113	132	127	91	110	117	1 183
	岳	南西	133	119	88	83	102	85	146	164	167	157	171	150	1 595
	深浦	西	102	78	78	87	116	89	151	165	163	155	147	133	1 464
気温 (℃)	鯵ヶ沢	北北西	−0.6	−0.2	2.5	8.1	12.8	16.7	20.8	22.8	18.9	13.1	7.3	2.2	10.4
	弘前	南南東	−1.8	−1.3	1.9	8.5	13.8	17.9	21.7	23.5	18.9	12.5	6.1	0.9	10.2
	深浦	西	−0.2	0.1	2.9	8.5	13.2	17.3	21.3	23.2	19.1	13.5	7.7	2.5	10.7
日照時間 (hrs)	鯵ヶ沢*	北北西	33	57	118	190	213	192	178	195	159	136	73	37	1 581
	弘前**	南南東	57	79	126	183	201	175	161	182	146	141	89	58	1 598
	深浦	西	27	47	110	173	191	183	157	179	152	131	65	32	1 449
最多風向	深浦***		西	西	西	南南西	南南西	南南西	南南西	南南西	南南西	南南西	南南西	西	南南西

泉は硫酸塩泉・酸性泉，南南東 5.2 km の百沢温泉は塩化物泉・炭酸水素塩泉，北北西 4.6 km の鯵ヶ沢高原温泉は炭酸水素塩・塩化物泉，調査地点よりすぐ下流側で南西 5.6 km の湯段温泉は塩化物泉である[6]。Na^+ や Cl^- が全体に高い傾向や，SO_4^{2-} や pH・アルカリ度が南側で高い傾向は火山温泉影響と理解できる。

調査は 2009 年の秋季後半，2010 年春季の融雪期および夏季後半の 3 回を連続して行った[8]。秋季後半期は，春から秋の暖候期の終わりで，岩石・土壌の風化や，植生や微生物の生物活動の影響が残っている時期である。低気圧が時々通過する夏季は過ぎて，偏西風が卓越かつ定着する季節である。三山系の調査は，日照時間を考慮して，すべて南や東側から反時計回りに実施した。岩木山

は，周回道路に恵まれて，渓流群へのアクセスがしやすいフィールドである。

10月10日，10月24日，10月25日，10月30日および11月22日と北の岩木山から南の屋久島へと順の調査で，岩木山での先行晴天日数はほぼ2日での調査となった。近辺での先行降雨は40～80 mmと日本海側での規模が大きかったが，前月の比較的長い晴天期間の継続のため，調査日の流量への影響はそれほど大きくはなかった。4方位別の調査結果を**表-6.4.2**に示すように，岩木山の南側渓流群は，火山・温泉の影響が現れて，pHやアルカリ度が低く，TOCやNa$^+$/Cl$^-$モル比とNO$_3^-$-NやNH$_4^+$を除いた項目すべてで，他方位よりも高濃度であった。

春季の融雪期の調査は，岩木山では4月25日であった。西北側県道の冬季積雪のための通行禁止解除を待っての調査であった。先行晴天日数が11日と比較的長かったので，先行降雨は12日前の4～34 mmであり，流量の少ない状況であった。3月14日～4月25日の41日間に南の屋久島から大山，岩木山の順に調査を終えた。しかし，標高が最も高い鳥海山では東側高山部林道の豪雪のため，通行不能により遅れて6月13，14日の実施となったが，融雪時の調査ができた。岩木山では先行降雨で2 mm以下の規模の降雨を無視すると，先行晴天日数は11日であった。

春期調査の4方位別の水質調査結果を**表-6.4.2**に併せて示す。岩木山では，屋久島とともに，西側でNa$^+$とCl$^-$の濃度がともに高く，その上，Na$^+$/Cl$^-$モル比がとくに小さくて，冬季の積雪を伴う偏西風の強さによる海塩影響と考えられる。全般的には，南側で最大値となる水質項目が多く，火山・温泉の影響が見られた。

夏季後半の調査は，9月4日～26日の23日間と約3週間で鳥海山，屋久島，岩木山，大山の順に調査を行った。岩木山は9月17日の調査で，先行晴天日数は4日であった。先行降雨は40～80 mmと規模が大きかったが，それ以前の先行晴天期間が長かったこともあり，流量が少し多い程度の状況であった。すなわち，7月から9月下旬まで日本列島では記録的な高い平均気温で，6～8月は113年の観測史上で1番の猛暑となり，8月の降水量はいずれも少なかった[4]。夏季の高

表-6.4.2 岩木山系の3回調査の方位別平均水質濃度（水温：℃，EC：mS/m，アルカリ度：meq/l，イオン：mg/l）
（太字斜体：最大値，下線付：最小値，＊：有意水準5％，＊＊：有意水準1％（北にのみ付与））

季節	方位	渓流数	TOC (mg/l)	EC (mS/m)	pH	アルカリ度 (meq/l)	Cl$^-$ (mg/l)	NO$_3^-$-N (mg/l)	SO$_4^{2-}$ (mg/l)	NH$_4^+$-N (mg/l)	Na$^+$ (mg/l)	K$^+$ (mg/l)	Mg^{2+} (mg/l)	Ca^{2+} (mg/l)	Na$^+$/Cl$^-$
秋季	北	9	1.45*,**	9.00*,**	6.86*	0.353*,**	12.24	0.026*,**	5.50*,**	*0.201*	9.17	1.292*	*1.70*,**	*4.81*,**	1.16*
	東	8	*1.69*	7.81	6.80	0.399	8.82	0.034	2.70	0.173	7.59	1.522	1.66	4.63	*1.33*
	南	4	1.38	*17.25*	*7.51*	*0.693*	*17.83*	0.020	*25.51*	0.157	*12.02*	*1.630*	4.06	*10.92*	1.22
	西	8	1.39	8.74	7.06	0.248	13.86	0.112	5.21	0.160	9.34	1.089	1.92	3.84	1.04
春季	北	7	1.33	7.58*,**	7.07	0.423	14.85	0.117*	4.15*	*0.231*	8.91	0.740	1.49	5.27*,**	0.93
	東	7	*1.63*	7.52	7.05	0.352	13.68	0.125	3.23	0.219	8.35	0.912	1.88	6.45	0.95
	南	5	1.51	*11.67*	*7.31*	*0.508*	13.73	0.319	*10.24*	0.209	8.69	*0.973*	*2.19*	*8.70*	*0.98*
	西	8	1.38	8.44	7.10	0.349	*15.83*	*0.425*	5.89	0.206	*9.77*	0.774	1.93	5.03	0.95
夏季	北	7	1.38	8.70	7.09	0.448*	15.48	0.154	3.91*,**	*0.245*	9.71	0.742	1.50	5.35*	0.97
	東	7	*1.61*	10.09	7.21	0.504	14.19	0.137	3.34	0.212	9.10	0.926	1.82	6.84	*0.99*
	南	6	1.57	*13.98*	*7.30*	*0.539*	13.93	0.321	*9.71*	0.191	8.84	*0.947*	*2.12*	*8.46*	*0.99*
	西	8	1.39	11.77	7.12	0.344	*15.65*	*0.341*	6.51	0.205	*9.77*	0.704	1.97	5.22	0.97
3回調査平均	北	7	1.37	8.52	7.00	0.408	14.18	0.096	4.67	*0.204*	9.31	0.953	1.57	5.18	1.03
	東	7	*1.65*	8.44	7.01	0.418	12.08	0.096	3.07	0.200	8.32	*1.138*	1.78	5.91	*1.10*
	南	5	1.40	*14.08*	*7.36*	*0.568*	14.91	0.240	*14.10*	0.180	*9.64*	1.136	*2.66*	*9.20*	1.05
	西	8	1.39	9.56	7.09	0.313	*14.93*	*0.282*	5.76	0.188	9.56	0.862	1.93	4.65	1.00

温による高山部での化学反応や生物活動が活発であった後の調査である。

夏季調査の4方位別の調査結果を表-6.4.2にまとめて示している。岩木山では，西側でSO$_4^{2-}$の濃度の高さが目立ち，偏西風の影響によると考えられた。さらに，冬季を除く3回調査を併せて平均して，4方位別の平均水質濃度を表-6.4.2にまとめて示し，3回の調査のCl$^-$，SO$_4^{2-}$およびpHについての4方位分布のレーダー図を図-6.4.2に示しておく。

3回の全調査を通して，岩木山は整った円錐形状の火山で，裾野を周回できる道路も存在してアクセスには恵まれたが，南側では渓流数が少ない上に，火山・温泉の地質的影響が認められたので，南側の渓流群を除いた比較となってしまう欠点があった。岩木山では，Cl$^-$濃度が屋久島はもちろんのこと，鳥海山や大山より高くて，Na$^+$/Cl$^-$モル比は低い。とくに，最も近い海岸までは約15 kmとさほど近くはなく，周囲の3つの塩化物泉の存在から温泉による地質影響が考えられる。

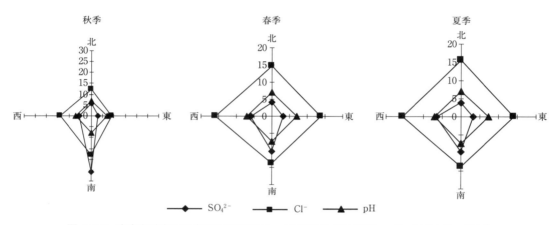

図-6.4.2 岩木山渓流の三季節の水質濃度（mg/l）分布の4方位別レーダー図（2010～2011）

6.4.2 鳥海山

出羽富士と称され，秋田県と山形県の県境にまたがる標高2 236 mの鳥海山は，東経140°03′，北緯39°06′に位置する。図-6.4.3に示す山頂から，直線距離で約15 km西側が日本海で，山体は北側に凹みのある少しいびつな円錐形の孤立峰である。高低2つの円錐形からなる複合火山で，北側の西の松島と称された象潟が噴火で埋まった1801年以降は噴火していない。

西麓のすそ野がなだらかに日本海まで続き，南東側の山麓はすぐ900 m級の山々に囲まれる形となっている。約60 km南に位置する月山・湯殿山・羽黒山の出羽三山とはともに鳥海火山帯に属している。山頂の直近の東側には七高山（標高2 229 m），南側には行者岳（同2 159 m），西側に文殊岳（同2 005 m）などがあるほか，西側や西南側の約5～8 kmには標高1 700 m前後の扇子森，鍋森，笙ヶ岳や旧火口湖および月山森の峰が存在して，西から東への火口の遷移がわかる。

渓流群は，西側では個々にあるいは合流して日本海に，北側と東側は子吉川に，南側は日向川に最終的に合流して日本海に注ぐ。とくに，西側の渓流数は少なく，裾野には湧水が多く見られ，日本海海中にも湧出していることが明らかになっている[9]。たとえば，牛渡川は，中腹部の標高差の異なる2地点での調査時の状況は「涸れ谷」状態で，豪雨時にのみに渓流水が見られるが，晴天時には常時渓流水はない。山麓での湧出量がとくに多く，低温で清涼であり，バイカモが生育し，サケの遡上する清流である。

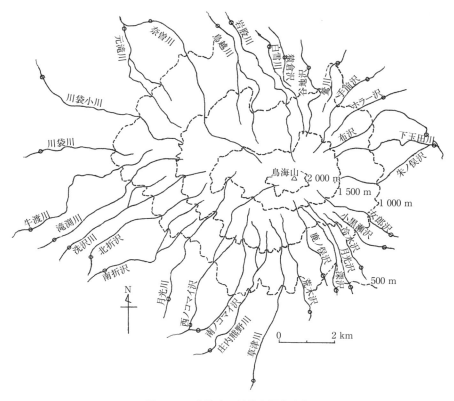

図-6.4.3 鳥海山の渓流と調査地点

　鳥海山周辺のAMeDAS地域気象観測所は，矢島（北北東），上草津（南），酒田（南南西），にかほ（北北西）の4地点である。この4地点の平年値を**表-6.4.3**に示す。鳥海山近辺では南東側から北東側で年降水量が多いほか，平均気温が他より1.3℃低いこと，西側の日本海側のにかほや酒田の年降水量が少なく，卓越風としては冬季の西北西寄りが特徴である[4]。

　鳥海山の近くには湿性沈着物量観測地点はなく，北側では海岸部の秋田と，かなり離れた南南西側の新潟巻が最寄りの観測地点となるため，あまり参考にはならない。鶴岡で山形県による乾性沈

表-6.4.3 鳥海山周辺の気象平年値の比較（1981～2010年，*1987～2010年，**1986～2010年，***1990～2010年）

項目	地点	方位	1月	2月	3月	4月	5月	6月	7月	8月	9月	10月	11月	12月	年間
降水量 (mm)	にかほ	北北西	131	94	92	94	100	105	160	159	152	160	182	172	1 590
	矢島	北北東	235	159	137	115	113	121	183	189	175	211	273	276	2 186
	上草津	南	202	149	149	162	203	194	332	261	215	235	274	246	2 652
	酒田	南南西	168	114.0	107	102	121	121.0	209	179	162	181	225	204	1 892
気温 (℃)	にかほ	北北西	2.2	2.3	4.8	10.0	14.8	19.0	22.9	25.0	21.1	15.5	10.0	5.2	12.7
	矢島	北北東	-0.3	0.0	2.8	9.3	14.8	19.3	22.9	24.5	19.7	13.2	7.3	2.4	11.4
	酒田	南南西	1.7	1.9	4.6	10.2	15.3	19.6	23.3	25.3	21.1	15.1	9.3	4.5	12.7
日照時間 (hrs)	にかほ*	北北西	35	54	107	165	182	162	160	199	143	134	78	39	1 466
	矢島**	北北東	37	56	106	168	196	178	160	187	137	128	79	43	1 464
	酒田	南南西	39	59	117	172	191	179	164	208	151	142	82	44	1 552
最多風向	酒田***	南南西	西北西	西北西	西北西	東南東	東南東	東南東	東南東	東南東	東南東	南東	南東	西北西	南東

着物としてガス状物質が観測されていて，NO_x や O_3 および NH_3 濃度などは低いレベルにある[2]。

　火山成因の鳥海山周縁には温泉が多くある。鳥海山の山腹で調査地点に近い南 7.5 km の湯ノ台温泉（山形）が炭酸水素塩泉，調査地点下流側の北東 10.8 km の猿倉温泉・湯ノ沢温泉が炭酸水素塩泉・単純泉，北西 12.8 km の湯ノ台温泉（秋田）が硫黄泉，裾野の西北西 15.3 km の湯ノ田温泉・鳥海温泉が炭酸水素塩泉・塩化物泉，北西 18.6 km の象潟温泉・羽州温泉が硫黄泉・炭酸水素塩泉である[6]。西側で SO_4^{2-} の高い傾向と，西側で Na^+ や Cl^- が高いことは火山・温泉影響も加わっていると考えられる。

　秋季調査は 2009 年 10 月 24，25 日で，先行晴天日数は 7 日であった。近辺での先行降雨は 8 日前に 8～30 mm と，10 日前の 22～51 mm とであり，流量への影響は小さかった。鳥海山は他の山系よりも標高が高くて山体が大きく，周回道路の東・北側林道は細くてアップダウンが多く，初めの 2 回の調査では数河川が日没のため翌日早朝にずれた。

　4 方位別水質分布を表 -6.4.4 に示す。鳥海山では，東側で SO_4^{2-} 濃度が高く，TOC や Na^+/Cl^- モル比を除いた他の項目の濃度が低かった。東側は調査地点の標高が高い渓流群で構成されていて，急傾斜の山腹の土壌層内での反応時間や流下時間は短くなる。これに，火山・温泉の影響に[10]，偏西風の影響も加わって，水質濃度の方位差が生じたと考えられる。

　春季の融雪期は，2010 年 6 月 12，13 日と遅かった。西側 3 河川が翌早朝調査となった。先行晴天日数が 16 日と長く，先行降雨も 20～30 mm 程度と規模が小さかったが，流量は東や北側で雪解けによって多い状況にあった。鳥海山東側鞍部で最高標高約 900 m の林道の冬季積雪での通行禁止解除がこの時期となったためである。

　春期調査の 4 方位別の水質分布を表 -6.4.4 に示す。鳥海山では，東側で多い残雪の雪解けと火山・温泉の影響も加わって，pH が最も低く，SO_4^{2-} 濃度が南側に次いで高かった。また，岩木山，大山および屋久島などと違って，西側で Cl^- の濃度が最も高くはならず，火山・温泉の影響を受け

表 -6.4.4　鳥海山系の 3 回調査の方位別平均水質濃度（水温：℃；EC：mS/m；アルカリ度：meq/l；イオン：mg/l），（最大値：太字斜体，最小値：下線付，＊：有意水準 5 ％，＊＊：有意水準 1 ％（北にのみ付与））

季節	方位	渓流数	TOC (mg/l)	EC (mS/m)	pH	アルカリ度 (meq/l)	Cl^- (mg/l)	NO_3^--N (mg/l)	SO_4^{2-} (mg/l)	NH_4^+-N (mg/l)	Na^+ (mg/l)	K^+ (mg/l)	Mg^{2+} (mg/l)	Ca^{2+} (mg/l)	Na^+/Cl^-
秋季	北	9	0.95*,**	7.72	6.98*,**	0.362	6.92*,**	0.020*,**	8.50	0.140*	6.02*,**	1.115*,**	2.11	4.54	1.34*
	東	9	1.00	<u>6.22</u>	<u>6.54</u>	<u>0.192</u>	<u>5.40</u>	<u>0.019</u>	9.68	0.133	<u>4.53</u>	0.952	<u>1.54</u>	<u>3.76</u>	1.29
	南	8	*1.05*	8.11	6.92	*0.443*	6.24	0.135	8.13	*0.223*	6.15	1.177	*2.32*	*5.17*	*1.46*
	西	7	<u>0.88</u>	*9.14*	*7.08*	0.388	*13.30*	*0.230*	<u>3.05</u>	0.192	*9.40*	*2.110*	2.08	4.32	<u>1.10</u>
春季	北	7	0.86*,**	6.86*,**	6.80*	0.284*,**	6.92*,**	0.103*,**	6.80*	0.169*,**	5.48*,**	1.343*	2.16	4.15	*1.25*
	東	8	0.92	<u>3.59</u>	<u>6.40</u>	<u>0.134</u>	<u>5.71</u>	<u>0.079</u>	8.86	0.195	<u>3.86</u>	1.079	1.75	<u>4.04</u>	1.04
	南	8	*1.51*	*11.67*	*7.31*	*0.508*	*13.73*	*0.319*	*10.24*	*0.209*	8.69	<u>0.973</u>	*2.19*	*8.70*	<u>0.98</u>
	西	8	<u>0.77</u>	9.27	6.83	0.320	12.86	0.221	<u>2.52</u>	0.208	*9.10*	*1.990*	2.11	4.20	1.10
夏季	北	8	0.89*	8.74*,**	6.92	0.278*,**	6.97*,**	0.100	6.43*,**	0.152*,**	4.91*,**	1.284*,**	2.15	4.53	*1.09*
	東	8	0.92	<u>6.48</u>	<u>6.60</u>	<u>0.144</u>	<u>6.16</u>	0.180	9.45	0.201	<u>4.08</u>	1.059	<u>1.80</u>	4.32	<u>1.03</u>
	南	8	*1.04*	6.81	*7.05*	*0.350*	6.78	<u>0.116</u>	4.74	*0.225*	4.56	1.242	*2.42*	*5.47*	1.04
	西	7	<u>0.79</u>	*10.36*	7.02	0.347	*13.83*	*0.228*	<u>2.43</u>	0.203	*9.46*	*1.949*	2.07	<u>4.11</u>	1.07
3回調査平均	北	8	0.81	8.43	6.97	0.335	9.36	0.086	5.32	<u>0.163</u>	6.79	1.617	2.15	4.38	1.15
	東	8	0.95	<u>5.46</u>	<u>6.52</u>	<u>0.158</u>	<u>5.74</u>	0.090	*9.35*	0.175	<u>4.17</u>	1.027	<u>1.73</u>	<u>4.03</u>	1.15
	南	8	*1.04*	6.53	*6.98*	*0.374*	6.53	<u>0.084</u>	5.84	*0.209*	5.10	1.212	*2.32*	*5.32*	*1.20*
	西	8	<u>0.81</u>	*9.00*	6.92	0.337	*11.17*	*0.153*	<u>4.38</u>	0.184	*8.15*	*1.698*	2.08	4.24	1.18

る南側で高くなった。

　晩夏季の調査は 2010 年 9 月 3 日で，先行晴天日数は 8 日であった。先行降雨は 15～42 mm の規模で，流量への影響はほとんどない状況であった。夏季調査の 4 方位別の水質分布を表-6.4.4 に併せて示している。西側で Na^+ や Cl^- の濃度が最も高くて，海塩影響が見られたが，SO_4^{2-} 濃度が東側で高くて火山・温泉影響が現れた。

　3 回の全調査を通した 4 方位別の水質分布を表-6.4.4 に併せて示す。また，3 回の調査の Cl^-，SO_4^{2-} および pH についての 4 方位分布のレーダー図を図-6.4.4 に示しておく。鳥海山は大きな山体ではあり，調査地点の設定が周回道路沿いでの標高や最高峰からの距離を合わせることが困難であった。また，北側渓流群では火山・温泉の影響が現れ，西側渓流群では伏流・湧水が存在して，全般的に同様な条件での方位分布の比較が難しい調査フィールドであった。鳥海山では，Na^+ や Cl^- 濃度が低く，全調査地点の海岸からの距離や渓流流域の標高の高さが原因と考えられる。SO_4^{2-} 濃度が，屋久島はもちろんのこと，岩木山や大山より高いのは火山・温泉影響によると考えられる。

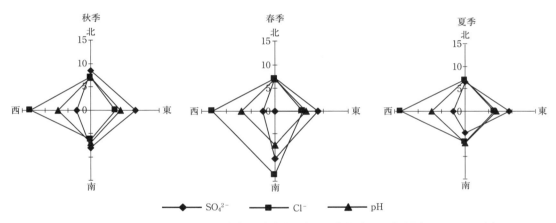

図-6.4.4　鳥海山渓流の三季節の水質（mg/l）濃度分布の 4 方位別レーダー図（2010～2011 年）

6.4.3　大　山

　鳥取県西部に位置し，伯耆富士とも称される大山は，標高 1 729 m で，かなりいびつな円錐形状の孤立峰である。大山は，日本海を挟んで西方約 380 km の朝鮮半島や，その先の中国大陸に面した位置にある。図-6.4.5 に示すように，北側の日本海へはなだらかなすそ野が広がり，東経 133°32′，北緯 35°22′の山頂からの最短距離では西北側約 26 km であるが，約 80 km 西側も日本海である。大山山頂から東北東側へ 0.7 km に天狗ヶ峰（標高 1 636 m），1.3 km に象ヶ鼻（同 1 550 m），2.1 km に振子山（同 1 452 m），西側 0.9 km に弥山（同 1 709 m）等の峰があり，西側や北西側に延びたいびつな円錐形状である。

　大山は中国地方を縦断している白山火山帯に属し，古い成層火山に新しい鐘状火山が重なった複式火山群である。地質の主体は，角閃石安山岩や輝石安山岩である[11]。また，山地高山部から放射状に流下する渓流群が密に存在し，南西側渓流群は日野川に合流して日本海に，北側・東側の渓流群はそれぞれ直接日本海に注ぐ。南東側の渓流群は旭川に合流して瀬戸内海に流入する。

　大山周辺の AMeDAS の地域気象観測所は，塩津（北），関金（東），江尾（南西），米子（西北西）

第6章　孤立高山の渓流水質方位分布

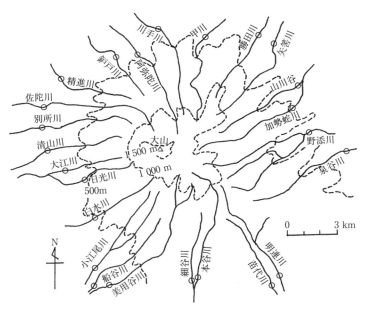

図-6.4.5　大山の渓流と調査地点

の4地点である．この4地点の平年値を表-6.4.5に示す．大山近辺では江尾と関金には最多風向の観測がなく，塩津で南西，米子で南南東の最多風向であった[4]．年間降水量では東側の多さが目立ち，南西側の江尾で少ない傾向にあった．

大山近辺での湿性沈着物量の観測地点は，北側の日本海沿岸の鳥取県による湯梨浜と西北西側の島根県による松江の観測地点が近い．国設酸性雨測定所は日本海沖合の隠岐島後に存在し，大山の北方約110 kmと遠い．日本海の隠岐島後の北西海岸部や日本海海岸部の湯梨浜は朝鮮半島や中国大陸に近い距離にあり，H^+とSO_4^{2-}の沈着物平均濃度は岩木山近辺のそれらより高い[2),7)]．

大山の山麓や周縁にはさほど多くはないが，温泉が存在する．調査地点に近い山腹の北西5.6 kmの大山伽羅温泉が塩化物泉・炭酸水素塩泉・硫酸塩泉，西北西6.6 kmの大山温泉が放射能泉，裾野の東19.8 kmの関金温泉が放射能泉，西北西側の海岸低地の皆生温泉が塩化物泉であるが，渓流水にはあまり大きな影響がなかったと考えられる[6)]．

調査は，秋季が2009年10月30日で，先行晴天日数は3日であったが，先行降雨は6～9 mm

表-6.4.5　大山周辺の気象平年値の比較（1981～2010年，*1982～2010年，**1987～2010年，***1990～2010年）

項目	地点	方位	1月	2月	3月	4月	5月	6月	7月	8月	9月	10月	11月	12月	年間
降水量 (mm)	塩津	北	146	111	117	102	116	167	226	124	226	136	154	152	1 776
	関金	東	149	153	148	112	130	170	225	138	241	163	156	132	1 918
	江尾*	南西	109	108	121	94	126	169	242	132	200	118	106	113	1 652
	米子	西北西	145	126	130	105	123	181	240	125	209	130	129	129	1 772
気温 (℃)	塩津	北	4.7	5.0	7.7	12.4	16.6	20.4	24.6	26.0	22.3	17.0	12.1	7.6	14.7
	米子	西北西	4.4	4.8	7.7	13	17.7	21.5	25.6	26.9	22.6	17	11.8	7.1	15
日照時間 (hrs)	塩津**	北	71	84	134	184	202	158	177	216	148	152	111	88	1 722
	米子	西北西	74	85	135	181	206	164	172	209	147	160	115	89	1 732
最多風向	米子***	西北西	南南東	南南東	南南東	南南東	南南東	北東	南南東	南南東	北東	南南東	南南東	南南東	南南東

と小規模で，流量への影響は見られなかった。4方位別の水質分布を**表-6.4.6**に示す。大山では，Na^+/Cl^-モル比やTOCを除いて，屋久島と同様に西側でNa^+，Cl^-，SO_4^{2-}などの水質濃度が高く，偏西風の影響が考えられた。

春季の融雪期は2010年4月4日で，先行晴天日数は2日と短かったが，近辺の先行降雨は19～53 mmと日本海側で規模が大きく，流量は少し多い状況であった。春期調査の4方位別の水質分布を**表-6.4.6**に併せて示す。大山では，西側のNa^+やCl^-の濃度が高く，冬季の西寄り偏西風の卓越によって，西側で高濃度になったと考えられる。また，岩木山と同様に，北側や東側では残雪量の多さによる雪解け水で流量増大の影響が大きく，多くの水質項目の濃度が他の方位よりも低くなる傾向が見られた。

晩夏季の調査は2010年9月26日に行った。先行晴天日数は1日と短く，先行降雨も39～59 mmと規模も大きく，流量は大きい状況であった。夏季調査の4方位別の水質分布を**表-6.4.6**にまとめて示している。晩夏季では，Na^+/Cl^-モル比やTOCを除き西側で濃度が高く，SO_4^{2-}の濃度も高かった。また，Na^+やCl^-の濃度が南側で低いのは，調査地点標高が他の方位よりも少し高く，日本海からも遠いため，海塩影響が小さいことによると考えられる。

表-6.4.6に，3回の調査結果を平均して4方位別の水質分布を示す[8]。また，3回の調査でのCl^-，SO_4^{2-}およびpHの4方位分布のレーダー図を**図-6.4.6**に示しておく。大山の北側では，日本海にある隠岐島後や日本海沿岸部の湯梨浜のH^+とSO_4^{2-}の沈着物平均濃度が高く，大山の渓流群では，その影響を直接的に反映していると考えられる。さらに，大山の西北西側の松江ではNO_3^--N濃度が目立って高く，大山のNO_3^--N濃度が屋久島はもちろんのこと，岩木山や鳥海山よりも高いのはこの沈着量の影響と考えられる。とくに，大山では全体的に西側で最大値となる項目が多く，海塩や湿性沈着物負荷への偏西風の影響が大きいと考えられる。

大山では火山・温泉の地質的な影響を呈する渓流は見られなかった。日本海に北面する大山は，

表-6.4.6 大山山系3回調査の4方位別平均水質濃度
（最大値：太字斜体，最小値：下線付，*：有意水準5 %，**：有意水準1 %（北にのみ付与））

季節	方位	渓流数	TOC (mg/l)	EC (mS/m)	pH	アルカリ度 (meq/l)	Cl^- (mg/l)	NO_3^--N (mg/l)	SO_4^{2-} (mg/l)	NH_4^+-N (mg/l)	Na^+ (mg/l)	K^+ (mg/l)	Mg^{2+} (mg/l)	Ca^{2+} (mg/l)	Na^+/Cl^-
秋季	北	5	1.15	7.98*,**	7.07*	0.393*,**	7.58*,**	0.510	2.67	0.077	7.04*,**	*1.476*,**	*2.20*,**	6.01*,**	<u>1.43</u>
	東	6	1.08	7.18	7.16	0.435	6.63	<u>0.359</u>	2.86	<u>0.064</u>	6.22	*1.352*	1.83	5.44	1.45
	南	6	1.02	<u>6.60</u>	7.16	0.429	<u>5.04</u>	0.376	<u>2.20</u>	0.071	<u>5.30</u>	1.791	<u>1.80</u>	<u>5.23</u>	*1.62*
	西	6	<u>0.94</u>	*11.23*	*7.51*	*0.717*	*10.17*	*0.565*	*3.88*	*0.184*	*9.58*	*2.843*	*3.35*	*7.61*	1.45
春季	北	5	*1.01*,***	7.05	7.11	0.427*,**	8.49	0.435	2.72	0.061	6.76	*1.258*,***	2.03*	6.57	<u>1.22*,**</u>
	東	7	*1.15*	<u>5.57</u>	<u>6.97</u>	<u>0.325</u>	<u>6.78</u>	<u>0.373</u>	<u>2.26</u>	<u>0.051</u>	<u>5.35</u>	<u>0.769</u>	<u>1.39</u>	6.37	1.23
	南	7	1.07	6.39	7.09	0.441	7.13	0.429	2.41	0.067	5.76	1.351	*1.31*	*7.22*	1.29
	西	6	1.02	*8.45*	*7.12*	*0.441*	*8.59*	*0.508*	*2.99*	*0.071*	*7.23*	*1.761*	*2.17*	6.41	*1.30*
夏季	北	5	<u>1.05</u>	7.78*,**	7.27	0.435*	8.47*	0.642	<u>2.84</u>	0.063	7.34*	*1.364*,**	*2.32*,**	6.47*,**	1.33
	東	7	*1.08*	6.92	<u>7.21</u>	0.416	<u>7.52</u>	<u>0.443</u>	3.12	<u>0.052</u>	6.52	*1.345*	<u>1.87</u>	<u>5.41</u>	*1.39*
	南	7	1.06	<u>6.58</u>	7.24	0.484	<u>7.05</u>	0.465	2.95	0.071	<u>6.11</u>	1.844	1.99	*7.53*	1.34
	西	6	1.06	*9.52*	*7.37*	*0.604*	*10.66*	*0.664*	*3.81*	*0.072*	*8.96*	*2.503*	*3.39*	6.93	<u>1.30</u>
3回調査平均	北	5	1.07	7.61	7.15	0.444	8.18	0.397	2.74	0.061	7.05	1.366	2.18	6.35	<u>1.33</u>
	東	7	*1.10*	6.53	<u>7.11</u>	<u>0.390</u>	6.99	0.390	2.74	<u>0.051</u>	6.02	<u>1.146</u>	<u>1.69</u>	<u>5.76</u>	1.37
	南	7	1.05	<u>6.52</u>	7.16	0.452	<u>6.48</u>	<u>0.338</u>	<u>2.54</u>	0.065	<u>5.75</u>	1.656	1.70	6.73	*1.41*
	西	6	<u>1.00</u>	*9.73*	*7.33*	*0.587*	*9.81*	*0.433*	*3.56*	*0.095*	*8.59*	*2.369*	*2.97*	*6.98*	1.36

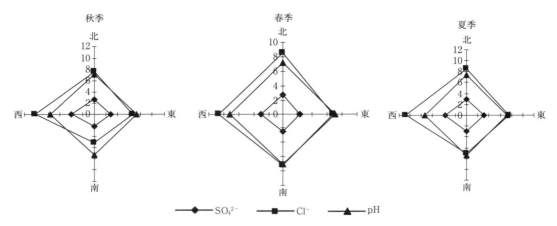

図-6.4.6　大山渓流の三季節の水質濃度（mg/l）分布の4方位別レーダー図（2010～2011年）

西面する岩木山や鳥海山との比較対照としても注目されるが，大山西方約80 kmにも日本海が位置するために，大きな差異とは言えない。他3つの調査フィールドとの比較では，屋久島とともに偏西風の影響がかなり明瞭に見られた。山体が少しいびつな円錐形のため，放射状流下渓流の密度と調査地点の高度差は水質濃度の方位差への影響も考えられる。大山の渓流群では，岩木山，鳥海山および屋久島よりNO_3^--NとCa^{2+}濃度が高く，NO_3^--N濃度の高さは松江での湿性沈着物量の大きさから偏西風の影響が，Ca^{2+}濃度の高さは地質要因と考えられる。

6.5　月山・朝日岳・飯豊山

　日本海側の山形県南部から新潟県北部にかけての羽越地方では，北側から月山と朝日岳が連続的に位置し，少し離れて飯豊山の高峰が存在する。3つの高山には，それぞれ放射状に流下する渓流群が存在する。これらは日本海に面して偏西風に直接曝される高山で，冬季の多雪が特徴である。また，月山の北方の庄内平野を挟んだ北側には，秋田・山形両県境に位置し，月山よりもさらに高峰で孤立峰の鳥海山が存在する。これら3山系を融雪期に連続して，渓流調査を実施した。

6.5.1　月　山

　山岳信仰の出羽三山の中でも最高峰の月山（標高1 984 m）は，山形県中央部の出羽丘陵の北緯38°33′，東経140°02′にあり，庄内平野の南東端に繋がる位置に立地する。南西側には湯殿山（同1 500 m），北側には剣ヶ峰（同1 403 m）などがあり，少し東側に出張った円錐形状である。図-6.5.1に示すように，月山の西側で日本海側との間には，庄内平野の南端から山形県と新潟県の県境近くまで，湯ノ沢岳（標高964 m）や摩耶山（同1 020 m）をはじめとする1 000 m前後の山地が存在する。また，東側には葉山（同1 462 m）も出張った形で存在し，南南西側の山麓には朝日岳の北麓が迫っている。したがって，急峻で標高も高い月山は，東西に少し長く，南側が狭いいびつな円錐形状である。

　また，この山地と，その東側で月山の南西側から南に連なる三足一分岳（標高1 123 m），赤見堂岳（同1 446 m），大檜原岳（同1 386 m）や，障子ヶ岳（同1 482 m），天狗角力取岳（同1 376 m）と

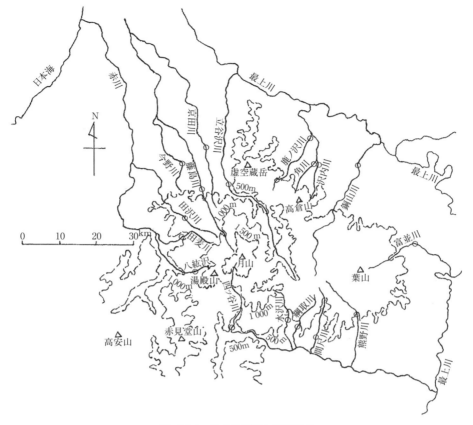

図-6.5.1　月山の概要と調査地点

連なる山地は，朝日岳を主とする朝日山地へと繋がっている。朝日岳は月山の南南西約30.3 kmと近く，月山の南側山麓は朝日岳の北側山麓に接するため，それぞれの周回道路はこの区間が共通となる。その高度も700 mを超えるため，急勾配の渓流への直接的アクセスが難しいフィールドであった。また，南西側渓流の調査地点が月山山頂との距離や高度で近くなり，全体として，山頂からの距離が狭まった調査流域の配置形状となった。

月山とその南側の朝日岳・飯豊山はいずれも磐梯朝日国立公園に含まれている。月山は鳥海山とともに鳥海火山帯に属した成層火山であるが，約30万年前以降に噴火活動はない。地質は，輝石安山岩等の火山岩からなっている[10]。

北東約13 kmの山麓に肘折温泉・黄金温泉とも（ナトリウム－塩化物・炭酸水素塩泉），南西約6 kmの湯殿山山麓に湯殿山温泉（ナトリウム・カルシウム－塩化物冷鉱泉），北約9 kmに月の沢温泉（酸性・単純泉），南約7 kmに志津温泉（ナトリウム－塩化物泉）がある[6]。また，月山南側山麓の西川町志津付近にはブナ林の中に名水百選の月山山麓湧水群があるほか，資源の森百選の月山行人清水の森もある。

月山周辺のAMeDAS気象観測所の年降水量，平均気温および日照時間の平年値を，**表-6.5.1**にまとめて示す。年降水量は西約42 kmの鼠ヶ関で2 038 mm，北西約26 kmの鶴岡で2 098 mm，北西約21 kmの櫛引で2 361 mmと多い。北東約34 kmの新庄では年降水量が1 856 mm，最多

表-6.5.1 月山周辺の気象観測所の平年値

地　点	鶴岡	肘折	大井沢	荒沢
方　位	北西	東北東	南	西北西
降水量(mm/年)	2 098	2 797	2 549	3 031
平均気温(℃)	12.5	9.0	8.7	−
日照時間(時間)	1 472	1 239	1 215	−

風向が北西である。東北東約14 kmの肘折では年降水量が2 797 mm，東北東約34 kmの村山で1 237 mm，東北約24 kmの左沢で1 378 mm，南約18 kmの大井沢で2 549 mmである。西北西約21 kmの荒沢ダム下の荒沢での年降水量は，3 031 mmと極端に多い[4]。

月山周辺では，月山の東約43 kmの宮城県境に近い内陸山間部に，国設の尾花沢（標高366 m）酸性雨測定所が2008年度まで存在した。2008年度の観測記録では，SO_4^{2-} や NO_3^- および H^+ の平均濃度や沈着量は日本列島の平均よりも少し低いレベルであった[7]。

このように，月山近辺では北東側で年降水量が多いほか，朝日岳に近接するためにその接点の南側高地では降雪による降水量が多い傾向にある。月山の北側・東側・南側の三面は渓流から最上川支川を経てしだいに北流し，酒田市で日本海に流入する最上川流域である。西側は渓流から赤川支川を経て北流して鶴岡市で日本海に入る赤川流域である。月山には南西側斜面の田麦川上流域に湯殿山スキー場と南側斜面の姥ヶ岳（標高1 670 m）下の四ツ谷川上流域に月山スキー場がある。とくに，月山スキー場は多雪のため4月上旬からオープンする珍しいスキー場である。

渓流調査は2015年5月22日早朝から夕刻までの10時間半の1日間で，北側の立谷沢川から反時計回りで東北側の角川の順に行った。当日は快晴で，先行降雨としては7日前におよそ26 mm前後，3日前に5〜11 mmの降雨があり[4]，5月に入って高温続きで高山からの融雪水で，渓流流量の多い流況下での調査であった。月山は日本海までの最短距離が，北西側で約35 kmと少し距離がある。

調査渓流を図-6.5.1に，結果を4方位別水質分布として表-6.5.2に，月山を中心とするレーダー図を図-6.5.2に示す。月山は火山であることもあり，調査した17渓流の中で，南側の渓流に火山・温泉の影響が出現したので，それらを統計値から除くと検討対象の渓流数が減った。SO_4^{2-} 濃度が南側で高く，西側では北側に次いで低かった。したがって，酸性沈着物負荷の影響を検討するのは難しい調査フィールドである。海塩影響と考えられる Cl^- や Na^+ 濃度と EC が西側で高くなった。これは，残雪の雪解けの影響が大きいと考えられる。

表-6.5.2 月山の4方位別水質分布（最大値：太字斜体，最小値：下線付）

項目	渓流数	標高(m)	距離(km)	EC(mS/m)	pH	アルカリ度(meq/l)	Cl^-(mg/l)	NO_3^--N(mg/l)	SO_4^{2-}(mg/l)	NH_4^+-N(mg/l)	Na^+(mg/l)	K^+(mg/l)	Mg^{2+}(mg/l)	Ca^{2+}(mg/l)	Na^+/Cl^-
北	6	198	*14.6*	5.98	7.03	0.217	5.63	0.109	6.09	0.468	5.47	0.569	<u>1.55</u>	4.75	<u>1.55</u>
東	4	<u>185</u>	10.0	6.50	7.03	0.214	5.99	0.108	7.41	<u>0.441</u>	6.07	*1.247*	1.87	<u>4.39</u>	1.87
南	3	450	11.1	6.50	*7.13*	*0.241*	<u>3.91</u>	<u>0.095</u>	*9.16*	0.475	*3.74*	<u>0.453</u>	2.20	*6.38*	2.20
西	5	*504*	<u>8.7</u>	*7.38*	<u>6.94</u>	<u>0.176</u>	*9.33*	*0.194*	6.49	*0.494*	6.47	0.980	1.57	5.42	1.57

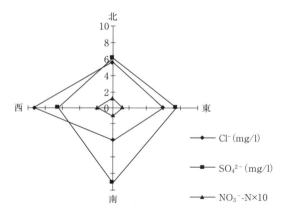

図-6.5.2　月山渓流の水質濃度（mg/l）分布の4方位別レーダー図

6.5.2　朝日岳

　山形と新潟の県境の山形県側にあって，朝日山地の南側に存在する主峰が大朝日岳（標高1 871 m）で，北緯38°16′，東経139°55′に位置する。北西側の両県境上に西朝日岳（同1 814 m）や北東側に小朝日岳（同1 648 m），南側に平岩岳（同1 609 m）などがあり，北西側に突き出して，南北に長い形のいびつな円錐形状である。

　とくに，日本海側の奥三面ダムのあさひ湖の集水域は，そのさらに西側の南北方向に伸びる山地と，東側の高い大朝日岳側の山地を2つに割るような渓谷となっている。図-6.5.3に示すように，日本海に西流する三面川流域の鷲ヶ巣山（標高1 093 m）や，北側には北流する赤川流域の摩耶山（同1 020 m）を筆頭に，標高1 000 m以下の山地が西側に続いている。朝日山地は，月山の南約33 km，飯豊山の北北東約49 kmにあって，南北に連なる三山の中央に位置する。

　地質は花崗岩を主体とした隆起山地である[10]。このため，周囲には温泉はほとんどなく，東南東約7 kmに朝日鉱泉，北東約6 kmに古寺鉱泉があるほか，東北東約13 kmに黒鴨温泉（ナトリウム－炭酸水素塩冷鉱泉）があるくらいである。朝日岳の日本海までの最短距離は，西に約41 kmとかなり遠い[6]。

　朝日岳周辺のAMeDAS気象観測所の年降水量，平均気温および日照時間の平年値を，表-6.5.3にまとめて示す。年降水量は南南西約27 kmの小国で2 973 mm，南西約37 kmの下関で2 646 mm，西南西の日本海へ約50 kmの中条で2 242 mm，西南西の日本海へ約39 kmの村上では2 129 mmである。西約28 kmで内陸部山麓の三面で2 611 mm，西北西約28 kmの内陸側の高根では3 148 mmと多くなる。北西の日本海側へ約46 kmの鼠ヶ関で2 038 mm，北北西約30 kmの荒沢ダム下の荒沢で3 031 mm，北北東約15 kmの寒河江川上流の大井沢で2 549 mmと多い。東北東約28 kmの左沢で1 378 mm，東約36 kmの山形で年降水量1 163 mm，南南東約20 kmの長井で年降水量1 855 mmと少ない。最多風向は山形で南南西である[4]。

　上記のように，朝日岳の東側は多雪で，年降水量が多い。ただ，北北東側の月山とは，西北側の赤川と東側の寒河江川を挟んだ狭い境界部となり，高地で，かつ，北側斜面のため降雪量が多く，年降水量も多い。朝日岳近辺には酸性雨測定所はないが，東北側約62 kmの少し遠い位置に国設尾花沢酸性雨測定所が2008年度まで存在した。尾花沢での観測値は，SO_4^{2-}やNO_3^-およびH^+の平均濃度や沈着物量は日本列島の平均よりも少し低いレベルであった[7]。

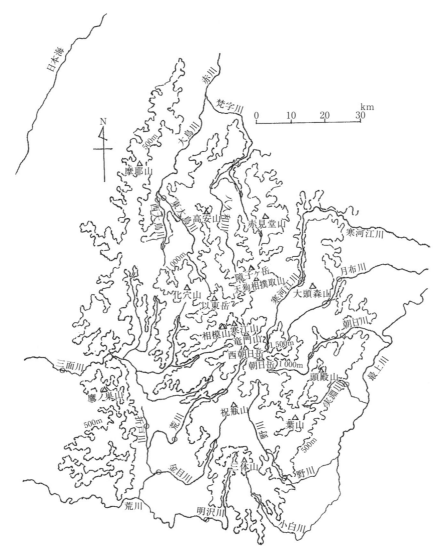

図 -6.5.3 朝日岳の概要と調査地点

表 -6.5.3 朝日岳連峰周辺の気象観測所の平年値

地　点	大井沢	左沢	小国	村上
方　位	北北東	東北東	南南西	西南西
降水量（mm/年）	2 549	1 378	2 973	2 129
平均気温（℃）	8.7	10.5	10.8	12.5
日照時間（時間）	1 215	1 581	1 280	1 442

　朝日岳の東側は月山よりも上流となる最上川流域であり，西側の北方は月山よりも上流となる赤川流域で，南側は三面川と荒川流域であり，西流してそれぞれ村上市や村上市と胎内市の境界で日本海に流入する。

　渓流調査は 2015 年 5 月 21 日に，図 -6.5.3 に示す渓流群の南西側から反時計回りで，朝から夕刻

までのおよそ9時間かけて行った。ただ，三面川の上流域の林道（朝日スーパーライン）が当日まで冬季閉鎖中のため，三面川上流のみ，翌日夕刻に追加調査をした。調査当日は快晴で，先行降雨は6日前の32～45mmの比較的規模の大きな降雨と，2日前の7～9mmの小降雨があった[4]。渓流水は，高山の融雪期のため，流量は多い状況にあった。

　調査渓流を4方位別の水質分布とした結果を，表-6.5.4に，大朝日岳を中心としたレーダー図を図-6.5.4に示す。調査渓流数は14流と少なかった。SO_4^{2-}濃度が南側で高く，西側で最も低かった。海塩影響と考えられるCl^-やNa^+濃度とECが北側で高くなった。

表-6.5.4　朝日岳の4方位別水質分布（最大値：太字斜体，最小値：下線付）

項目	渓流数	標高(m)	距離(km)	EC(mS/m)	pH	アルカリ度(meq/l)	Cl^-(mg/l)	NO_3^--N(mg/l)	SO_4^{2-}(mg/l)	NH_4^+-N(mg/l)	Na^+(mg/l)	K^+(mg/l)	Mg^{2+}(mg/l)	Ca^{2+}(mg/l)	Na^+/Cl^-
北	3	283	*27.8*	*4.61*	6.95	0.173	*4.82*	0.136	3.06	*0.598*	*3.78*	0.426	0.94	4.32	<u>1.25</u>
東	4	*330*	<u>14.7</u>	4.40	7.10	*0.217*	<u>3.11</u>	<u>0.111</u>	2.93	<u>0.550</u>	<u>3.04</u>	0.430	*1.00*	*4.95*	1.50
南	4	258	23.3	4.04	<u>6.88</u>	<u>0.162</u>	3.33	0.124	*3.44*	0.591	3.72	*0.488*	0.94	<u>3.21</u>	*1.71*
西	3	<u>220</u>	21.7	<u>3.99</u>	6.92	0.173	3.77	*0.193*	<u>2.23</u>	0.566	3.32	<u>0.393</u>	<u>0.89</u>	3.62	1.37

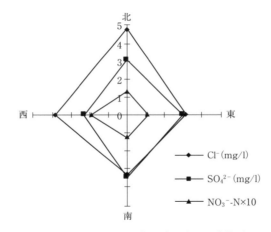

図-6.5.4　朝日岳渓流の水質濃度（mg/l）分布の4方位別レーダー図

6.5.3　飯豊山

　新潟県の北部の飯豊山地の飯豊山（標高2 105m）は，新潟平野の東側で，新潟と山形の県境の北緯37°51′，東経139°42′に位置する。図-6.5.5に示すように，北西側に北俣岳（同1 648m）や烏帽子岳（同2 018m），南西側に御西岳（同2 013m）や大日岳（同2 128m），南東側に三国岳（同1 644m）などがある。飯豊山地の最高峰は大日岳で，西側の南北に突き出して，東の飯盛山（同1 595m）側にも出張った形のいびつな円錐形状を呈している。

　磐梯朝日国立公園で日本海側に南北に存在する月山・朝日岳・飯豊山の三山の中で，最も南側の飯豊山は最も標高が高く，最も北側の月山から少し離れた北側に屹立する鳥海山（標高2 236m）よりわずかに低い存在である。飯豊山地の南西側の新潟平野との間には，松平山（同954m）・五頭山（同912m）・菱ヶ岳（同974m）・大蛇山（同802m）・宝珠山（同559m）と南北に連なる五頭連峰があるが，飯豊山より少し離れて出張った裾野程度の存在である。飯豊山の日本海までの最短距離は，北西へ約40kmと少し遠い。

第6章 孤立高山の渓流水質方位分布

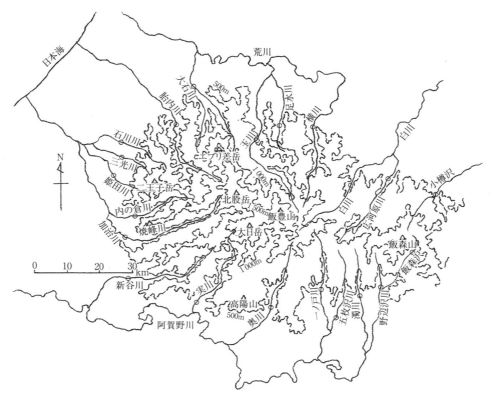

図-6.5.5　飯豊山概要と調査地点

　飯豊山も火山ではないが周辺に温泉は多い。南西約 26 km に角神温泉（炭酸水素塩泉）・かのせ温泉（ナトリウム・カルシウム硫酸塩泉）と，南西約 29 km に津川温泉（アルカリ性単純泉）がある。西北西約 31 km に三川温泉（硫黄・ナトリウム硫酸塩化物泉），北北西約 28 km の荒川峡温泉郷には湯沢温泉（硫黄・ナトリウム硫酸塩化物泉）・高瀬温泉（アルカリ性単純泉）・雲母温泉（カルシウムアルカリ塩泉）・鷹の巣温泉（ナトリウム塩化物硫酸塩泉）がある。南南東約 21 km に相川温泉（単純泉）と南東約 21 km に熱塩温泉（塩化物泉）と南東約 26 km に喜多方温泉（塩化物泉）がある[6]。

　飯豊山周辺の AMeDAS 気象観測所での年降水量，平均気温および日照時間の平年値を，表-6.5.5 にまとめて示す。年降水量は西南約 29 km の津川で 2 378 mm，西側の内陸部約 26 km の赤谷で 3 235 mm である。北西約 35 km の日本海側の中条で 2 242 mm，北西約 28 km の下関で 2 646 mm，北約 23 km の小国では 2 973 mm と多い。東北東約 15 km の高地の中津川では 2 435 mm，東約 25 km の高峰で 1 995 mm，東北東約 49 km の米沢で 1 363 mm，南東約 27 km の喜多方で 1 500 mm，南約 30 km の西会津で 1 716 mm と少なくなる[4]。

　飯豊山近辺には酸性雨測定所はないが，少し遠くて飯豊山の西南西約 58 km で，日本海の海岸に近い新潟巻の国設酸性雨測定所と，新潟県による新潟曽和の観測記録が参考になる。両者によると，SO_4^{2-} や NO_3^- および H^+ の平均濃度や沈着物量は日本列島の平均よりも少し高いレベルであった。新潟巻では，年降水量も少なくないため，nss-SO_4^{2-} 沈着量は 26.2 mmol/m²/ 年，NO_3^- 沈着量は 31.6 mmol/m²/ 年と大きい値であった[2),7)]。

　飯豊山の周縁の北側では朝日岳と繋がるため，北側や北東側は多雪で年降水量が多い。南西側は

表-6.5.5　飯豊山地周辺の気象観測所の平年値

地　点	小国	米沢	西会津	中条
方　位	北	東北東	南	北西
降水量（mm/年）	2 973	1 363	1 716	2 242
平均気温（℃）	10.8	11.2	11.0	13.4
日照時間（時間）	1 280	1 574	1 371	1 460

　新潟平野で，南側で日本海に注ぐ阿賀野川流域は東では内陸部の福島県南西部まで達する。その新潟・福島県境の越後山脈の北端は700m前後の山地であるため，年降水量はさほど多くはない。飯豊山の東側は最上川の最上流部の流域で，北流して朝日岳や月山の東麓を経て酒田市で日本海に入る。北側斜面を下る支川は北流して朝日岳の南斜面を南下する支川とともに西流する荒川として日本海に，西側北半分は胎内川流域として北西に流れて胎内市で，西側南半分は加治川流域として北西に流れて新発田市の先で日本海に注ぐ。

　渓流調査は2015年5月20日に，**図**-6.5.5 に示した渓流群を，西側から反時計回りに行った。調査当日は晴天で，先行降雨は4日前に35mm前後の比較的規模の大きな降雨があり，前日にも8mm程度の降雨があった[4]。渓流は，5月以降の高温続きで，高山の融雪によって流量の多い流況下であった。

　調査結果を4方位別の水質分布として**表**-6.5.6 に，飯豊山を中心としたレーダー図を**図**-6.5.6 に示す。西側の渓流群で海塩影響と考えられるCl^-やNa^+濃度とECが高く，Na^+/Cl^-モル比，pHおよびアルカリ度が低かった。しかし，SO_4^{2-}濃度は東側で高く，西側では北側に次いで低かった。これは，調査渓流は22流であったが，南側ではSO_4^{2-}濃度の高い渓流や，西側ではCl^-濃度が隣接

表-6.5.6　飯豊山の4方位別水質分布（最大値：太字斜体，最小値：下線付）

項目	渓流数	標高(m)	距離(km)	EC(mS/m)	pH	アルカリ度(meq/l)	Cl^-(mg/l)	NO_3^--N(mg/l)	SO_4^{2-}(mg/l)	NH_4^+-N(mg/l)	Na^+(mg/l)	K^+(mg/l)	Mg^{2+}(mg/l)	Ca^{2+}(mg/l)	Na^+/Cl^-
北	4	268	<u>15.9</u>	<u>3.20</u>	6.80	0.136	2.91	0.158	<u>2.13</u>	***0.474***	2.83	<u>0.326</u>	<u>0.78</u>	<u>2.20</u>	1.53
東	4	***513***	***20.0***	3.47	6.92	***0.184***	<u>1.69</u>	<u>0.100</u>	***3.47***	0.436	<u>2.13</u>	0.364	***1.11***	3.34	***1.94***
南	3	278	16.4	***3.72***	***6.93***	0.176	2.79	0.133	2.55	0.449	3.03	***0.682***	1.02	***3.55***	1.67
西	7	<u>166</u>	24.1	3.47	<u>6.80</u>	<u>0.136</u>	***3.43***	***0.203***	2.33	<u>0.451</u>	***3.35***	0.469	1.02	2.71	<u>1.50</u>

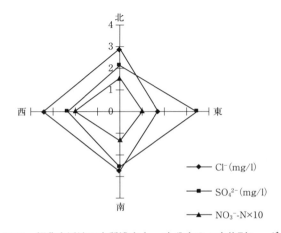

図-6.5.6　飯豊山渓流の水質濃度（mg/l）分布の4方位別レーダー図

渓流よりもはるかに高い渓流があって，これらを検討対象から外したことと，東側の調査地点高度が他より 200～300 m 高いことが影響したと考えられる。

6.6 筑波山

筑波山（標高 877 m）は，関東平野北東端の東経 140°06′，北緯 36°14′に位置し，上述の孤立峰と比べて標高が低く，後述の国東半島の両子山（同 721 m）より少し高い。東京や水戸方面から見ると円錐形状に見えるが，実際は二峰の駒ヶ岳形状である。北側の難台山（同 653 m）・吾国山（同 518 m）・加波山（同 709 m）・丸山（同 576 m）・足尾山（同 623 m）・きのこ山（同 528 m）に連なる八溝山地の南端部にあり，東側にも低い丘陵地の張り出しがある。

筑波山塊の中心である筑波山は，東西に男体山（標高 871 m）と女体山（同 877 m）の 2 つの峰があって，南側からは鞍部で繋がる駒ヶ岳風に見える山体形状でもある。筑波山地は図-6.6.1 に示すように霞ヶ浦の集水域にある。

2001 年 12 月初めまで頂上近くに測候所が存在した。筑波山周辺の AMeDAS 気象観測所の年降水量，平均気温および日照時間の平年値を，表-6.6.1 にまとめて示す。内陸部でもあるため，年降水量は少なく，1 200～1 300 mm の範囲に入る観測地点が多い。年間の平均気温は 14 ℃ 前後で，日照時間は 1 900 時間前後であった。つくば市の年間最多風向は北東で，筑波山頂では東南東や南東の年が多かった[4]。

筑波山南東麓の標高 155 m の土浦市永井地点には，2008 年度まで国設酸性雨測定所が存在した。

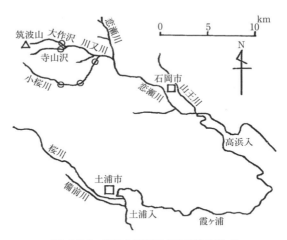

図-6.6.1　筑波山麓河川の渓流調査地点

表-6.6.1　筑波山周辺の気象観測所の平年値

地　点	真岡	柿岡	つくば	下妻
方　位	北北西	東	南	西
降水量（mm/ 年）	1 276	1 368	1 283	1 243
平均気温（℃）	13.0	―	13.8	13.9
日照時間（時間）	1 931	―	1 913	1 902
最多風向	―	―	北東	―

年降水量が 1 763 mm と多かった 2008 年度の測定結果では，pH が 4.85 で，湿性沈着物の SO_4^{2-} 濃度や沈着量は日本列島の平均と同程度か少し高い値であった[7]。また，筑波山の東南東約 18 km の土浦市内では，茨城県による調査で 2012 年度の pH が 4.88 で，SO_4^{2-} や NO_3^- および H^+ の平均濃度や沈着物量は日本列島の平均よりも少し低いレベルであった。

筑波山の成因は堅牢残丘で，火山ではない。しかし，筑波山南側山麓の筑波神社側にはアルカリ性単純泉がある[6]。地質的には，深成岩の花崗岩が隆起した後に風雨の浸食を受けて形成され，山頂部は斑れい岩となっている[12]。

筑波山周縁を北側では湯袋峠，南側では不動峠・朝日峠を越えて東・西・南側の渓流群を中心に踏査した。筑波山麓の渓流は，西側は霞ヶ浦（西浦；湖表面積 171 km^2）の流入河川中で，最大の流域面積の桜川へ，東側はその 2 番目の流域面積の恋瀬川に入り，それぞれが霞ヶ浦西北西部の土浦入と北端の高浜入で，霞ヶ浦に流入する。

筑波山は筑波学園都市の東北部に近接する山地で，南斜面の山腹や南側山麓にはそれぞれゴルフ場が存在し，南麓の筑波神社をはじめ，観光や登山客等による人為汚染も懸念されるが，西側には常時流水の存在する渓流がなかった。したがって，調査フィールドは，図-6.6.1 に示すように，柿岡盆地が広がる東側山麓の恋瀬川の本・支川の上流域とした。小桜川上流や，川又川支川の大作沢や寺山沢，恋瀬川本川上流の渓流等で調査を行った。

筑波山麓の山地河川での汚濁負荷量算定のため，毎週定時で 1 年間を通した定期調査と降雨時流出調査を行った。とくに，降雨時流出の水質変化特性の検討と流出負荷量の算定のために，降雨時流出観測を集中的に実施した。

図-6.6.2 は 3 山地河川における同一降雨の降雨時流出調査結果である。NO_3^--N の濃度が 0.6～1.2 mg/l と，近畿圏の渓流水質と比べて 2 倍以上高いのが関東平野周縁の渓流水質の特徴である。東京とその近辺の大気汚染自動監視の測定局の NO_2 濃度や，東京の国設酸性雨測定所の湿性沈着物の NO_3^- や NH_4^+ の窒素酸化物の濃度は，全国的に見ても高いことが確認できる[7]。京浜や京葉地区の各種の工場群の排煙や，自動車の排ガス等による影響の大きさを反映した結果である。むろん，大気中の SO_2 濃度や湿性沈着物中の nss-SO_4^{2-} 濃度も全体的に見て少し高いことは言うまでもない。

この NO_3^--N の濃度が，降雨時流出の流量ピーク直後に降雨前の濃度レベルの 2～3 倍にも上昇することを，琵琶湖流域の山地河川に続いて発見した。これは，先行晴天期間に土壌表層内において，植生・土壌からの溶出と有機態窒素の無機化に伴って高濃度で蓄積されて，当該降雨の早い中間流出によって高濃度，かつ，高負荷量で流出する結果である。なお，Cl^- や SO_4^{2-} 濃度はこの流量ピーク時前後には濃度減少するが，水質負荷量としては NO_3^--N ほどの大きさではないが，増加する[13]-[15]。

また，溶存 SiO_2 は，先行晴天期間に土壌層下部や基盤岩層上部で溶出によって濃度増加し，図-6.6.2 のように，遅い中間流出で降雨時流出の後半にわずかに濃度上昇を呈することが見られる[16]。このように，渓流河川では，降雨の規模や先行晴天日数によって，植生や土壌層・基盤岩層内での溶存物質存在量と流量の流出成分の関係を，降水入力 (input) に対する流域の流出応答 (response) の出力 (output) を，比較的簡潔な水文素過程としてとらえることができる。

第6章 孤立高山の渓流水質方位分布

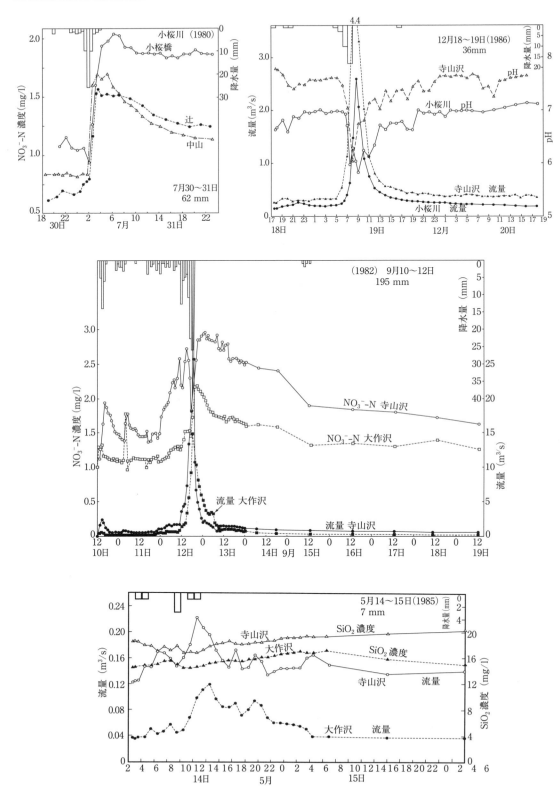

図-6.6.2　3山地河川における同一降雨の降雨時流出調査結果

6.7 御嶽山

　御嶽山は，日本列島中央の内陸部にあって，長野・岐阜両県の県境に位置し，その北方の立山や乗鞍岳とともに乗鞍火山帯に属する。そして，北側に位置する飛騨山脈（北アルプス）の乗鞍岳とは離れて，その南側にあり，孤立峰とされる複合成層火山である。御嶽山は1979年に規模の大きな噴火があって，その後2007年の噴火以来，2014年9月27日に7年振りに噴火して，戦後の火山噴火による最大の死者を出す災害となった。また，1984年のM6.8の長野県西部地震では，南面の山体崩壊によって，濁川上流の伝上川には大量の土砂の流出があった。

　御嶽山は，日本では14番目の高山で，東経137°29′，北緯35°54′に位置し，標高3 067 m（剣ヶ峰）の高峰である。図-6.7.1 に示すように，北面からは日和田富士と呼ばれる山容であるが，複合成層火山でもあるため，山頂部が東西約1 km，南北が約4 kmもあるため，円錐形状ではなく，厚みのある台形形状と言える。山頂部には最高峰の剣ヶ峰のほか，魔利支天山（標高2 959 m），継母岳（同2 867 m），継子岳（同2 859 m）の3つの峰が外輪山を成し，一ノ池から五ノ池までの5つの火口湖がある。通常湖水が存在するのは二ノ池と三ノ池である。山腹傾斜部には火山灰が厚く堆積して，裾野が広く日本では最大級の山体を有している[17]。

　山頂は岐阜・長野の県境にあり，南西側の約16 km前後で寺田小屋山（標高1 505 m）から小秀山（同1 982 m）などの5山が，さらに南側へ高樽山（同1 673 m）から三界山（同1 600 m）までの4山が，標高1 700 m前後で連なる高山地形である。したがって，南側から西側の渓流群への周回は閉鎖された登山道であるため，アクセスが困難な状況にあった。

　また，御嶽山は東日本火山帯の西端に位置して，濃飛流紋岩を基盤岩層とし，中腹部はカンラン

図-6.7.1　御嶽山の渓流の調査地点

石・複輝石・安山岩などで構成される地質である[17]。活火山であるため，御嶽山周縁には多くの温泉が存在する。西北西 4.5 km の標高 1 700 m 付近の濁河温泉（硫酸塩泉・炭酸水素塩泉），その先の 12.4 km に秋神温泉（含鉄炭酸水素塩泉），東北東 7.5 km の御嶽明神温泉（炭酸水素塩泉・硫酸塩泉），東 7.7 km の鹿の瀬温泉（炭酸水素塩泉），東南東 7.8 km の中の湯（硫黄泉），10.8 km の小坂温泉（単純泉），東南 7.3 km の御嶽温泉（大滝の湯；炭酸水素塩泉），西 15.2 km の湯屋温泉（炭酸水素塩泉），14.9 km の下島温泉（炭酸水素・塩化物泉）等があり[6]，さらに，その外側にも下呂温泉をはじめとする多数の温泉群が存在する。したがって，渓流水にも火山・温泉影響が現れたものが少なくなかった。

御嶽山周辺の AMeDAS 地域気象観測地点での年降水量，平均気温および日照時間の平年値を，表 -6.7.1 に示す。年間降水量は，北北西 33 km の丹生川で 1 876 mm，北西 34.5 km の高山で 1 700 mm である。御嶽山にさらに近い北西 19 km の宮之前で 1 955 mm，西 24 km の下呂市萩原で 2 375 mm，南西 27 km の下呂市宮地で 2 389 mm，東北東 12 km の開田高原で 2 065 mm，東 20 km の木曽福島で 1 884 mm と，西側で多い[4]。平均気温は西側で高く東側で低い傾向があり，日照時間は南東部の木曽福島では他の 3 地点より長くなっている。

御嶽山周辺には酸性雨測定所は存在しない。調査当時は噴火前であったため，近辺には大気汚染物の発生源は見当たらなかった。日本列島の中央内陸部に位置するため，酸性物質の濃度は高くはなく，年降水量が多いため，日本列島の平均より低めの沈着量と推測された。

また，急峻な山腹には多くの滝が存在する。山頂部が南北に長い御嶽山の放射状に流下する渓流群では，東側の渓流群が西野川に，南側のそれは王滝川にそれぞれ合流して木曽川になる。北側の渓流群は飛騨川本流に，西側のそれは秋神川や小坂川から飛騨川に合流して，木曽川として伊勢湾に流入する。

御嶽山周辺の渓流調査を 2014 年 8 月 19 日の 1 日で行った。この 39 日後に 7 年振りの噴火が起きて，東側は山麓近くまで火山灰が降り注いだため，噴火直前の貴重な調査記録となった。御嶽山周辺では 8 月は 3 日から 7 日と 13 日を除いて雨天続きで，とくに 14 日に降雨があった後，15～16 日と 17～18 日には東北部の高山方面では豪雨であった。御嶽山の北方の丹生川ではそれぞれ 141.5 mm と 122.5 mm，北北西の高山ではそれぞれ 136 mm と 249.5 mm，宮之前で 161.5 mm と 27.5 mm，西側の萩原では 180 mm と 147 mm，南西側の宮地では 184.5 mm と 62 mm，東北東側の開田高原では 115.5 mm と 31.5 mm，東側の木曽福島では 103 mm と 11.5 mm，頂上に近い御嶽山では 131 mm と 113.5 mm と，早い中間流出と遅い中間流出の影響が見られる状況であった[4]。調査は西北側の飛騨川支川小坂川の渓流から時計回りに行い，南西側の王滝川上流の順に行った。

調査した渓流を図 -6.7.1 に示して，調査結果の水質分布を東西南北の 4 方位別に分けて表 -6.7.1 に，レーダー図を図 -6.7.2 に示す。放射状に流下する 20 の渓流群を調査したが，火山・温泉の影

表 -6.7.1　御嶽山周辺の気象観測所の平年値

地　点	開田高原	木曽福島	付知	萩原
方　位	東北東	東	南	西
降水量（mm/年）	2 065	1 885	2 274	2 375
平均気温（℃）	7.4	10.5	－	12.2
日照時間（時間）	1 669	1 777	－	1 641

響と考えられる渓流が南側で多かった。したがって，水質の方位分布は，多くの水質濃度が東や南側で高く，火山・温泉影響に曝された結果となった。

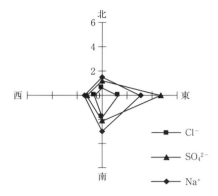

図-6.7.2　御嶽山渓流の水質濃度（mg/l）分布の4方位別レーダー図

6.8　多良山・九重山・国東半島両子山

　北九州と本州西端部の山口県付近で，日本列島の軸は少し右折れし，南北から東北東に向きを変える。九州北部で，東シナ海側で五島灘に面する西側の長崎半島から，熊本県北部の久重山，東側で瀬戸内海の伊予灘に突き出した国東半島は，少し右肩上がりながら，南北に長い九州島で最も幅広い東西線になる。しかも，多良山・九重山・国東半島両子山はいずれも，白山火山帯の南西端の位置にある。

　このように，東シナ海側の中国大陸や朝鮮半島からも近い位置にあり，標高1000m級の多良岳から，内陸部の標高1700m級高山群の九重連山を経て，瀬戸内海の周防灘・伊予灘・別府湾で三方を海に囲まれた標高700m級の両子山の3山系は，ほぼ東西の直線上に並ぶ位置関係にある。それで，卓越風としての偏西風の通過コースとして，それが渓流水質に及ぼす影響度を検討する。

6.8.1　多良山系

　佐賀・長崎両県境に位置する多良山系は，多良岳（標高996m）を主峰とし，外輪山とされる北西約2.4kmの経ヶ岳（同1076m）と南西約2.5kmの五家原岳（同1057m）などを併せて多良火山群を構成する円錐形状の成層火山である。しかし，近年に噴火の記録はなく，比較的なだらかな山地が広がっている。多良山系中心の経ヶ岳・多良岳・五家原岳の三山を相互に結ぶ尾根筋の三叉路（標高約970m）を，多良山系の中心とした方位分布を検討することにする。

　図-6.8.1に示すように，多良岳山頂はおよそ北緯32°58′，東経130°06′にある。多良山系は白山・大山・三瓶山・由布岳・雲仙岳と連なる白山火山帯あるいは大山火山帯の南西端に位置し，東や南側の有明海を挟んで雲仙岳（標高1360m）の北北西約30kmにあり，西側は大村湾に面する。地質は，基盤岩層として下層が玄武岩，中層が凝灰岩，上層が輝石安山岩から成り，東部山麓には凝灰角礫岩が見られる[18]。

　多良山系山麓部の南西側に大村レインボーロードが，南側に多良岳レインボーロードがある。さらに，西側海岸部から南側を抜けて東側に至る海岸部には周回道路があり，北側の平地部には国

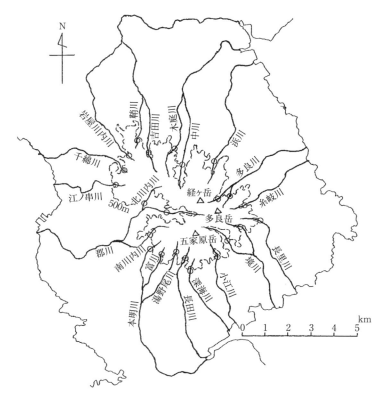

図-6.8.1 多良岳山系の渓流の調査地点

道・県道が連絡道として存在する。また，南西側の大村市から北東側の鹿島市へは経ヶ岳西方を越える国道444号が横断道路として存在するが，放射状配置の渓流へのアクセスの多くは各河川の下流部から河川沿いの道を上り下りすることになる。

温泉は，多良岳から北西約5kmの中腹部に平谷温泉（単純泉），北西約17kmに嬉野温泉（炭酸水素塩・塩化物泉），北約15kmに鹿島温泉（単純泉）がある[6]。

多良岳周辺のAMeDAS地域気象観測所の年降水量，平均気温および日照時間の平年値を，**表-6.8.1**にまとめて示す。年降水量は南約15kmの諫早で2 139 mm，南西約14.5 kmの大村で1 761 mm，北西約18 kmの嬉野で2 270 mmである[4]。方位によって年降水量分布に大きな差違が見られるのが特徴的である。多良山系は植物の宝庫と言われ，植物の種類が多く，多良岳は水源の森百選に選定されており，頂上付近では冬季に樹氷が見られる。

多良山系近辺での湿性沈着物の観測は，南南西約15kmの諫早に長崎県による観測地点がある。諫早は大村湾・有明海・橘湾の3つに挟まれて，長崎半島や島原半島の付け根に当たる狭窄

表-6.8.1 多良岳周辺の気象観測所の平年値

地　点	嬉野	大牟田	諫早	大村
方　位	北西	東北東	南	南西
降水量（mm/年）	2 270	1 892	2 139	1 761
平均気温（℃）	15.0	16.3	−	17.3
日照時間（時間）	1 876	2 103	−	−

部に位置する。nss-SO_4^{2-}やNO_3^-およびH^+の平均濃度はそれぞれ15.8 μ mol/l, 13.7 μ mol/l および24.6 μ mol/l で，nss-SO_4^{2-}とH^+は日本列島の平均を上回る濃度レベルである[2]。年降水量が2 514 mm と多いので，沈着量では大きい負荷量となる。

多良山系の渓流調査は，2014年6月25日の1日間に西側の江ノ串川からから時計回りに郡川の順に行った。佐賀・長崎両県の6月は梅雨期であり，17～18日，21～22日に集中的な豪雨があった。それぞれの豪雨イベントの降水量は，嬉野では64.5 mm と 65.5 mm，諫早で80 mm と 69.5 mm，大村で60.5 mm と 52.5 mm であり，先行晴天日数は3日であった[4]。

調査した渓流を図-6.8.1に示して，調査結果を東西南北の4方位別に分けて表-6.8.2に，4方位別のレーダー図を図-6.8.2に示す。西側で酸性沈着物影響のSO_4^{2-}濃度が高く，南側で海塩影響のCl^-やNa^+の濃度が西側よりも少し高かった。多良山系は，西側が大村湾に東側が有明海と，北側のみが陸地続きと見なせるが，海塩影響の現れるCl^-やNa^+の濃度分布が南側で高いのは，南側の大半が有明海に面する影響と考えられる。多良山系は，標高1 000 m 級とさほど高くない火山であるが，火山・温泉影響があまり大きくない調査フィールドであった。

表-6.8.2　多良岳の4方位別水質分布（最大値：斜字体，最小値：下線付）

項目	渓流数	標高 (m)	距離 (km)	EC (mS/m)	pH	アルカリ度 (meq/l)	Cl^- (mg/l)	NO_3^--N (mg/l)	SO_4^{2-} (mg/l)	Na^+ (mg/l)	K^+ (mg/l)	Mg^{2+} (mg/l)	Ca^{2+} (mg/l)	Na^+/Cl^-
北	6	*473*	*6.7*	5.30	6.77	0.257	<u>3.21</u>	0.329	2.11	3.29	0.930	<u>1.08</u>	3.44	1.61
東	5	450	<u>3.0</u>	<u>5.18</u>	6.71	0.251	3.40	*0.764*	<u>1.91</u>	3.24	<u>0.890</u>	1.22	<u>3.21</u>	<u>1.49</u>
南	6	<u>335</u>	5.1	*6.24*	6.91	*0.327*	*3.69*	<u>0.265</u>	2.02	*4.40*	*1.400*	*1.49*	*4.63*	*1.84*
西	6	422	5.8	5.94	*6.96*	<u>0.285</u>	3.45	0.314	*3.62*	3.96	1.120	<u>1.18</u>	3.64	1.76

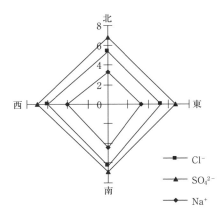

図-6.8.2　多良岳山系渓流の水質濃度（mg/l）分布の4方位別レーダー図

6.8.2　久重山系

久重山は，北九州の熊本・大分両県境にあり，福岡県にも近い位置にある内陸部の高山群である。中岳（標高1 791 m）を中心として，北側に三俣山（同1 745 m），北西側に星生山（同1 762 m），南西側に久住山（同1 787 m），南東側に稲星山（同1 774 m）などが久住山系を成し，坊ガツルを間に挟んで，北東側に大船山（同1 786 m）や北大船山（同1 706 m）が連なる大船山系があり，これを併せて九重山系と呼ばれる。

図-6.8.3に示すように，久重山系は北西側に涌蓋山（標高1 500 m）や北東側にフキクサ山（同

1 309 m）やナガミズ山（同 1 310 m）が出張った形のいびつな円錐形状となっており，その渓流配置状況から久重山系の中心は最高峰の中岳でなく，東経 131°14′，北緯 33°05′に位置する星生山にして地理的距離計算を行うことにした。

　なお，北西側に位置する湯蓋山は，久住山系では北西側に突出した形で，南東側の狭い鞍部で久住山系と繋がっているため，その丸い釜形の山体形状から独立峰と見なすこともでき，九州大学によって山複周縁で降水量の方位分布が調査されたフィールドである[19),20)]。また，久住高原には高山部が草原状態の山も多く，夏季の放牧地や牧草地として利用されている。

　九重山系の成因は火山活動で，白山火山帯に属し，火山群として一部で現在も活動が見られる。九重山系一帯は地熱地帯で，中岳北西側の玖珠川上流域の筋湯温泉付近には，火山活動による地熱エネルギーを利用した九州電力の八丁原地熱発電所や大岳地熱発電所がある。火山群で構成される久重山系は，山麓だけでなく高山部も含めて全方位的に温泉が多数散在するのが特徴である。さらに，北西側で高塚山北麓には男池湧水群もあり，それらの渓流水質への影響が推測される。

　久重山系の中心に近い北北西の標高およそ 1 000 m の高原部にある長者原温泉は炭酸水素塩，同様の星生温泉は酸性含鉄−硫酸塩・塩化物泉と酸性緑ばん泉である。星生温泉の直ぐ南側の牧ノ戸温泉は硫化水素塩泉である。北西側山麓の湯坪温泉や大岳温泉は硫黄泉や単純泉である。西側山麓の筋湯温泉はナトリウム−塩化物泉で，南南西側山麓の黒川温泉は硫黄泉である。南東側山麓の七里田温泉はマグネシウム・ナトリウム−炭酸水素塩泉である[6)]。

　久重山系周辺の AMeDAS 地域気象観測所の年降水量，平均気温および日照時間の平年値を，**表-6.8.3** にまとめて示す。年降水量は西約 15 km の南小国で 2 389 mm，北西約 37 km の日田で

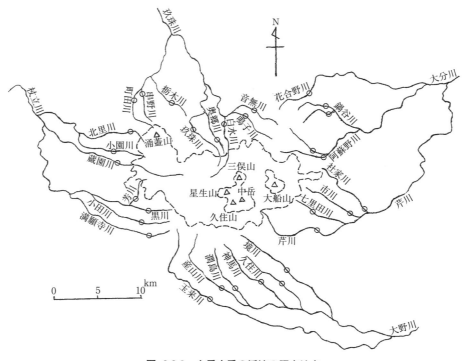

図 -6.8.3　九重山系の渓流の調査地点

1 810 mm，北北西約 22 km の玖珠で 1 827 mm，北北東約 22 km の湯布院で年降水量 1 950 mm，南東約 20 km の竹田で年降水量 1 826 mm，である[4]。西側の南小国での年降水量が多い。

　久重山系は，長崎・佐賀県境の多良山系や熊本県西端の天草下島などから，国東半島両子山系を結ぶ東北東に伸びる直線の中間的位置を占め，偏西風による気団が通過する途中の標高 1 700 m 級の高山でもある。久住山の南南西山麓（標高 560 m）には国設酸性雨測定所があり，同地点では大分県による乾性沈着物観測が行われている。酸性雨測定所での湿性沈着物の沈着量では，nss-SO_4^{2-} が 31.9 mmol/m^2/ 年，NO_3^- が 21.4 mmol/m^2/ 年，H^+ が 48.8 mmol/m^2/ 年と，nss-SO_4^{2-} と H^+ が日本列島の平均よりも高くて，NO_3^- が日本列島の平均よりも低かった。大分県による乾性沈着物量では，ガス状と粒子状での観測がなされ，SO_2 ガスが 13.8 mmol/m^2/ 年と粒子状の nss-SO_4^{2-} が 3.8 mmol/m^2/ 年と日本列島の平均よりも高く，HNO_3 ガスが 8.8 mmol/m^2/ 年と粒子状の NO_3^- が 2.3 mmol/m^2/ 年と日本列島の平均よりも低く，湿性沈着物と同様の傾向であった[2),7)]。

　九重山系の北麓は玖珠川，西麓は杖立川を経てともに筑後川として有明海に，東麓は大分川，南麓は大野川となって別府湾に注ぐ。中央部から放射状に流下する渓流群は多く，九重山系の周回には国道や県道が利用できる。また，やまなみハイウェイ（県道 11 号）は北側の飯田高原を抜けて牧の戸峠（標高 1 333 m）を経て北側から南西側へと貫いている。中央部北側で県道 11 号の通る長者原は，くじゅう登山口の交差部で，種々の施設の存在する台地状の地形である。この上流域とも言える長者原（標高約 1 100 m）の傍らを北側へ流下する奥郷川や白水川は，この台地付近ですでに火山・温泉影響が現れていた。

　図 -6.8.3 に示す九重山系渓流調査は 2014 年 12 月 12 日の 1 日に，南西側の黒川地区から反時計回りに行った。調査当日は晴のち曇の状況で，夕刻には雪のちらつく寒天であった。先行降雨は 2 日前に 10 mm 前後の降雨があり，9 日前には約 10 mm の降雪があった[4]。調査結果を 4 方位別に分けて**表 -6.8.4**，水質濃度分布のレーダー図を**図 -6.8.4** に示す。九重山系は，このように偏西風の影響が見え難い状況であった。高度の高い渓流地点でさえ火山・温泉の影響があり，統計計算では除外すべき渓流が多く存在して，SO_4^{2-}，Na^+ および Cl^- 濃度が西側で高くても，酸性物質や海塩の沈着物負荷の影響を検討するには不向きな調査フィールドと言える。

表 -6.8.3　久重山系周辺の気象観測所の平年値

地点	玖珠	湯布院	竹田	南小国
方位	北北西	北北東	南東	西
降水量（mm/ 年）	1 827	1 950	1 826	2 389
平均気温（℃）	14.0	13.0	14.5	12.9
日照時間（時間）	1 743	1 651	1 974	1 573

表 -6.8.4　九重山の 4 方位別水質分布（最大値：太字斜体，最小値：下線付）

項目	渓流数	標高(m)	距離(km)	EC(mS/m)	pH	アルカリ度(meq/l)	Cl^-(mg/l)	NO_3^--N(mg/l)	SO_4^{2-}(mg/l)	Na^+(mg/l)	K^+(mg/l)	Mg^{2+}(mg/l)	Ca^{2+}(mg/l)	Na^+/Cl^-
北	4	**830**	10.9	8.56	7.58	0.653	2.30	0.269	2.93	3.68	1.410	2.18	8.20	*2.49*
東	2	793	11.5	<u>7.89</u>	7.71	0.600	<u>2.17</u>	0.347	<u>2.07</u>	3.24	<u>1.030</u>	1.02	7.60	2.30
南	1	<u>660</u>	12.0	8.98	<u>7.35</u>	<u>0.464</u>	2.51	*0.960*	2.57	<u>1.73</u>	1.430	<u>0.58</u>	4.06	<u>1.06</u>
西	4	738	*13.2*	*10.78*	7.73	*0.711*	*2.70*	<u>0.265</u>	*5.70*	*4.37*	*1.750*	*2.46*	*9.79*	2.42

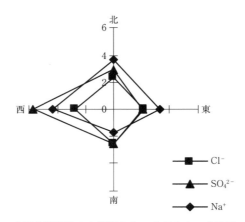

図-6.8.4　九重山系渓流の水質濃度（mg/l）分布の4方位別レーダー図

6.8.3　国東半島両子山系

　大分県の国東半島は大規模で古い円錐形状の火山体の両子山（標高721 m）を中心として，低山ながら裾野が広く，多くの放射状流下渓流群が存在する。国東半島は白山火山帯に属し，百数十年前の両子火山群の噴火によって生まれ，両子山や文殊山（同614 m）などには溶岩円頂丘がある。その後の長期間に開析が進んで，浸食によってV字状の谷と尾根が形成されている。両子山の放射状のおよそ28谷を6つの里に分けて六郷と称し，両子寺をはじめとする天台宗寺院全体を総称して六郷満山と呼び，全国の八幡社の総本社である宇佐八幡の庇護や影響を受けてきた。

　両子山は大分県の北東端にあり，図-6.8.5 に示すように，東経131°36′，北緯33°35′に位置する。山体の地質は山陰系旧期火山岩の輝石角閃安山岩－デイサイトからなっており，火砕流堆積物に覆われている[18]。国東半島の海岸沿いには周回道路があるほか，西北側にはグリーンロードや東側にはオレンジ道路が山裾部に存在するが，渓流部には河川沿いに上下のアクセスを繰り返す必要があった。

　国東半島は瀬戸内海に面し，その一部は瀬戸内海国立公園に含まれ，瀬戸内海気候に属するため，年間降水量は多くなく，日照時間が長い特徴がある。両子山の周辺のAMeDAS地域気象観測所での年降水量，平均気温，日照時間の平年値を，表-6.8.5 にまとめて示す。北約10.5 km海岸部の国見で1 561 mm，東南約16.5 kmの海岸部の武蔵で1 462 mm，南約18 kmの海岸部の杵築で1 467 mm，西約14.5 kmの海岸部の豊後高田で1 423 mmである[4]。また，国東半島周辺には酸性雨測定所はないが，西南西側の大分県久住の観測所が最も近くて，標高が560 mと高いので，参考になる。

　国東半島の丘陵地には，規模の小さい温泉が散在する。北西部の真玉川中流部に炭酸水素塩泉と塩化物泉の真玉温泉，その下流部に塩化物泉の海門温泉があり，さらに真玉川の上流側に単純泉の仙人湯がある。北北西の竹田川上流部に硫酸塩泉の夷谷温泉があり，北部の伊美川上流部にカルシウム－硫酸塩泉の国見温泉がある。海岸部で南側には単純泉の杵築温泉があり，南西側の蕗川中流部にはカルシウム・ナトリウム－炭酸水素塩泉の田染蕗温泉が存在する[6]。これらほとんどは小規模な一軒宿の温泉で，渓流水質への影響は軽微と推測される。

　両子山の渓流調査は，晴天が継続した2013年8月28日午後〜29日午前の24時間内に，西側か

6.8 多良山・九重山・国東半島両子山

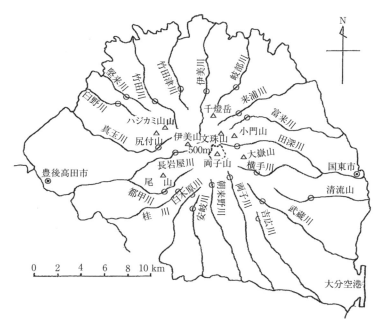

図-6.8.5　国東半島の調査河川と調査地点

表-6.8.5　国東半島（周辺の気象観測所の平年値）

地　点	国見	武蔵	杵築	豊後高田
方　位	北	東南	南	西
降水量(mm/年)	1 561	1 462	1 467	1 423
平均気温(℃)	15.9	16.2	15.3	15.6
日照時間(時間)	1 984	−	2 043	2 057

ら時計回りに行った。調査を行った2013年の夏季の7月27日から8月21日までほとんど雨のない渇水状態が続いて，24～26日に連続的なまとまった降雨があった。調査日の先行降雨と先行晴天日数は国見で23～26日に119.5 mmと2日，武蔵で24～26日に51.5 mmで2日，杵築で24～26日に52.5 mmと2日，豊後高田で24～26日に99.5 mmと2日であった[4]。記録的な渇水状態の後の比較的規模の大きな降雨であったが，渓流には降雨流出の影響はほとんど見られなかった。調査は西側の相原川から時計回りに行い，東側の田深川からは2日目の調査となり，桂川本川上流の順に行った。

調査した渓流を図-6.8.5に示して，調査結果を東西南北の4方位別に分けて表-6.8.6に，4方位別レーダー図を図-6.8.6に示す。国東半島は西側を除いた3面が瀬戸内海に面しているが，卓越風の偏西風の影響を受けて，西側で海塩影響のCl^-やNa^+の濃度が高く，酸性沈着物影響のSO_4^{2-}濃度も高かった。また，長い晴天継続後の乾燥状態での先行降雨であったため，先行降雨の影響は少なく，水質濃度レベルが他の山系に比べて高かった。しかし，標高720 mの低山で，火山にもかかわらず，火山・温泉影響がなく，酸性沈着物負荷の影響を見る調査フィールドに適していた。

第6章 孤立高山の渓流水質方位分布

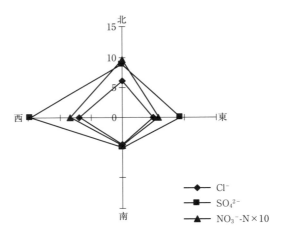

図-6.8.6 国東半島両子山の水質濃度 (mg/l) の4方位別レーダー図

表-6.8.6 国東半島両子山系渓流水質方位分布

項目	渓流数	標高 (m)	距離 (km)	TOC (mg/l)	EC (mS/m)	pH	アルカリ度 (meq/l)	Cl^- (mg/l)	NO_3^--N (mg/l)	SO_4^{2-} (mg/l)	Na^+ (mg/l)	K^+ (mg/l)	Mg^{2+} (mg/l)	Ca^{2+} (mg/l)	Na^+/Cl^-
北	5	105	4.2	1.07	14.6	7.22	0.609	6.05	0.960	8.82	8.60	1.86	2.80	12.58	2.22
東	5	200	4.3	0.99	12.4	7.32	0.625	4.98	0.581	9.23	7.80	1.73	2.62	11.22	2.44
南	6	272	4.8	0.94	12.0	7.09	0.654	4.43	0.457	4.92	7.04	2.26	2.58	12.06	2.48
西	6	133	5.4	0.95	16.1	7.32	0.779	6.91	0.825	14.66	9.50	3.08	3.29	15.54	2.12

◎文 献

1) 直江寛明 (2001)：4章 山の大気を理解するための気象学講座，37-58；土器屋由紀子，岩坂泰信，長田和雄，直江寛明編：山の大気環境化学，p.185，養賢堂，東京
2) 全国環境研協議会酸性雨広域大気汚染調査研究部会 (2014)：第5次酸性雨全国調査報告書（平成24年度），季刊全国環境研会誌，39，pp.100-145
3) 佐藤博之，秦光男 (1990)：北海道地方，日本地質図大系2，p.136，朝倉書店，東京
4) 気象庁 (2015)：気象統計情報，AMeDAS観測記録，http://www.data.jma.go.jp/
5) 菊池勝弘，大口修，上田博，谷口恭，小林文明，岩波越，城岡竜一 (1994)：北海道羊蹄山周辺の降雨特性，北海道大学地球物理学研究報告，57，pp.35-59
6) 遠間和広 (2010)：温泉ソムリエの癒し温泉ガイド，泉質・効能別全国温泉地リンク集，http://www.akakura.gr.jp/
7) 環境省地球環境局 (2014)：越境大気汚染・酸性雨長期モニタリング報告書（平成20～24年度），p.238
8) 海老瀬潜一 (2013)：独立峰と円形島の放射状流下渓流水質の方位分布特性，環境科学会誌，26，pp.461-476
9) 秋道智彌 (2010)：鳥海山の水と暮らし－地域からのレポート－，p.484，Ⅰ鳥海山の湧水，pp.49-123，東北出版企画，鶴岡
10) 大沢禾農，滝沢文教 (1992)：東北地方，日本地質図大系3，p.135，朝倉書店，東京
11) 服部仁，猪木幸男 (1991)：中国・四国地方，日本地質図大系7，p.120，朝倉書店，東京
12) 加藤禎一・牧本博 (1990)：関東地方，日本地質図大系4，p.118，朝倉書店，東京
13) 海老瀬潜一，村岡浩爾，大坪国順 (1982)：降雨流出成分の水質による分離，土木学会第26回水理講演会論文集，26，pp.279-284
14) 海老瀬潜一，村岡浩爾，佐藤達也 (1984)：降雨流出解析における水質水文学的アプローチ，土木学会第28回水理講演会論文集，28，pp.547-552
15) 海老瀬潜一 (1985)：降雨による土壌層から河川へのNO_3^-の排出，土木学会衛生工学研究論文集，21，pp.57-68
16) 海老瀬潜一 (1993)：降雨流出過程におけるトレーサーとしての溶存物質，ハイドロロジー，23，pp.47-58
17) 山田直利，加藤禎一 (1991)：中部地方，日本地質図大系5，p.136，朝倉書店，東京
18) 奥村公男 (1995)：九州地方，日本地質図大系8，p.120，朝倉書店，東京
19) 坂上務 (1964)：山岳降水量に関する研究，九州大学農学部学芸雑誌，24(1)，pp.29-113
20) 脇水健次，小林哲夫，林静夫 (1992)：孤立した円錐山における雨量分布について，九州大学農学部学芸雑誌，46(3/4)，pp.237-242

第7章　脊梁山脈と渓流河川

7.1　脊梁山脈と障壁作用

　馬の背を分けるような高い障壁の山脈の西側と東側の渓流群の間でも，水質に濃度分布差が見られる地理的形状である。とくに，卓越風としての偏西風に留意して，中国大陸や朝鮮半島方面からの大気汚染物質の長距離輸送に伴う酸性物質や海塩の沈着物質の負荷の影響をとらえようとすれば，東シナ海や日本海に面して，1 500 m を超える高山が南北に連なる地形が望ましい。しかも，その山地の西側は海か平野のような低地で，大都市や重化学工業・火力発電所等の工場群の影響が少ない地域が望ましい。

　日本列島でもそのような適地はほとんど存在しない。四国および中国地方では，日本列島の地形や地勢構造から，南北に高く連なる脊梁山地はない。九州地方では中南部の九州山地が，唯一，これに該当するが，かなり広い幅を有した山地で，東西方向へ直線的な流下形状の渓流群構成とは言い難い。近畿地方には京都府・滋賀県境で，北側の蛇谷ヶ峰（標高 902 m），武奈ヶ岳（同 1 214 m），蓬莱山（同 1 174 m），南側の比叡山（同 848 m）等が連なる比良山地がある。しかし，比良山地は北西側で丹波高地の 1 000 m 級の山々と繋がり，安曇川流域の朽木谷を挟んで二股の Y 字状にわかれており，北東側の野坂山地とも広がって繋がる複雑な形状を呈し，日本海側での南北方向の軸がなくなるので，調査対象とはし難い。

　また，琵琶湖を間に挟んで東側には伊吹山地があり，さらに東北側に高い山並みが連なる両白山地が存在する。このうち，当該山地の西側に障壁となるような高山群はなくて，日本海に近い脊梁山脈としては両白山地となるであろう。両白山地は，石川・福井県と富山・岐阜県境にあり，調査対象の要件に近い地形である。また，その南西側で滋賀県北東部と岐阜県西部の県境に位置する伊吹山地がこれに準じた地理的環境にある。しかも，これら両山地とも，その脊梁山地で東西両方向にわかれて流下する渓流群が存在する。

　東側が中央構造線になる北アルプスの白馬岳（標高 2 933 m），立山（同 3 015 m），槍ヶ岳（同 3 180 m），穂高岳（同 3 190 m）および乗鞍岳（同 3 026 m）の 3 000 m 級の高山が連なる飛騨山脈も脊梁山脈である。しかし，その脊梁の東側山麓は姫川と信濃川支川の高瀬川沿いにアクセスが可能であるが，西側山麓の黒部峡谷は道路がないため流下渓流群へのアクセスが困難である。さらに，もっと東側の越後山脈や北側の出羽山地も脊梁山地と言える。ただ，越後山地は，南西から東北方向に連なるために南北方向とは言い難く，また，内陸側に入っており，渓流群の配置形状やアクセスの点でも難があって調査対象とはならない。

つぎに，出羽山地は南北方向にあるものの，最高峰が1 000 m 級で，高山ばかりの連なりとは言えず，南部でも東西方向の太平山地と交差して複雑な形状となっており，調査対象には取り上げ難い。また，秋田県南部の山形県寄りから新潟県北部までの日本海側の高峰山地としては，鳥海山（標高 2 230 m），出羽三山の中の月山（同 1 980 m），朝日山地の朝日岳（同 1 870 m）および飯豊山地の飯豊山（同 2 105 m）がある。これらは，別途，円錐形状高山の孤立峰として，個々を調査対象としている。さらに，佐渡島の大佐渡山地は標高 1 100 m 級と少し低いが，南北に伸びる脊梁山地である。これは，離島の調査対象として 8.3 節で詳述する。

7.2 両白山地

日本列島は，本州では山口県から京都府近辺までは東北東向きの直線状に連なっていて，福井県から青森県にかけて北東から北北東に折れ曲がった形状となる。両白山地は，その折れ曲がった南縁部に当たる。さらに，その南東側の内陸部で，琵琶湖湖東に立地するのが伊吹山地である。したがって，両白山地の真西側の福井平野の先には日本海が存在する。西側の福井平野の中央には，人口の大きな都市として，約 26 万人の福井市が，唯一つ存在するのみで，大規模な都市はほかには存在しない。

両白山地は，石川県東部と富山・岐阜両県西部の東西境界と，福井県東南部と岐阜県西北部の南北境界をなす。図-7.2.1 に示すように，両白山地は白山（標高 2 702 m）を最高峰とする南北方向の加越山地から折れ曲がって，能郷白山（同 1 617 m）を中心とする東西方向の越美山地に分けられる。ちなみに，白山はほぼ東経 136°46′，北緯 36°09′に位置する。白山の日本海への最短直線距離は，北西へ約 43 km である。

北側の加越山地は，能登半島の付け根の南北方向に標高 637 m の宝達山を最高峰とする宝達丘陵があり，平地で途切れた後に，富山県境の金沢市東南部から医王山（標高 939 m）に始まり，大門山（同 1 571 m）より南側は標高 1 500 m を超える連山となり，最高峰の白山を経て，別山（同 2 399 m）や三ノ峰（同 2 128 m）の 2 000 m 級の高山が続いた後，大日ヶ岳（同 1 709 m）までが北側

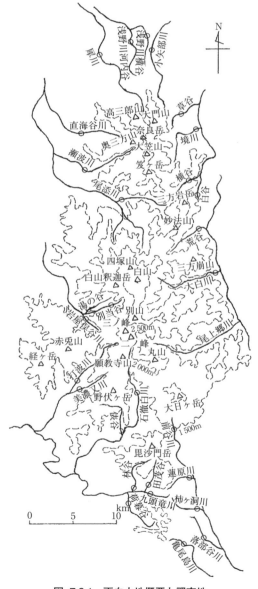

図-7.2.1　両白山地概要と調査地

の加越山地とされる。

　その南側は少し標高が低目の越美山地となり，西側に向きを変えて，北側が福井県で南側が岐阜県となる。越美山地は荒島山（標高 1 523 m）から最高峰の能郷白山を経て高賀山（同 1 224 m）と続き，南北方向の滋賀県・岐阜県境の伊吹山地へと繋がっている。

　白山を中心とする加越山地は，白山から中国山地の大山・三瓶山，北九州の由布岳・雲仙岳まで連なる白山火山帯あるいは大山火山帯の北端に位置するが，1659 年以降には噴火記録はない。その地質は，南東部では中生代ジュラ紀の手取層群の角閃安山岩や輝石安山岩で，北西部では古第三紀から白亜紀後期までの新期花崗岩や濃飛流紋岩で，山頂部は火山噴出物で成っている[1]。

　このように，火山帯にある白山周辺には温泉が多数存在する。西側では北の方から医王山南西で浅野川上流の湯涌温泉（塩化物・硫酸塩泉），奈良岳（標高 1 644 m）の西で手取川支川の直海谷川上流の千丈温泉（単純泉），尾添川中・上流の一里野温泉（塩化物泉），新岩間温泉（塩化物泉），新中宮温泉（炭酸水素塩・硫酸塩泉），中宮温泉（炭酸水素塩・塩化物泉），白山西方で手取川本川上流の白峰温泉（単純泉・炭酸水素塩泉），白山温泉（塩化物泉），経ヶ岳（標高 1 625 m）南西の六呂師高原温泉（炭酸水素塩・塩化物泉）がある。東側では，北の方から猿ヶ山（同 1 448 m）東方の五箇山温泉（単純泉），白山の東方で庄川支川の大白川の合流部の平瀬温泉（塩化物泉），大白川上流の大白川温泉（塩化物泉），大日岳東方の牧歌温泉（単純泉），東南の湯の平温泉（塩化物・炭酸水素塩泉）などがある[2]。

　AMeDAS の地域気象観測所は少なくないが，30 年を超える 1981～2010 年の長期観測や冬季の観測値がないところもあり，年降水量，平均気温および日照時間等の平年値が存在する観測所は多くない。これらを**表 -7.2.1** にまとめて示す。年降水量は西側山麓では北の方から北北西約 30 km の白山吉野で 2 814 mm，西約 11 km の白山白峰で 3 000 mm，南西約 26.5 km の勝山で 2 215 mm，南西約 32 km の大野で 2 340 mm，南南西約 30 km の九頭竜で 2 731 mm である。東側山麓では北北東約 44 km の南砺高宮で 2 531 mm，東北東約 17 km の白川で 2 432 mm，東約 12.5 km の御母衣で 3 044 mm，南東約 20 km のひるがので 3 288 mm，南南東約 26.5 km の長滝で 3 004 mm となっている[3]。

　観測年数の不足等で平年値が存在しない AMeDAS 観測地点を含めても，東西両側で大きな差違は見られず，高山への近さや標高差による違いと考えられる。しかし，両白山地の内陸南部の白山の近くで降水量が多いことは明らかである。また，日平均気温の平年値でも 11～13 ℃ であり，東西での大きな差違は認めがたく，標高差での相違が大きい。この両白山地の北側の加越山地を調査対象として，東西両側の山麓で渓流群の調査を行った。

　両白山地近辺では北東の飛騨山脈中程の唐松岳（標高 2 696 m）中腹に国設の八方尾根酸性雨測定所（同 1 850 m）が存在する。pH が平均で 4.99 と日本列島の平均より少し高めで，nss-SO_4^{2-} が

表 -7.2.1　白山周辺の気象観測所の平年値

地　点	南砺高宮	白川	九頭竜	白山白峰
方　位	北北東	東北東	南南西	西
降水量（mm/ 年）	2 531	2 432	2 731	3 000
平均気温（℃）	13.1	10.7	－	－
日照時間（時間）	1 455	1 427	－	－

19.5 mmol/m²/年，NO_3^- が 20.8 mmol/m²/年，H^+ が 23.9 mmol/m²/年と，日本列島の平均より少し少なめの負荷である。これは，標高 1 850 m の高地での貴重な観測値である。しかも，北方の日本海まで最短直線距離で約 40 km の内陸部の飛騨山脈東側での観測値であり，西側ではさらに大きな沈着物量であると推測される[4]。

　加越山地の渓流群は，東側で北の大部分は小矢部川，一部が庄川に，西側で北半分は浅野川と犀川および手取川に合流して日本海に注ぐ。東側の南半分は長良川に合流して伊勢湾に，西側の南半分は九頭竜川に合流して日本海に注ぐことになる。東西方向に連なる越美山地は，南側の東半分は長良川に，西半分は揖斐川に合流して伊勢湾に流入する。北側ではいずれも九頭竜川に合流して日本海に流入する。

　南北におよそ 150 km の長軸となる加越山地の東西両側の渓流群は，浅野川・手取川・九頭竜川および小矢部川・庄川・長良川と，南北方向にわかれて流下する本川に東西方向から合流する支川上流の渓流群である。この南北に伸びる山地の東西両側で，東西方向の各支川流域を往復するアプローチの連続であった。

　調査地点間の移動に時間を要した 30 渓流の調査であったが，晴天が継続した 2014 年 7 月 22 日～23 日の 2 日間の調査となった。22 日の早朝から，図-7.2.1 に示す渓流群の東側の南端から北上して西側に回って，東側北部の渓流群を，23 日は加越山地の南端から西側に回って北上する形で

表-7.2.2　両白山地の東西両側の水質分布

項目	渓流数	標高(m)	距離(km)	EC(mS/m)	アルカリ度(meq/l)	pH	Cl^-(mg/l)	NO_3^--N(mg/l)	SO_4^{2-}(mg/l)	Na^+(mg/l)	K^+(mg/l)	Mg^{2+}(mg/l)	Ca^{2+}(mg/l)	Na^+/Cl^-
東	13	902	25.2	5.65	0.385	7.21	1.70	0.182	3.14	2.52	0.535	0.84	6.70	2.39
西	12	719	27.0	6.67	0.419	7.32	2.53	0.223	3.61	3.65	0.608	1.26	6.90	2.44

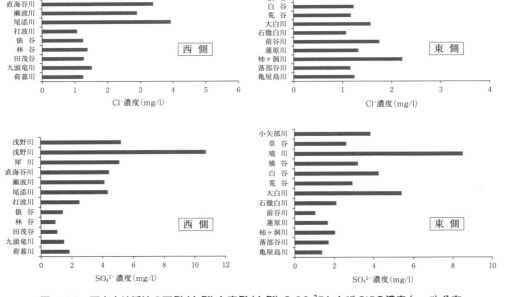

図-7.2.2　両白山地渓流の西側（左側）と東側（右側）の SO_4^{2-} および Cl^- の濃度 (mg/l) 分布

西側の残りの渓流群を調査した。

　7月は梅雨後期で多くの地点で3～8日，12日，15日を除いて20日まで降雨があり，とくに19～20日の降水量が多かった。調査日の先行晴天日数は2日と短く，先行降雨の遅い中間流出の影響が残る状況であった。19～20日の先行降雨は，加越山地西側の北方から白山吉野で103 mm，白山白峰で27.5 mm，勝山で85 mm，大野で60.5 mm，九頭竜で69.5 mm，東側の北方から医王山で3 mm，南砺高宮で14.5 mm，五箇山で19 mm，白川で8 mm，御母衣で7 mm，ひるがので29 mm，長滝で33 mmと，西側で多く，地域的なバラツキが非常に大きかった[3]。

　調査渓流を脊梁山地の東西両側の渓流群に分けて，**表-7.2.2**に示す。また，注目する水質項目について，渓流群を西側と東側の2方位に分け，北から南へ棒グラフで，**図-7.2.2**に示す。西側の渓流群で海塩の影響と考えられるCl^-やNa^+濃度やECが高く，しかも，東西両側とも内陸部に入った南側で低かった。しかし，東側では，白山直下の渓流群で火山・温泉影響によってSO_4^{2-}濃度が極端に高い渓流群が存在し，それらを統計計算から除外しても東側で高くなり，酸性沈着物負荷の影響と判別し難い結果となった。

　白山は，御嶽山とともに，大きな支川上流部の渓流にアクセスする道路には，水力発電の管理用道路として閉鎖の措置がとられるところがあり，支川やその上流部では調査できない渓流があった。

7.3　伊吹山地

　図-7.3.1に示すように，伊吹山地は琵琶湖の湖東で，滋賀・岐阜両県の境界山地である。南縁の伊吹山（標高1 377 m）から標高1 000 m超の高山は国見岳（同1 126 m），貝見山（同1 234 m），金糞岳（同1 314 m）の順に北に向かって続き，北縁の横山岳（同1 132 m）と土蔵岳（同1 002 m）まで，他は1 000 m足らずの比較的低めの山が連なる。北では能郷山地と接し，南側には関ヶ原を挟んで，鈴鹿山脈が存在する。

　伊吹山の約3億年前は海底火山で，約2億年前の堆積岩の石灰岩が含まれる。西側山腹は江戸時代から良質の消石灰原料の石灰石の山地で[6]，

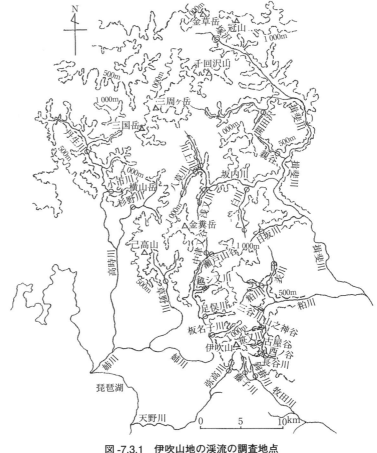

図-7.3.1　伊吹山地の渓流の調査地点

明治以降はセメント原料の石灰採取地として現在に至っている。伊吹山山麓で多く見られる湧水は，石灰岩から溶出するカルシウム分を多く含むミネラルに富んでいる。火山帯には属さない伊吹山地周辺には，温泉は小規模な温泉が散在するのみである。東側中央部の岐阜県日坂川上流部丘陵地と東側南麓の池田町に，ともにアルカリ性単純泉の久瀬温泉と池田温泉がある。西側北部山麓の滋賀県田川流域にヒドロ炭酸鉄泉があり，東側琵琶湖岸の湖北町に単純泉の尾上温泉と，長浜市に鉄泉の長浜太閤温泉が存在する。しかし，これらの温泉すべての上流部での渓流調査であったため，これらの渓流水質への影響はなかった。

伊吹山は伊吹山地南端にあり，東経 136°24′，北緯 35°25′に位置する。伊吹山地周辺は日本海から入り込む季節風の通り道となっており，2001 年 3 月末日に観測業務を終了した伊吹山頂の伊吹山測候所の積雪量 1 182 cm が世界最深積雪量の記録となるほど，雪深い。冬季の降水量記録がないが，平均気温の 1971〜2000 年の平年値は 9.3℃ であった[3]。

伊吹山地東西両側の AMeDAS 地域気象観測所での年降水量，平均気温および日照時間の平年値を，表 -7.3.1 にまとめて示す。年降水量は，伊吹山地東北部で北東約 31.5 km の岐阜県樽見が 3 229 mm，西側の滋賀県北方で北西約 27 km の柳ヶ瀬でも 2 691 mm のように，降雪もあって多く，北部は豪雪地帯である。また，伊吹山西約 15 km の長浜の年間降水量は 1 553 mm，伊吹山地南西部で西南西約 6.5 km の米原で 1 654 mm であり，南西部で降水量が少ない[3]。伊吹山地東側では，年降水量が西側に比べてかなり多いほか，平均気温が低く，日照時間が少ない。これら冬季の降水量や年降水量は湖東平野の平地部よりかなり多い。

伊吹山地の西側の渓流群は，北から高時川や草野川が南側の姉川と合流し，さらに伊吹山の南麓は天野川を経て琵琶湖に注ぐ。東側の渓流群は福井県境に発する揖斐川本川に支川の坂内川や粕川が合流して，伊勢湾に流入する。伊吹山地の東西両側には国道があり，東西間の道路では伊吹山南麓では国道 21 号や岐阜県道が，西側の滋賀県木之本町から東側の岐阜県揖斐川町へは国道 303 号が利用できる。ただ，伊吹山地北端で，滋賀県から福井県を経由しても，岐阜県北西端の揖斐川上流には直接的にはアクセスできない。

伊吹山地の北端に近い東側の坂内川最上流部と日本海に注ぐ九頭竜川の東側支川日野川上流に当たる，三周ヶ岳（標高 1 292 m）と三国岳（同 1 209 m）の間の稜線部の高地には，夜叉ヶ池（同 1 099 m）がある。夜叉ヶ池（平均水深 2.7 m）は酸性雨長期モニタリングの陸水モニタリングの対象となっており，pH が 5.30 と低い。能郷白山につながる越美山地の稜線上にあって，集水域面積（0.042 km^2）が池表面積（0.004 km^2）のほぼ 10 倍と大きくないため，窪地に降水を溜める状況である。2008〜2012 年度の平均値で，池水の SO_4^{2-} は 38.5 μmol/l，NO_3^- は 7.56 μmol/l，NH_4^+ は 3.57 μmol/l，Cl^- は 62.1 μmol/l，Na^+ は 60.7 μmol/l，アルカリ度は 0.012 mmol/l，EC は 1.66 mS/m であった[4]。

表 -7.3.1 伊吹山周辺の気象観測所の平年値

地　点	柳ヶ瀬	揖斐川	関ヶ原	長浜
方　位	北西	東北東	南	西
降水量（mm/年）	2 691	2 491	2 125	1 553
平均気温（℃）	−	15.2	14.2	13.9
日照時間（時間）	−	1 873	1 781	1 803

7.3 伊吹山地

なお，伊吹山地東側の日坂川流域は揖斐川の支川であるが，谷ひとつ東側の根尾川の根尾谷のさらに東の谷の伊自良川上流部に近い。陸水モニタリングの調査対象である伊自良湖流域の北端高地は，中京工業地帯の北側の壁になっており，越境大気汚染にその大気汚染の影響も重なってくる美濃の豪雪地帯でもあって，酸性沈着物負荷の影響の見られる渓流となっている。また，伊吹山麓でも湧水が見られる。米原東部の山麓の天野川支川地蔵川は湧水で涵養され，低温かつ清涼な水質でバイカモやハリヨが見られる。

越美山地の南西側に位置する伊吹山地の渓流水群の調査は，両白山地調査と同年の 2014 年，約 3 か月遅れの 9 月 13 日の 1 日で，図-7.3.1 に示す渓流群の西側南方の関ヶ原の天野川から調査を始めて北上し，中央部を東側へ横断して東側を南下して南方の粕川まで調査した。さらに，戻って北上して揖斐川の徳山ダム上流を調査して戻り，中央部を西側へ横断して，西側の北方の高時川の調査をした。調査日の先行降雨は，9 月 5〜6 日に柳ヶ瀬で 35 mm，長浜で 49 mm，米原で 52.5 mm，樽見で 33 mm，揖斐川で 38 mm，関ヶ原で 46 mm があり[3]，先行晴天日数は 6 日であった。

調査渓流群を，脊梁山地の東西両側の 2 方位に分けて，表-7.3.2 に示す。また，注目する水質項目について，東西両側の渓流群に分けて北から南へ順に棒グラフによる水質濃度分布を図-7.3.2 に

表-7.3.2 伊吹山地の東西両側の水質分布

項目	渓流数	標高(m)	距離(km)	EC(mS/m)	アルカリ度(meq/l)	pH	Cl^-(mg/l)	$NO_3\text{-}N$(mg/l)	SO_4^{2-}(mg/l)	Na^+(mg/l)	K^+(mg/l)	Mg^{2+}(mg/l)	Ca^{2+}(mg/l)	Na^+/Cl^-
東	12	431	12.5	10.65	0.707	7.51	2.93	0.386	5.9	3.27	0.539	1.63	14.1	1.73
西	15	731	15.1	7.88	0.536	7.45	2.15	0.323	3.81	2.79	0.553	1.48	12.0	2.03

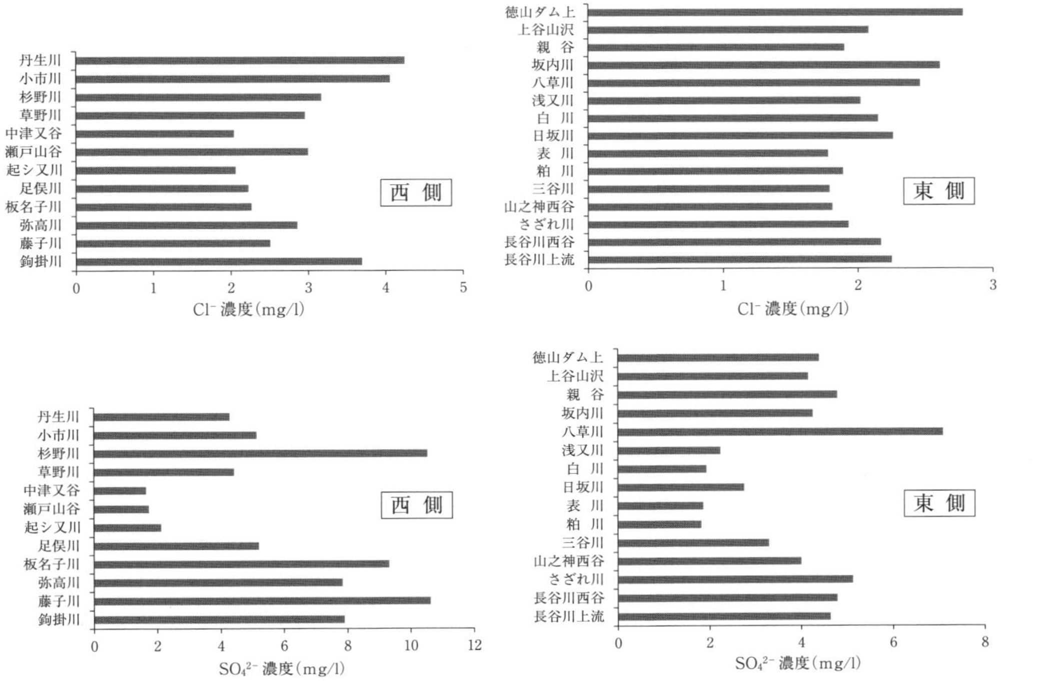

図-7.3.2 伊吹山地渓流の西側（左側）と東側（右側）の SO_4^{2-} および Cl^- の濃度（mg/l）分布

示す．西側で海塩影響と考えられる Cl^- や Na^+ 濃度や EC が高く，しかも，東西両側とも内陸部に入った南側で低かった．しかし，東側では，SO_4^{2-} 濃度の高い渓流が存在した．

◎文　献

1) 山田直利，加藤禎一(1991)：中部地方，日本地質図大系 5，p.136，朝倉書店，東京
2) 遠間和広(2010)：温泉ソムリエの癒し温泉ガイド，泉質・効能別全国温泉地リンク集，http：//www.akakura.gr.jp/
3) 気象庁(2014)：気象統計情報，AMeDAS 観測記録，http：//www.data.jma.go.jp/
4) 環境省地球環境局(2014)：越境大気汚染・酸性雨長期モニタリング報告書(平成 20～24 年度)，p.238

第8章　離島の渓流水位分布

8.1　離島の山地と渓流

　島の中央部に高山があり面積が比較的大きくなれば，海岸方向へ流下する渓流群が増加する。その渓流数が多く，配置に特徴の見られる地形を有する島はさほど多くはない。しかも，日本海・東シナ海側にあって，1 500 m級前後の山体を有する山岳島となれば，数が限られる。利尻島や屋久島をすぐ挙げることができる。利尻島は利尻山のみで孤立する火山島で，那須火山帯の北端に位置する。屋久島は隆起した高山群の連なる離島であるため，成因や山体構成には違いがある。また，島の面積では，屋久島は利尻島の約 2.8 倍の大きさである。

　日本海・東シナ海にあって，低い山地でも渓流数の多い離島には，佐渡島，隠岐島後，対馬上島・下島および天草下島などがある。しかし，高山で円錐形状の孤立峰や脊梁山地の障壁による渓流水質への影響を比較するには，島の大きさと形状や，渓流数とその配置などの立地条件を考慮しなければならない。

　また，東シナ海と太平洋を分けて連なる南西諸島群では，南方の沖縄島は細長い形状で，島内北部の与那覇岳（標高 498 m）が最高峰で，面積は 1 220 km^2 と屋久島の約 2.4 倍である。鹿児島県に入って，徳之島が少し長めのだ円形に近い形状で，面積 248 km^2 と屋久島の約半分の大きさであり，島の最高峰は井ノ川岳（標高 644 m）である。さらに，奄美大島も細長い形状で，面積 709 km^2 と大きく，最高峰は湯湾岳（標高 694 m）である。また，屋久島のすぐ東側の種子島はさらに細長くて，面積は 446 km^2 と屋久島より少し小さい程度であるが，最高峰が石の峰（標高 282 m）と低い山地ばかりである[1]。これら最高峰の低い山地の四島では，島の形状や渓流河川の数や配置状況から，典型的な放射状流下の渓流群や脊梁山地の渓流群として調査対象とするには不向きであった。

　これらの離島の中で，渓流数とその配置を精査して，利尻島，佐渡島，隠岐島後，対馬上島・下島および天草下島を調査対象のフィールドとして選んだ。利尻島は，山岳島あるいは離島として，大気汚染の調査フィールドとして屋久島との比較対照となるが，常時流水の存在する渓流群が少ないため，4 方位別の渓流水の調査対象とはし難い。しかし，大気汚染物質の調査対象としては重要であるため，1 つの節を設けて説明した。

8.2　利尻島

　北海道の利尻島はほぼ北緯 45°11′，東経 141°15′に位置し，面積 182 km^2 で，その中央に利尻

山（標高1719m）を擁し，海面から屹立する均斉のとれた円錐形状を成した山岳島である[2]。那須火山帯に属する火山とはいえ，有史以来の噴火等の火山活動は記録されていない。島の東半分が利尻富士町で，西半分が利尻町で，海岸部に一周できる道路がある。

島西側の沓形のAMeDAS地域気象観測所での平年値は年降水量924mmと少なく，平均気温は7.1℃である。約43km東北側の稚内でも年降水量は1063mmと少なく，平均気温は6.8℃，日照時間は1484時間，最多風向は西である[3]。島内にはトビウシナイ川やオチウシナイ川などがあるが，降水量が少なく，浸透しやすい火山地質であるため伏流して，常時流水のある渓流は少ない。山麓には登山道入り口近くの甘露泉のように，湧水としての流出が見られる。したがって，渓流群としての調査対象に適しているとは言い難い。

利尻島には，北側の鴛泊に利尻ふれあい温泉（塩化物泉・炭酸水素塩泉）と東側に利尻富士温泉（塩化物泉・炭酸水素塩泉）がある[4]。島の北側海岸に近い山麓に姫沼，南南東側の海岸に近い山麓の沼浦湿原に島内最大規模のオタドマリ沼があり，直ぐ西隣にも三日月沼がある。南東海岸部の清川や南岸部の南浜にも小さな池がある。また，その南西側の海岸部には南浜湿原があって，小さな池沼も存在する。北麓には姫沼と利尻山神社前の修景池があり，利尻島では，山麓部に湧出した湧水がこれらの池沼を潤している。

利尻島は総人口が約4900人と少なく，島西側の沓形に総出力7650kW（ディーゼル式6機）の火力発電所がある。沓形火力発電所は利尻山東麓の海岸部にあり，小規模ながら，近隣への影響が考えられる。また，利尻島の北方約13kmの礼文島南端部香深の総出力4450kWの礼文火力発電所（ディーゼル式6機）があるが，小規模で，北西の卓越風を考慮すると，利尻島への影響は少ないと考えられる。

利尻島の国設酸性雨測定所は，島南西部の仙法志の海岸線から700mで標高40mの地にある。湿性沈着物はpHが4.7前後と低く，nss-SO_4^{2-}濃度は約14μmol/lで，NO_3^-濃度は約15μmol/lと日本列島の平均に近い値であるが，年降水量がおよそ1100mmと少ないため，沈着物量としては全国的に見て大きい方ではない[5]。

利尻山を中心にして周辺の沢筋には小さな渓流が存在し，海に注いでいる。これらの渓流のうち1998年7月の利尻島の14渓流について各イオンの平均値，標準偏差，最大濃度と最小濃度を**表-8.2.1**に示す。

ここでは，日本の北と南の山岳島であり，すぐそばには，平坦な礼文島と種子島という非常によく似た島嶼部があり，さらに日本百名山[6]の最初と最後に掲載されている利尻山と宮之浦岳を有する山岳島である利尻島と屋久島について，その渓流水質を比較することにする。屋久島の2000年

表-8.2.1　1998年7月の利尻島の14河川と屋久島24河川について各イオンの平均値，標準偏差，最大濃度と最小濃度

(mg/l)

成分	Cl^-	NO_3^-	SO_4^{2-}	Na^+	K^+	Mg^{2+}	Ca^{2+}
屋久島 平均（標準偏差）	7.44 (3.68)	0.50 (0.29)	3.34 (1.39)	4.94 (2.15)	0.31 (0.16)	0.48 (0.23)	0.74 (0.32)
最小－最大	2.14 － 18.7	ND － 1.10	1.41 － 6.61	1.56 － 10.7	0.03 － 0.73	0.14 － 1.03	0.23 － 1.34
利尻島 平均（標準偏差）	10.5 (4.18)	0.63 (0.44)	4.61 (3.76)	8.06 (2.53)	0.36 (0.73)	1.42 (0.48)	2.76 (1.03)
最小－最大	4.26 － 16.8	ND － 1.51	2.52 － 17.0	4.22 － 11.2	ND － 2.26	0.67 － 2.04	0.55 － 3.90

表-8.2.2　利尻島および屋久島のアニオン組成比（%）

	Cl^-	NO_3^-	SO_4^{2-}
屋久島	73.0	2.81	24.2
利尻島	73.6	2.54	23.9

6月の島内40河川について，同様に各イオンの平均値，標準偏差，最大濃度，最小濃度を表-8.2.1に示す。Cl^- は，利尻島と屋久島でそれぞれ 10.5 ± 4.18 mg/l と 7.44 ± 3.68 mg/l であった。利尻島，屋久島ともに周囲を海に囲まれているため，濃度が高い。最高濃度もそれぞれ 16.8 mg/l と 18.7 mg/l であった。人為的起源と考えられる NO_3^- と SO_4^{2-} についても両島で同じ傾向であった。NO_3^- は，それぞれ 0.63 ± 0.44 mg/l と 0.50 ± 0.29 mg/l であり，日本の一般的河川に比較すると両島とも低い値であった。SO_4^{2-} は，4.61 ± 3.76 mg/l と 3.34 ± 1.39 mg/l であり，両島ともよく似た傾向であった。

表-8.2.2 に両島のアニオンの組成比を示す。ここでも両島はほぼ同じ組成を示し，Cl^- が 73 %，NO_3^- が 2.5 %，SO_4^{2-} が 25 % であった。島嶼部であることから海塩の影響が大きく，NO_3^- の寄与が明らかに小さいことが特徴である。そこで当量濃度で NO_3^-/SO_4^{2-} 比を調べてみると，両島とも 0.11 であり，2000 年前後は，両島とも酸性物質の寄与率は 90 % が硫黄酸化物であり，窒素酸化物の寄与が小さいことが特徴である。しかし，2013年の屋久島渓流水中の NO_3^-/SO_4^{2-} 比をみると 0.15 ± 0.05（0.12～0.24）となっており，渓流水への窒素負荷が上昇していることがわかる。このことから，利尻島においても NO_3^-/SO_4^{2-} 比が上昇している可能性がある。

8.3　佐渡島大佐渡山地

新潟市沖の面積 855 km² の佐渡島は，互いに平行してほぼ南北に伸びる大佐渡山地と小佐渡山地がある。大佐渡山地は日本海に面し，金北山（標高 1 172 m）や妙見山（同 1 042 m）等の 1 000 m 前後の山並みがある。大地山（同 646 m）を最高峰として，標高 600 m 前後の山並みの小佐渡山地（小佐渡丘陵）は規模が小さくなる。図-8.3.1 に示すように，大佐渡山地の東側と西側にはそれぞれ山地と直交方向に流下する多くの渓流群が存在する。また，日本海を挟んで北東 650～800 km で朝鮮半島や中国大陸と面しており，大気汚染物質の長距離輸送や海塩の沈着影響が見られると予測できる。ちなみに，大佐渡山地中央部の金北山は，東経 138°21′，北緯 38°06′に位置する[2]。

佐渡島は，沖縄本島に次いで大きい面積であり，約 300 万年前に海底の隆起によって誕生し，地質構造としては主に水成岩や火山岩からなっている。大佐渡山地は地塁山地であり，地質は主として粗面岩質安山岩からなっており，基盤岩は第三紀層の安山岩・流紋岩・石英班岩・凝灰角礫岩・礫岩・硬質砂岩・シルト岩・硬質頁岩等で構成されている[7]。日本列島の糸魚川－静岡構造線の東側の柏崎－千葉構造線の北に位置し，大佐渡山地は上越帯の地質区に属し，佐渡ジオパークとして日本ジオパークの一つとして 2013 年に認定されている。

大佐渡山地周辺には，南西部の相川の大佐渡温泉（単純泉・硫酸塩泉），南端の長手岬温泉，東南部の沢田温泉と八幡温泉（炭酸水素塩泉），中央東部の金井温泉（塩化物泉），東部で加茂湖周縁部の両津温泉，住吉温泉，椎崎温泉，潟上温泉（すべて塩化物泉）がある[4]。

佐渡島全体が現在では佐渡市になっていて，人口は約 6 万 3 200 人である。大佐渡山地と小佐渡

第 8 章　離島の渓流水位分布

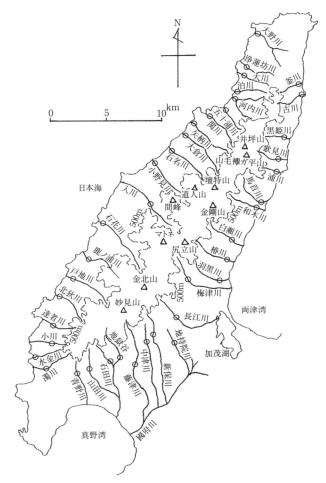

図 -8.3.1　佐渡島大佐渡山地の渓流の調査地点

山地の間に存在する国中平野とそれに面した傾斜地には水田が開けているが，海岸沿いの河岸部では平地が少なく，したがって，水田も多くない．大佐渡山地には，西側の外海府海岸（佐渡海府海岸）沿いに佐渡一周線と，東側の北部の内海府海岸沿いの佐渡一周線と南部山麓とを結ぶ周回道路がある．また，中央部に 1 つと南部側に 2 つの大佐渡山地を横断する山岳道路も存在する．

大佐渡山地には，東北部の両津湾西側に総出力 5.3 万 kW の両津火力発電所（ディーゼル式 9 機）と，南端部の真野湾西側に総出力 2.75 万 kW の相川火力発電所（ディーゼル式 3 機）がある．真野湾北側にあった総出力 2.75 万 kW の佐渡火力発電所（ディーゼル式 8 機）は 2005～2012 年に順次廃止された．これらは，卓越風が北西からであり，大佐渡山地側への直接的影響は少ないと考えられる．

佐渡島の沖には対馬暖流が流れている環境にあり，冬季の気温は同緯度の本州側に比べて 1～2℃ 程度高く，積雪量も少ない．しかも，大佐渡山地は暖候期には霧で覆われることが多く，「霧の山」と言われており，屋久島と同様にスギの原生林が見られる．

大佐渡山地周辺での AMeDAS 地域気象観測所での年降水量，平均気温および日照時間の平年値を，**表 -8.3.1** にまとめて示す．年降水量は大佐渡山地北端で北北東約 29 km の弾崎で 1 604 mm，大佐渡山地西南端で南西約 12.5 km の相川で 1 506 mm，大佐渡山地の東側中程で東南東約 9 km

8.3 佐渡島大佐渡山地

表-8.3.1 大佐渡山地周辺の気象観測所の平年値

地 点	弾崎	両津	羽茂	相川
方 位	北北東	東南東	南	南西
降水量(mm/年)	1 604	1 604	1 657	1 506
平均気温(℃)	13.0	13.0	13.1	13.9
日照時間(時間)	1 587	1 587	1 401	1 631
最多風向	-	-	-	北西

の両津で1 691 mm であり[3]，北東側で年降水量が多いが，いずれも年降水量は日本の平均値より少ない。両津の南南西で佐渡空港のある秋津では，平年値ではなく，2003～2010 年の 8 年間平均値で 1 953 mm である。また，相川での最多風向は北西である[3]。

佐渡島には大佐渡山地北西側の関岬に国設酸性雨測定所があり，海岸に近い標高 136 m の丘陵地に位置する。湿性沈着物は pH が 4.7 前後と低く，沈着量は nss-SO_4^{2-} が 19.3 mmol/m²/年，NO_3^- が 24.0 mmol/m²/年，H^+ が 25.0 mmol/m²/年と，日本列島の平均程度である。年降水量が 1 233 mm と少ないため，沈着物負荷量としては全国的に見て大きい方ではない[5]。

高度はさほど高くないが，ほぼ南北に伸びる大佐渡山地の脊梁形状の東側と西側の渓流群の調

表-8.3.2 大佐渡山地の東西両側の水質分布

項目	渓流数	標高(m)	距離(km)	EC(mS/m)	アルカリ度(meq/l)	pH	Cl^-(mg/l)	NO_3^--N(mg/l)	SO_4^{2-}(mg/l)	Na^+(mg/l)	K^+(mg/l)	Mg^{2+}(mg/l)	Ca^{2+}(mg/l)	Na^+/Cl^-
東	20	117	10.4	12.0	0.444	7.47	11.2	0.302	10.2	11.4	1.22	2.76	12.4	1.60
西	20	51	12.1	15.3	0.498	7.55	19.1	0.338	13.0	18.2	1.30	3.81	14.9	1.51

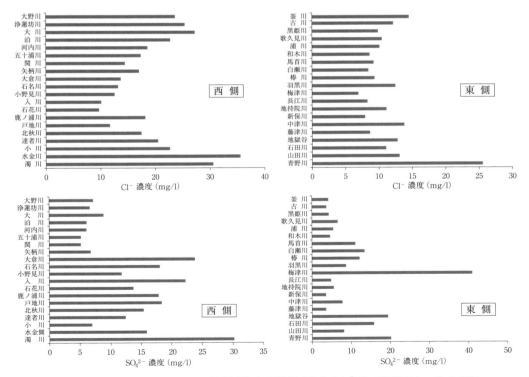

図-8.3.2 佐渡島大佐渡山地の西側(左側)と東側(右側)の SO_4^{2-} と Cl^- 濃度(mg/l)の分布

査を 2014 年 9 月 27 日に実施した。9 月には相川で 1 日に 19 mm，4～5 日に 28 mm，12～13 日に 12.5 mm，24～25 日に台風 16 号の影響で 39 mm，弾崎でそれぞれ 1 mm，33.5 mm，12 mm，108.5 mm，両津でそれぞれ 36 mm，12.5 mm，10.5 mm，73.5 mm，秋津で 12 mm，16.5 mm，25.5 mm，77.5 mm の降雨があった[3]。とくに，24～25 日は北部や東部では豪雨であり，先行晴天日数 2.5 日の遅い中間流出成分の影響がいくぶんか残り，流量の多い状況下での調査であった。

調査は，**図 -8.3.1** に示す渓流群を，東側の南南東部から北端の弾崎を経て西側の南南西部へと反時計回りに行った。大佐渡山地の西側海岸沿いや，東側の南あるいは北の海岸沿いには周回する県道 45 号があり，東側の国中平野側山麓では国道 350 号を利用できる。渓流群を脊梁山地の東西両側の 2 つの渓流群に分けて，調査結果の水質分布を**表 -8.3.2** に示す。また，注目する水質項目について東西両方向の渓流群別の濃度棒グラフを，**図 -8.3.2** に示す。海塩の影響を見る Cl^- 濃度と，酸性沈着物負荷の影響を見る SO_4^{2-} 濃度から，それぞれが大佐渡山地の西側で高く，それらの影響を確認できる結果であった。

8.4　隠岐島後

島根半島美保関の沖約 70 km 北方にある隠岐の島後は，その中心がおよそ北緯 36°15′，東経 133°17′に位置する。**図 -8.4.1** に示すように，円形状の島内中央部南東寄りの標高 608 m の大満

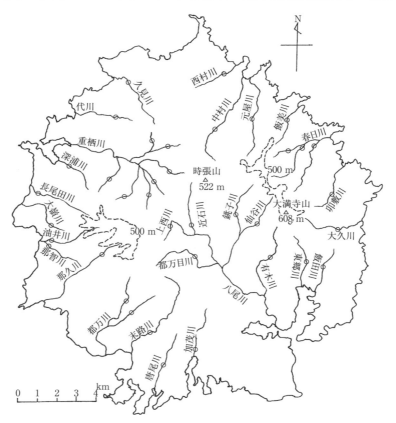

図 -8.4.1　隠岐島島後の調査河川と調査地点

寺山が島の最高峰で，島中央部の山地から円形状の海岸低地に放射状に流下する渓流群が存在する。島の面積は 242 km² と屋久島の半分足らずの大きさの低山島であるが[1]，日本海でも朝鮮半島の東約 330 km に位置し，その背後の中国大陸北東部からも近く，中国大陸方面からの酸性物質の沈着負荷の影響が考えられる位置にある。したがって，島後は円形島として，高山島の屋久島との対照となりうる調査対象である。

島中央部には南北を結ぶ 2 つの道路と，これらと海岸部の集落をつなぐ林道が存在し，海岸部を周回できる道路も整備されている。島後は隠岐の島町 1 町で構成され，人口は約 1 万 4 600 人と少なく，自動車等による近隣からの大気汚染の負荷影響は無視できる。島中央部から周縁の海岸に放射状に流下する河川群の低地部に水田が存在し，とくに，二大河川の八尾川と重栖川は平地部が大きく水田面積が大きい。地質は，約 500 万年前の火山島であるが，長い年月にわたる浸食によって火山地形は失われ，玄武岩・粗面岩・流紋岩等の第三紀の火山岩類で構成されている[8]。隠岐諸島は 2009 年に日本ジオパークに，2013 年には世界ジオパークに認定されている。島後北西の内陸部に入った田園地帯に，ナトリウム−硫酸塩泉で湯温度の高くない島で唯一の隠岐温泉が存在する。

隠岐島後には，南部西郷湾に総出力の 2.532 万 kW 西郷火力発電所（ディーゼル式）があり，2002 年に NO_x 濃度が排出の規制値を超過する事例が見られた。隠岐島後の南西約 18 km の西の島別府湾側に総出力 7 380 kW の黒木火力発電所（ディーゼル式）があるが，小規模であり，西からの卓越風を考慮しても影響は小さいと考えられる。

島後には南南東の西郷やその南の西郷岬と，島前の海士の 3 地点に AMeDAS の地域気象観測所が存在する。島後南南東で西郷湾の奥側に位置する西郷では平年値で年降水量 1 795 mm，平均気温 14.3 ℃，日照時間 1 746 時間で，最多風向が北西である。西郷より南側の西郷岬では 2003 〜 2010 年の 8 年間平均では年降水量が 1 551 mm で平均気温が 14.5 ℃ である。島後の西南西約 23 km の島前中島の海士では年降水量 1 619 mm で，平均気温 14.6 ℃ である。西郷の年降水量の平年値は 1 795 mm と，高山がないにもかかわらず比較的多い[3]。月降水量は 2 月から 4 月は 10 月とともに少ないが，2012 年は 1 月と 3 月が平年値より多く，2 月と 4 月が平年値より少ない状況であった。

また，島後西北西部の福浦に環境省の国設酸性雨測定所がある。福浦崎の海岸に近い標高 90 m に位置する隠岐測定所では，東シナ海や日本海の他の測定所と比べても，年降水量が 1 290 mm と少ない。湿性沈着物の pH はおよそ 4.66 と低く，NO_3^--N および SO_4^{2-} の濃度は全国的に見ても高い方であるが，湿性沈着物量は SO_4^{2-} が 20.8 mmol/m²/ 年，NO_3^- が 27.5 mmol/m²/ 年，H^+ が 28.2 mmol/m²/ 年と，日本列島の平均に近い値である[5]。

調査は 2012 年 5 月 13 日午後〜14 日午前の 24 時間内に，図 -8.4.1 に示した渓流群を，南側から反時計回りに実施した。日没のために南東部の渓流群が翌朝の調査になったが，その間に降雨はなかった。5 月は西郷の月間降水量の平年値が 140 mm と多くない。先行降雨は，西郷で 11 日前の 2 日に 16 mm，12 日前の 2〜3 日に 10 mm，9 日前の 3〜4 日に 11 mm があり，西郷岬で 5 月 2〜3 日に 20 mm，4 日に 4 mm の降雨があり[3]，先行晴天日数はほぼ 8 日の晴天継続期間であった。

島内の河川では南東部に位置して島中央部から西郷湾に流入する八尾川が最大規模の河川で，次いで大きな規模の河川は西南西部の深浦湾に流入する重栖川で，これらが中央部付近に多くの支川渓流を有している。

放射状に流下する渓流群の調査結果を，東西南北の4方位別の水質分布として，**表-8.4.1**に示す。また，注目する水質項目について，島のほぼ中央にある時張山（標高522 m）を中心にした4方位のレーダー図を，**図-8.4.2**に示す。

隠岐島後の中央部の高度は周縁部よりは高いが，標高608 mの大満寺を除けば500 m前後の山々と高くない島であるため，高山島の場合のように卓越風向による湿性沈着物量の方位差は見分け難い。しかし，四周が海のため，地質の影響より海塩の影響が現れやすく，Na^+/Cl^-モル比が低くて，屋久島と同様に，1前後の値であった。標準海水のその値が約0.85であることを考えれば，海塩影響の大きい場合は0.85に近づく。これらの両島のCl^-濃度の差は，調査地点の降水量や平均高度の違いによるところが大きいと考えられる。

隠岐島後は，方位別には相対的に小さな差のSO_4^{2-}を除いた水質項目で，西側や北側の濃度が高く，東側や南側の濃度が低い状況が明らかになった。高山はないが，偏西風の影響で海塩影響が現れていると判断できる。SO_4^{2-}は南東部寄りの3渓流が他よりかなり高かったことが，東側全体の平均値を上げた結果となった[9]。南側の八尾川と西側の重栖川の島内2大河川の上流域が支流にわかれて島中央部に達して大きな面積を占め，その部分が調査流域を少し凹ませたいびつな円形としている。島内の中央部高地には道路が縦横に存在する。道路網は渓流水質への重大な汚染源とはなっていないが，四周が海の高山島との比較対照の意味での円形状離島としての存在になる。

表-8.4.1 隠岐島後の4方位別水質分布（最大値：太字斜体，最小値：下線付，＊：有意水準5％（北にのみ付与））

項目	渓流数	標高(m)	距離(km)	TOC(mg/l)	EC(mS/m)	pH	アルカリ度(meq/l)	Cl^-(mg/l)	NO_3^--N(mg/l)	SO_4^{2-}(mg/l)	NH_4^+-N(mg/l)	Na^+(mg/l)	K^+(mg/l)	Mg^{2+}(mg/l)	Ca^{2+}(mg/l)	Na^+/Cl^-
北	7	40	<u>4.9</u>	1.28	16.4	7.31	*0.442*	27.5	*0.183*	<u>7.94</u>	*0.016*	17.2*	2.01*	*3.63*	6.32	0.98
東	7	<u>24</u>	5.9	<u>1.18</u>	<u>13.4</u>	7.08	0.378	<u>22.5</u>	<u>0.132</u>	*9.99*	<u>0.014</u>	<u>12.9</u>	<u>1.24</u>	2.50	<u>3.60</u>	<u>0.89</u>
南	6	36	*6.2*	1.25	15.5	7.25	0.434	24.9	0.140	9.92	0.015	15.7	1.90	2.90	4.81	0.98
西	9	*67*	5.4	*1.29*	*17.4*	<u>7.27</u>	0.409	*27.9*	0.161	9.14	0.015	*17.8*	*2.34*	3.00	*5.19*	*0.99*

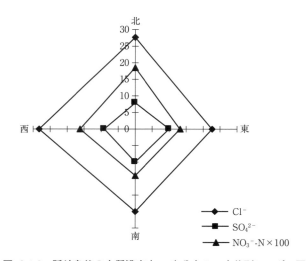

図-8.4.2 隠岐島後の水質濃度（mg/l）分布の4方位別レーダー図

8.5 天草下島

　九州の熊本県最西部の天草下島は，東シナ海に続く天草灘に面した南北に長いだ円形の島で，東シナ海を挟んで西約 750 km は中国大陸の長江河口部である。有明海と八代海を分かつ九州本土の宇土半島の西南に位置する天草上島とは，狭い本渡瀬戸を挟んで西側にある。現在は，九州本土と天草五橋の道路橋で繋がっているため，離島とは言い難い状況である。

　下島南部の西側の羊角湾と東側の宮野河内湾で縊れて突き出た半島状の旧牛深市地区を除くと，天草下島はさらに丸くなる。しかも，図-8.5.1 に示すように，下島中央部に北から柱岳（標高 518 m），天竺（同 538 m），角山（同 526 m）等が約 7 km 弱の間に存在する低山島である。円形に近い長円形の島の海岸沿いの周回道路から見上げると，島中央側で長軸状に比較的高い山地が連なって位置している。この下島中央部からの東側，西側，北側，南側に向って流下する渓流群が存在する。

　島全体の面積は 574 km² と屋久島より少し大きいが[1]，南端の旧牛深市地区を除けばほぼ屋久島

図-8.5.1　天草下島の渓流の調査地点

に近い面積となる。大きくて東側に位置する天草下島とわずか100～250 m幅で長さ4 kmの本渡瀬戸を挟んだ天草上島，また，下島北端から約4.5 kmの早崎瀬戸を挟んで北には長崎県島原半島が位置し，北東部は島原湾に面している。ちなみに，下島の中央の天竺は，東経130°05′，北緯32°26′に位置する。

　天草下島の地形は穏やかな褶曲が繰り返されたところにひび割れや浸食が加わった結果である。山地を成す高地部の地質は，地表面から下方に逆瀬川層（泥岩主体の砂岩泥岩互層），一町田層（砂岩），砥石層（砂岩主体の砂岩泥岩互層），教良木層（泥岩主体の砂岩泥岩互層）で構成されている[10]。下島の温泉としては，西海岸部の下田温泉（炭酸水素塩泉・塩化物泉），南端部の牛深温泉（単純泉）と天草温泉（含アルミニウム単純泉），南部の河浦温泉（炭酸水素塩泉），東海岸部の本渡温泉（単純泉）が存在する[4]。

　天草市は下島北西部の苓北町と上島東部の上天草市を除いて広大な面積で構成され，人口は約8万3 500人である。苓北町西部の海岸部埋め立て地に，70万kW出力2機で140万kWの九州電力苓北火力発電所が近隣大気汚染源として存在する。これは，大出力の石炭火力発電所であり，大気汚染物質発生源であるが，東シナ海に面して卓越風の偏西風の状況下にあることから，下島北部の一部渓流流域への酸性物質負荷の影響の有無が懸念される。

　下島には北東部で島原湾に面する旧本渡市と，南端で東シナ海（天草灘）に面する旧牛深市にAMeDASの地域気象観測所が存在する。天草灘を挟んだ西北西で長崎半島南端の野母崎や，狭い早崎瀬戸を挟んで対峙する島原半島南端の口之津も加えて，年降水量，平均気温および日照時間の平年値を，表-8.5.1にまとめて示す。年降水量は本渡で2 076 mm，牛深で1 979 mmと[3]，日本の年降水量の平均値よりも少し多く，しかも北東部では南部よりさらに約100 mm多くなっている。

　天草下島近辺には酸性雨測定所はないが，西北西約130 kmの五島列島福江島に国設酸性雨測定所が2008年まで存在した。また，北東約60 kmの宇土半島付け根の宇土市に熊本県の観測地点がある。福江島西端は北東約300 kmの朝鮮半島や西方約600 kmの中国大陸に近く，pHは4.67と低く，沈着量ではnss-SO_4^{2-}で28.8 mmol/m^2/年で，NO_3^-で25.7 mmol/m^2/年，H^+が39.0 mmol/m^2/年と，日本列島の平均より高かった。年降水量は約1 800 mmと少なくないため，沈着物量としては全国的に見て大きい方であった[11]。宇土市では，平均濃度でpHが4.71，nss-SO_4^{2-}が12.7 mmol/l，NO_3^-が10.4 mmol/l，NH_4^+が15.7 mmol/lと，日本列島の平均より少し低かった。

　下島での渓流調査は2014年10月24日に，図-8.5.1に示す渓流群を西側海岸中南部から反時計回りに実施した。天草下島では10月12～13日に，季節はずれの台風20号の影響で南端の牛深で48 mm，北東部の本渡で83 mm，20～21日の前線通過でそれぞれ23.5 mm，68.5 mmと，北東部でまとまった降雨があった[3]。先行晴天日数は2日で，北東部の渓流には降雨の遅い中間流出成分

表-8.5.1　天草下島周辺の気象観測所の平年値

地　点	口之津	本渡	牛深	野母崎
方　位	北北東	東北東	南	西北西
降水量（mm/年）	1 742	2 076	1 979	1 243
平均気温（℃）	17.1	16.4	18.0	13.9
日照時間（時間）	2 093	1 915	1 948	1 902
最多風向	－	－	北東	－

表-8.5.2　天草下島の4方位別水質分布（最大値：太字斜体，最小値：下線付）

項目	渓流数	標高(m)	距離(km)	EC(mS/m)	アルカリ度(meq/l)	pH	Cl⁻(mg/l)	NO₃⁻-N(mg/l)	SO₄²⁻(mg/l)	Na⁺(mg/l)	K⁺(mg/l)	Mg²⁺(mg/l)	Ca²⁺(mg/l)	Na⁺/Cl⁻
北	6	58	8.3	*11.72*	*0.416*	7.53	6.78	*0.699*	*15.62*	7.23	*0.853*	*2.62*	*11.52*	*1.67*
東	7	*110*	<u>4.7</u>	8.95	<u>0.314</u>	<u>7.36</u>	<u>5.20</u>	0.470	11.94	*5.55*	<u>0.644</u>	<u>1.58</u>	9.57	1.66
南	6	<u>57</u>	*9.9*	10.23	0.413	7.51	*7.21*	<u>0.425</u>	9.94	*6.90*	0.717	2.33	9.10	1.52
西	10	77	4.7	9.73	0.400	7.46	6.88	0.465	<u>9.19</u>	<u>6.43</u>	0.767	2.46	<u>8.41</u>	<u>1.44</u>

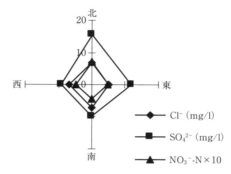

図-8.5.2　天草下島の水質濃度（mg/l）分布の4方位別レーダー図

の流出影響が考えられる。だ円状に分布する渓流群の調査結果を，天竺を中心とした東西南北の4方位分布にまとめて，表-8.5.2と，天竺を中心としたレーダー図を図-8.5.2に示す。

下島北西部の渓流群にSO₄²⁻の高濃度が見られた。南側は調査地点の高度が低く，Cl⁻やNa⁺濃度が高く，海塩影響が考えられた。SO₄²⁻の影響では下島北西海岸の苓北町に存在する九州電力の苓北火力発電所による近隣影響と考えられる。苓北発電所は2機で最大140万kWの出力の石炭火力発電で，熊本県内の最大電力需要のおよそ60％をまかなえる規模であり，豪州炭を主燃料としている。その排煙は200mの高さの煙突から排出されている。しかも，東シナ海側に面しており，近隣影響が強くて，中国大陸方面からの大気汚染物質の長距離輸送の影響を検討するには，難しい調査フィールドである。

8.6　対馬上島・下島

対馬は面積696 km²で，日本で10番目の大きさの離島で，東経129°20′と北緯34°30′を中心軸として東シナ海と日本海を分けてほぼ南北に細長く横たわる[1]。9番目の大きさの奄美大島より16 km²小さく，11番目の淡路島より104 km²大きい。朝鮮半島との最短距離は約49.5 kmと近く，朝鮮海峡と対馬海峡を分けて位置する。対馬は時計回りに約20°傾いた長軸上で北から8：5の比率の狭窄部の万関瀬戸で南北に分けられ，北部を上島，南部を下島と呼ぶ。人口は1960年の約7万人から，2015年には約32 000人に減少した[2]。

対馬の89％は山林で，細長い島の海岸部は溺れ谷状のリアス式海岸で，島直近の周縁部に多くの属島を有して多島海を形成している。図-8.6.1に示す下島の最高峰は標高649 mの矢立山で，北部に白嶽（標高518 m），東側中央部の有明山（同558 m）がある。少し南側に増木庭山（同528 m），矢立山，大鳥毛山（同555 m），小鳥毛山（同511 m），舞石ノ壇山（同536 m）と，さらに南

図-8.6.1 対馬下島の渓流と調査地点

側に木桵山（同 515 m），竜良山（同 559 m），萱場山（同 516 m）の矢立山系が瀬川上流部の内山盆地を挟んで立地する。

図-8.6.2 に示す上島の最高峰は御岳山系の標高 479 m の雄岳で，全般に上島の山々の標高は低い。対馬の海岸部は急傾斜地が多く，入り江の漁村を結ぶ道路は水源となる渓流沿いから高地部にいったん登って横断して先の渓流部を下る形の道路網で結ばれる所が多い。下島は東側の海岸部に，上島では西寄りの高地部に縦貫する国道がある。

地質は，大部分が黒灰の頁岩・粘板岩を主とした泥質の対州層で，上島北部には玄武岩，下島東部には石英斑岩，下島中南部の内山盆地周辺には花崗岩，矢立山系にはホルンフェルスが陥入している[10]。下島の竜良山や白嶽山中には原始林が，上島の雌岳（標高 453 m），雄岳，平岳（同 458 m）等の御岳は鳥類繁殖地，北端の鰐浦には天然記念物のヒトツバタゴ自生地，上島北中部はツシマヤマネコの生息地である。また，壱岐とともに壱岐対馬国定公園に属する。

対馬には古くからの温泉はなく，近年の開発によって 4 つの温泉がある。下島北東部の美津島町鶏知北側の湯多里ランドはナトリウム－カルシウム塩化物泉，鶏知南東部の真珠の湯はアルカリ単純泉である。上島の北端東海岸部で上対馬町三宇田の渚の湯は弱アルカリ単純泉，西南海岸部で峰町三根の峰温泉ほたるの湯は単純泉である。これら 4 つの温泉とも海岸に立地しており，渓流水質への直接的な影響は考えられない。

気候は対馬暖流に囲まれて温暖多雨の海洋性気候で，下島中央東部の厳原の気象の平年値では，

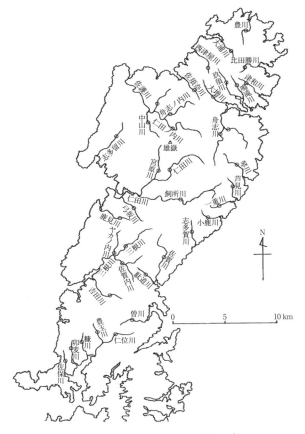

図-8.6.2 対馬上島の渓流と調査地点

年降水量 2 235 mm, 平均気温 15.8 ℃, 日照時間 1 861 時間で, 最多風向は年間および全月とも北北西である。上島北端の鰐浦では, 1995～2010 年の 15 年間の平均値で, 年降水量 1 481 mm と, 平均気温 18.9 ℃, 日照時間 2 007 時間である。対馬空港のある下島北東端の美津島では, 2003～2010 年と 8 年間の平均値で, 年降水量が 1 912 mm, 平均気温 15.6 ℃ である[3]。対馬では降水量は 4～9 月に多く, 南部で多くて北部で少ない。北部では気温が高くて日照時間が多いようである。

渓流河川は, 流域規模の大きな河川は西側に多く, 上島の佐護川, 仁田川, 三根川, 下島の佐須川, 瀬川は西側海岸に流出し, 5 番目の流域規模の上島北部の舟志川のみが東側海岸に流出する。

対馬下島中央部東側の厳原には国設酸性雨測定所がある。2012 年度の測定結果では, pH4.66 で, 屋久島の 4.68 に近く, 福井県の日本海に面する越前岬の 4.57 より高い酸性雨となっている。酸性物質の年間湿性沈着量は SO_4^{2-} が 41.98 mmol/m²/年と屋久島や越前岬のおよそ 60 % で, NO_3^- は 32.5 mmol/m²/年で屋久島とほぼ同じで越前岬より少ない。H^+ は 45.77 mmol/m²/年で屋久島の約半分で越前岬より少し少ない[5]。しかし, 屋久島や越前岬の年間湿性沈着量が全国でも最も大きな地点であることと, 対馬の値が全国平均値より高いことは明らかとなっている。

調査は 2016 年 3 月 4～6 日の約 50 時間に実施した。調査は, 図-8.6.1 の下島を 4 日に北側から時計回りに一周して終了し, 図-8.6.2 の上島は 5 日に南側から西側・北側・東側と時計回りに一周して終了した。両日は, 2 月 20 日の 13.5～20 mm の先行降雨後の少雨を挟んでほぼ 13 日と, 14

第 8 章 離島の渓流水位分布

日の先行晴天日数であり，渇水状況にあった。なお，2月12～13日に下島で61～94 mmの豪雨が，上島では23.5 mmの降雨もあった[3]。6日未明には，上島では33.5 mmの雷雨があったが，5日には流量が極端に少なくて調査できなかった北側と東側の数渓流ずつの追加調査も併せて実施したが，水文条件が異なるために，統計計算からは除外した。

対馬下島は南北に長い長円形状となっており，下島の中央より少し南西寄りで，矢立山系で対馬最高峰の矢立山（標高649 m）を中心として，4方位別に水質分布として表-8.6.1に示した。西側の3渓流でSO_4^{2-}濃度が両隣の渓流の3倍以上の値であったため，これらを統計計算から除外した。また，Cl^-，SO_4^{2-}およびNO_3^--Nについて，図-8.6.3のレーダー図で4方位分布を示した。

下島の調査当日の渓流は，およそ2週間の渇水状況下で流量が少なく，伏流して流下途中の所々に水溜り状況を呈して，数渓流は調査対象から除く結果となった。西側の渓流流域が中央より東側へ入り込む形で流域規模や河川長が大きく，東側の渓流の河川長が短くて河床勾配が急なため，流下時間が短く，東側渓流の多くでの水質の濃度が低い傾向にあった。北側の渓流でSO_4^{2-}をはじめ濃度の高い水質項目が多い。南側の渓流で海塩成分の濃度が高く，Na^+/Cl^-モル比が小さかった。

対馬上島の地形では下島との狭窄部の直ぐ北側が広くて，東側に少し傾いて北端で狭くなって底辺より他の二辺がかなり長い二等辺三角形状のような渓流配置となっている。したがって，渓流群を南側と西側および東側の3方位に分けて扱うことにする。とくに，西側の渓流群で三根川・仁田川・佐護川の3川の流域規模が大きく，その支流群の流域が内陸部東側深くに食い込んでいる。そのため，舟志川を除いた東側渓流の多くは河川長が短くて流域規模も小さく，河床勾配の急な形態となっている。下島南側は西側に突き出した形となっているため，その渓流のすべてが西側の浅茅湾に流出する形態となっている。

表-8.6.1 対馬下島の4方位別水質分布（最大値：太字斜体，最小値：下線付）

項目	渓流数	標高 (m)	距離 (km)	EC (mS/m)	アルカリ度 (meq/l)	pH	Cl^- (mg/l)	NO_3^--N (mg/l)	SO_4^{2-} (mg/l)	Na^+ (mg/l)	K^+ (mg/l)	Mg^{2+} (mg/l)	Ca^{2+} (mg/l)	Na^+/Cl^-
北	4	<u>20.8</u>	*23.6*	<u>11.6</u>	*0.352*	7.14	12.3	0.352	*8.36*	9.62	*0.845*	3.42	7.77	1.21
東	6	*31.7*	15.8	11.9	<u>0.195</u>	<u>6.81</u>	<u>9.6</u>	<u>0.265</u>	<u>3.15</u>	<u>8.46</u>	<u>0.449</u>	<u>1.81</u>	<u>5.51</u>	*1.36*
南	4	22.0	12.3	11.6	0.271	6.99	*17.8*	*0.740*	4.83	*13.23*	0.722	2.42	5.76	<u>1.15</u>
西	8	25.8	<u>9.9</u>	*12.0*	0.301	7.06	11.9	0.531	5.22	9.25	0.584	2.46	7.33	1.20

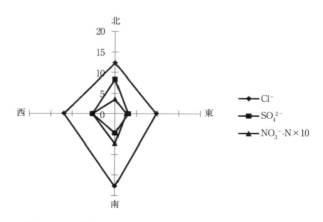

図-8.6.3 対馬下島の渓流の4方位水質分布のレーダー図

8.6 対馬上島・下島

表-8.6.2　対馬上島の3方位別水質分布（最大値：太字斜体，最小値：下線付）

項目	渓流数	標高(m)	距離(km)	EC(mS/m)	アルカリ度(meq/l)	pH	Cl⁻(mg/l)	NO₃⁻-N(mg/l)	SO₄²⁻(mg/l)	Na⁺(mg/l)	K⁺(mg/l)	Mg²⁺(mg/l)	Ca²⁺(mg/l)	Na⁺/Cl⁻
東	9	***22.7***	20.7	<u>16.2</u>	<u>0.565</u>	7.24	18.1	0.585	<u>10.8</u>	13.2	***0.686***	5.96	11.1	***1.14***
南	5	<u>12.0</u>	***40.6***	18.6	0.761	7.41	***19.3***	0.593	12.2	***13.9***	0.651	7.66	14.8	<u>1.13</u>
西	13	19.2	<u>13.2</u>	17.9	***0.789***	***7.49***	<u>16.9</u>	<u>0.515</u>	12.2	12.4	<u>0.517</u>	8.00	***15.2***	1.13

下島の北を除いた3方位の水質分布を**表-8.6.2**に示す。また，西側と東側の両渓流群のCl⁻とSO₄²⁻の濃度分布は棒グラフで**図-8.6.4**に示す。西側渓流では，左右の両隣り渓流の水質と比べて3倍以上のSO₄²⁻濃度を呈した3渓流を統計計算から除いた。下島と同様に，南側の渓流は西側の海岸にも近くて，海塩成分濃度が高くてNa⁺/Cl⁻モル比が低かった。西側渓流で隣接の渓流群と比較してCl⁻濃度の低いグループは，流域規模の大きい渓流の内陸部に入った支流群の場合で，海岸部から遠くて高めの標高での調査結果である。東側渓流の北端や南端でCl⁻濃度が高いのは，北端部が尖って突出した半島状であり，南端部では湾入部が複雑に入り組んだ地形であるため，海塩影響が大きかったと考えられる。これら2つの理由で，西側渓流では偏西風による海塩影響があまり強く現れなかったと考えられる。

また，上島は下島と同様に，東側の渓流は河川長が短くて，河床勾配が急なこともあって，多くの水質項目で低濃度のものが多かった。SO₄²⁻の濃度は南側と西側の渓流で少し高くなった。3日目の東西両側の渓流群の雷雨後の追加調査結果を加えても，上述の全般的な傾向は変わらなかった。偏西風による湿性沈着物負荷の影響が考えられるが，中央部東寄りの山地の多くは標高400m以下であるため，これだけからは断定できない。

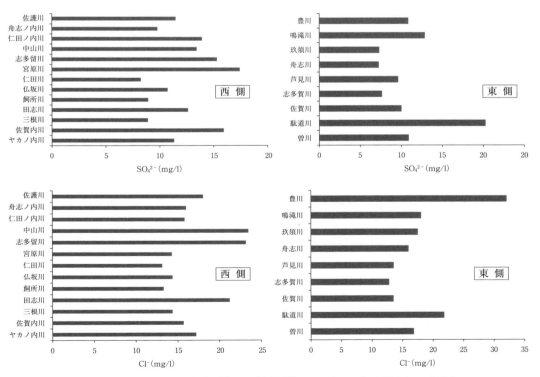

図-8.6.4　対馬上島の西側（左側）と西側（右側）のCl⁻とSO₄²⁻の濃度（mg/l）分布

対馬は朝鮮半島だけでなく，中国大陸にも近いが，SO_4^{2-}濃度の方位分布から見て，偏西風の影響はあるが，複雑な入り組んだ海岸線と中央東側寄りの高くても500 m前後の山地のため，渓流水質への大気汚染物の長距離輸送の影響を顕著にはとらえられなかった。

ちなみに，九州電力による対馬の電力供給は，全てディーゼル式発電で，上島北西部の佐須奈に2機で5 100 kW，上島南東部の豊玉町浦底に5機で42 000 kW，下島中東部の厳原に4機で8 600 kWの発電所が存在する。これらは北端や東海岸部にあり，卓越風の西風や発電規模を考慮すると，渓流水への影響は小さいと考えられる。

◎文　献

1) 国立天文台編（2007）：理科年表，p.565，丸善
2) Wikipedia，http://ja.wikipedia.org.wiki/利尻島
3) 気象庁（2014）：気象統計情報，AMeDAS観測記録，http://www.data.jma.go.jp/
4) 遠間和広（2010）：温泉ソムリエの癒し温泉ガイド，泉質・効能別全国温泉地リンク集，http://www.akakura.gr.jp/
5) 環境省地球環境局（2014）：越境大気汚染・酸性雨長期モニタリング報告書（平成20～24年度），p.238
6) 深田久弥（1964）：日本百名山，新潮社
7) 山田直利，加藤禎一（1991）：中部地方，日本地質図大系5，p.136，朝倉書店，東京
8) 服部仁，猪木幸男（1996）：中国・四国地方，日本地質図大系7，p.120，朝倉書店，東京
9) 海老瀬潜一（2013）：独立峰と円形島の放射状流下渓流水質の方位分布特性，環境科学会誌，26，pp.461-476
10) 奥村公男（1995）：九州地方，日本地質図大系8，p.120，朝倉書店，東京
11) 全国環境研協議会酸性雨広域大気汚染調査研究部会（2014）：第5次酸性雨全国調査報告書（平成24年度），季刊全国環境研会誌，39，pp.100-145

利尻山

高山植物

第9章　盆地形状山麓渓流の水質分布

9.1　凸状山地に対する凹状盆地

　円錐形状高山の孤立峰が凸地形状であるのに対して，凹地形状は四周を高山群で囲まれた盆地形状が対照となろう。周囲の高山群から流下する渓流群が凹地中心部に集中する地形も，また，渓流水質の方位分布が期待できる地理・地形条件である。しかし，凸状孤立高山では1つの尖った山頂の周縁山麓での渓流配置にとどまるが，凹状盆地の底部には広がりがあるため，盆地中心部に流下する渓流が集中する場合でも，その四周を取り巻く高山群の山腹斜面や山麓が少し広がった渓流配置となってしまう。その上，放射状に流下集中する渓流群の方位別の数の確保も必要である。しかも，盆地を取り巻く壁となる高山群の標高高度に大きな違いや壁の欠けが存在すれば，均斉の取れた擂り鉢状地形とはならず，風向等気象の境界条件にかなりの差異が生じる。したがって，地形条件から見て，凹状盆地の調査フィールドとしての適地は，孤立峰高山よりもさらに少なくなる。

　卓越風として偏西風を対照とした場合，標高1 500 m以上の高山群の存在が望ましい。この条件に適した盆地としては，甲府盆地が挙げられる。もう1つは，盆地のスケールがさらに大きくなるが，近江盆地や断層湖の琵琶湖を含む琵琶湖流域も，四周を山地群に囲まれた盆地形状と言える。

9.2　甲府盆地

　甲府盆地は，図-9.2.1に示すように，山梨県の中央部に位置して，平均標高が約300 mで，東西方向にやや長い逆三角形状に近い盆地である。その平坦部の盆地部面積は約275 km^{2}で，流域界となる山稜は標高1 500 mを超える高山群からなり，西北側から流下する釜無川と，東北側から流下する笛吹川の二大河川が盆地の南西端で合流し，富士川となって静岡県の太平洋に向かって南下する。

　山地や丘陵地および扇状地で構成される甲府盆地流域は，山梨県の全面積4 463 km^{2}から，富士五湖，都留市・大月市の桂川流域，赤石山脈東側の早川流域を除いた，総面積が約2 450 km^{2}であり，全県面積の約55 %を占める。北側の地質は先進第三紀の堆積岩や中新世の花崗岩等で構成され，西側や南東側は主に中新世の火山岩や韮崎岩屑流などからなっている[1),2)]。

　北側は西方の八ヶ岳（標高2 899 m）から東方の甲武信ヶ岳（同2 483 m）へと標高2 000 m級の高山群が連なる。西側には北方の入笠山（同1 955 m）・釜無山（同2 117 m）から薬師ヶ岳（同2 762 m）を経て南方の富士見山（同1 640 m）に至る赤石山脈の東側身延山地の標高1 600〜2 700 m

図-9.2.1　甲府盆地周縁の渓流の調査地点

の高山群の山地がある。東側には北方の笠取山（同1 941 m）から大菩薩嶺（同2 057 m）を経て南方の滝子山（同1 590 m）と標高1 600〜2 000 m級の連山がある。南側には西方の三方分山（同1 432 m）から節刀ヶ岳（同1 736 m）を経て東方の御坂山（同1 596 m）に至る標高1 400〜1 800 mの御坂山地が存在する。

　甲府盆地内のAMeDAS気象観測所は，盆地中央部の甲府，東部の勝沼，北西部の大泉，西北西部の韮崎，西南西部の古関にあって，大泉が867 m，古関が552 mと高地であるが，他は273〜394 mの平坦地にある。年降水量，平均気温および日照時間の平年値を，表-9.2.1にまとめて示す。年降水量は古関で1 676 mmと多いほかは，甲府の981 mm，勝沼の1 081 mm，大泉の1 146 mm，韮崎の1 210 mmと少ない。甲府では11〜3月の冬季5か月間は北西寄りが最多風向で，他の月と年間では南西が最多風向である[3]。甲府盆地は日照時間が大きく，北側や南側のなだらかな丘陵地斜面では果樹栽培が盛んである。

表-9.2.1　甲府盆地の気象観測所の平年値

地　点	大泉	勝沼	古関	韮崎
方　位	北西	東	西南西	西北西
降水量（mm/年）	1 146	1 081	1 676	1 210
平均気温（℃）	10.9	13.8	12	13.7
日照時間（時間）	2 218	2 164	1 803	2 120

甲府盆地近辺には酸性雨測定所はない。山梨県による2009年度の甲府市中心部市街地での観測では，990 mmの年降水量は平年より少なく，沈着量ではH^+が0.009 g/m²/年，SO_4^{2-}が0.98 g/m²/年，NO_3^-が1.00 g/m²/年，NH_4^+が0.28 g/m²/年であった[4]。これらの沈着量は，10年前の1989年度よりもかなりの減少であった。

高山群の流域界から中央部盆地への山腹斜面を流下する渓流群を山麓地点で調査するために，調査流域は中央の盆地部をドーナツ状の穴で除いた環形となる。したがって，盆地中央部の周縁を時計回りに回って，山麓の渓流沿いを遡っては下るアクセスの繰り返しとなり，調査には長時間を要する結果となった。

調査は，高山群からの雪解け期の2013年4月13～14日の2日間に行った。先行降雨は11日前に30～40 mm，6日前の40～50 mmで[3]，先行晴天日数は6日であったが，前月の3月が平年値の半分に近い降水量のため，渓流は渇水状況であった。

甲府盆地周辺には，笛吹川下流右岸部の石和温泉（アルカリ性単純泉）をはじめとして，多くの温泉が散在している。八ヶ岳山麓では大泉温泉（ナトリウム－炭酸水素塩泉）や北西側の塩沢温泉（アルカリ性単純泉・塩化物泉），北麓の三富温泉・鼓川温泉・塩山温泉（アルカリ性単純泉），西麓の韮崎温泉（ナトリウム－塩化物・炭酸水素塩泉）や芦安温泉（ナトリウム・カルシウム－硫酸塩泉），南西側の釜無・笛吹両河川が合流後の左岸部の下部温泉（アルカリ性単純泉）などがある[5]。また，渓流河川上流部には増富ラジウム泉をはじめとする冷温泉の鉱泉も多数散在する。

図-9.2.1に示す53渓流を調査した。隣接の渓流と比べてECやSO_4^{2-}・Cl^-濃度などが高くて，火山・温泉の影響と推定できる16渓流を除くと，東側や南側の渓流数が少なくなった。4方位別に平均値として整理した調査結果を，流域界の北側（北麓），東側（東麓），南側（南麓）および西側（西麓）の山麓別として，表-9.2.2とレーダー図の図-9.2.2に示す。

表-9.2.2　甲府盆地渓流の4方位別水質分布

項目	渓流数	標高 (m)	EC (mS/m)	pH	アルカリ度 (meq/l)	TOC (mg/l)	Cl^- (mg/l)	NO_3^--N (mg/l)	SO_4^{2-} (mg/l)	Na^+ (mg/l)	NH_4^+-N (mg/l)	K^+ (mg/l)	Mg^{2+} (mg/l)	Ca^{2+} (mg/l)	Na^+/Cl^-
北麓	15	*1 173*	*5.15*	6.97	0.282	1.08	2.19	0.450	3.23	2.36	0.048	0.775	*0.99*	6.06	1.64
東麓	4	900	8.05	7.27	0.512	0.91	1.79	*0.908*	4.08	*2.64*	0.066	*1.716*	2.01	10.28	*2.33*
南麓	5	354	10.33	7.24	0.658	*0.69*	1.91	0.598	*9.92*	2.45	*0.071*	0.758	*3.34*	*13.93*	1.95
西麓	13	468	*10.68*	7.20	*0.815*	1.00	*1.73*	0.622	6.76	*2.12*	0.066	0.862	2.34	13.77	1.92

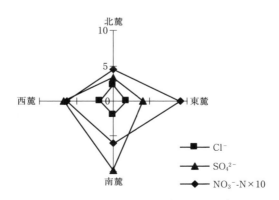

図-9.2.2　甲府盆地周縁の4方位別レーダー図

海岸から遠くて，高山群に囲まれた内陸部のために，全般的にCl^-やNa^+の濃度が低くてNa^+/Cl^-モル比が高い傾向が見られた。SO_4^{2-}濃度は南麓で高く，NO_3^--N濃度は東麓で高く，TOCは北麓で低かった。北麓ではpH，EC，アルカリ度およびCl^-を除いた多くのイオン濃度が低いのは，調査地点の標高が高いことによると考えられる。しかし，内陸部の広大な盆地形状でもあり，偏西風による酸性沈着物や海塩の渓流水質への影響の判定は見定め難い結果であった。

9.3 琵琶湖湖西流域

近年，1～8章で示したように，越境大気汚染が大きな社会問題となっているが，森林生態系における物質循環，渓流水質形成過程を解明するには，その発生源の推定が重要な課題の一つである。ここでは，中国大陸に近い琵琶湖西部（朽木）と北部（摺墨）の2森林流域を選定し，流域に沈着し流出する硫酸イオン（SO_4^{2-}）の起源を検討するために，降水と渓流水のSO_4^{2-}と硫黄安定同位体比（$\delta^{34}S$）を測定した（4.7節）[6]。

2つの森林試験地（朽木試験地と摺墨試験地）を図-9.3.1に，おのおのの概要を表-9.3.1に示す。調査は2つの試験地の全5流域（朽木2流域，摺墨3流域）で実施した。

9.3節では，まず琵琶湖西部流域の朽木試験地についての調査結果を示す。

朽木試験地は滋賀県高島市朽木麻生に位置し（北緯35°22′，東経135°54′），互いに隣接する2つの流域（朽木L，朽木R）での比較調査である。2流域のいずれも丹波・美濃帯に属する古生層粘板岩を基盤岩とする標高230～300 mの林地で，土壌は褐色森林土壌である。朽木L（流域面積1.10 ha）は風化が進んだ粘板岩が露出しており，朽木R（同1.92 ha）の流域末端には強固なチャートの岩盤が露出している。母岩は泥岩，頁岩，チャート等であり，パイライトを含まない[7]。そのため両試験地の母岩に由来するSO_4^{2-}の供給はない。植生を見ると朽木Lは，樹齢15年程度の若年性スギ人工林であり，冬季でも樹冠はあるが貧弱である。朽木Rは，落葉広葉樹のシバグリ（Chestnut, *Castanea crenarta* SIEB.et ZUCC）とコナラ（White oak, *Quecusserrata* THUNB）を主体とし

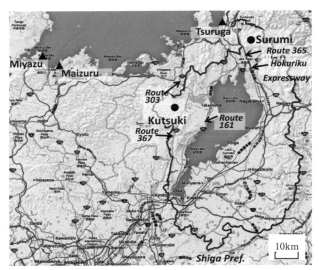
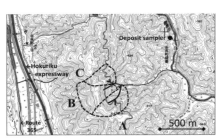
Surumi
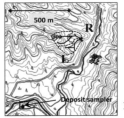
Kutsuki

図-9.3.1 朽木試験地と摺墨試験地の地図

表-9.3.1 朽木試験地と摺墨試験地の概要

	摺墨 A	摺墨 B	摺墨 C	朽木 L	朽木 R
集水域 (ha)	10.8	13.1	7.1	1.1	1.92
森林域 (%)	100	100	100	100	100
畑地域 (%)	0	0	0	0	0
植生	50年生スギ人工林＋落葉広葉樹林	50年生スギ人工林＋落葉広葉樹林	50年生スギ人工林＋落葉広葉樹林	15年生スギ人工林	落葉広葉樹二次林
土壌	古生層堆積岩	古生層堆積岩	古生層堆積岩	古生層粘板岩 褐色森林土壌	古生層粘板岩 褐色森林土壌

た二次林・薪炭林であり，冬季には落葉するため樹冠がほとんどなくなる。

　降水は朽木試験地の流域末端から南西方向に直線距離で 750 m にあるオープンスペースで採取した。2004〜2008 年の 5 年間の年平均降水量は 2 500 mm である。調査地は国土交通省が指定する豪雪地帯にある。豪雪地帯とは，累年平均積雪積算値（一冬の累積積雪量(cm)×一冬の冬日日数（日最低気温が 0 ℃ 未満の日））が 5 000 cm・日以上の地帯である[8]。

　朽木試験地の東側，約 2 km に国道 367 号（高島市朽木，市場交差点付近の交通量，3 241 台 /d）と約 12 km に 161 号（高島市今津町酒波付近の交通量，14 639 台 /d）が通っている。また，北側には国道 303 号（高島市今津町上弘部付近の交通量，9 029 台 /d）が通っている[9]。さらに，直線距離で西北西の 62 km と，54 km の地点に宮津火力発電所（原油および重油）と舞鶴火力発電所（石炭）が存在する。宮津火力発電所は 1989 年に操業を開始したが，2004 年 10 月までに，中長期的な需要状況や経済性を踏まえて当面稼働する見通しがなく，発電機を計画的に停止する運用（長期計画停止）となっている[10]。

　詳細な検討を行った 2009 年以降の 2 流域の渓流水中 SO_4^{2-} および nss-SO_4^{2-} 濃度の変動を，図-9.3.2 に示した。渓流水の SO_4^{2-} 濃度は，2 流域での平均値に統計的に有意な差は見られなかった（t 検定，$p > 0.05$）。渓流水中の nss-SO_4^{2-} 濃度は，SO_4^{2-} 濃度と同様の変動傾向を示した。また，季節変動を見ると，SO_4^{2-} と nss-SO_4^{2-} 濃度はともに朽木 L および R では調査期間を通して濃度変動は小さく，明確な季節変動を示さなかった。したがって，朽木 L および R を朽木渓流水群として，一括した解析を行うことにする。

　調査期間中の SO_4^{2-} 濃度変動の結果から，朽木渓流水群の平均値±標準偏差（最小値，最大値）は 1.60 ± 0.31（0.76，3.58）mg/l であった。また，2009 年以降の朽木渓流水群の SO_4^{2-} 濃度は 1.45 ± 0.23（0.04，2.23）mg/l の範囲で推移した。しかし，母岩からの SO_4^{2-} の供給はないことから，朽木両渓流水群の SO_4^{2-} 濃度の差は，母岩由来の硫酸イオンではないと考えられた。

　湿性沈着物の SO_4^{2-} および nss-SO_4^{2-} 濃度の年間変化は，2010〜2011 年の冬季には顕著でないが，図-9.3.3 のように，冬季（12 月，1 月）に濃度が上昇する傾向が見られ，図-9.3.3 のように，この全調査期間の変動結果と同様の傾向であった。また，SO_4^{2-} 中の nss-SO_4^{2-} の割合は，図-9.3.2 のように，調査期間を通して 90 % 以上であった。

　また，湿性沈着物の SO_4^{2-} 濃度の調査期間を通しての変動（n 数は，朽木（$n = 263$））を，図-9.3.3 に示した。調査期間を通して湿性沈着物中の SO_4^{2-} 濃度の平均値は，2.16 ± 1.30（0.20，10.2）mg/l であった。調査期間を通しての湿性沈着物の濃度変動から，季節による濃度の特徴を見ると，冬季に SO_4^{2-} 濃度が上昇して，夏季に低下する傾向が見られた。

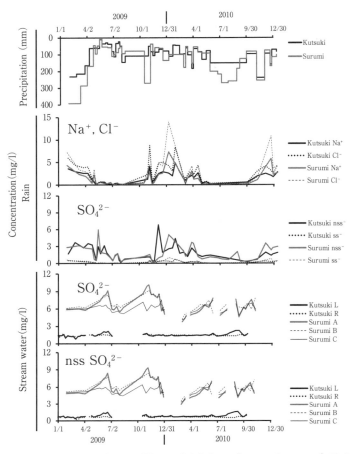

図-9.3.2　2009年以降の朽木および摺墨の渓流水中 SO_4^{2-} および nss-SO_4^{2-} 濃度の変動

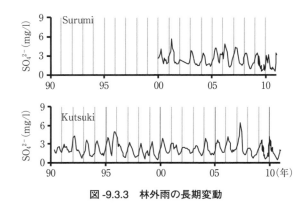

図-9.3.3　林外雨の長期変動

9.4 琵琶湖湖北流域

9.4節では，9.3節で記した琵琶湖湖西流域（朽木）と同様に琵琶湖湖北流域の摺墨試験地で解析を行った[6]。

摺墨試験地は滋賀県長浜市余呉町摺墨に位置し（北緯35°34′，東経136°12′），A，BおよびC（摺墨A，摺墨Bおよび摺墨C）の3つの流域で構成される。摺墨A，BおよびC流域は互いに隣接している（流域面積はそれぞれ10.8，13.1および7.1 ha）。摺墨試験地の基盤岩は古生層堆積岩であり，母岩は，泥岩・頁岩・チャート等が主体であり，したがって，パイライトを含まない[7]。試験地の標高は260〜473 mで，植生は樹齢30〜40年のスギの人工林である（**表-9.3.1**）。

湿性沈着物は摺墨試験地の流域末端から北西方向に直線距離で820 mのオープンスペースで採取した。2004〜2008年の5年間の摺墨試験地の年平均降水量は2 700 mmである。摺墨試験地は，上述した朽木の豪雪地帯よりもさらに過酷な特別豪雪地域（累年平均積雪積算値が約10 000〜15 000 cm・日）に指定されている[8]。

摺墨試験地の直近には，西約1 kmに北陸自動車道（敦賀—木ノ本間の交通量19 825台/d）と国道365号（滋賀県余呉町椿坂付近の交通量1 122台/d）が南北に走っている[9]。さらに，直線距離で北西16 km地点に敦賀火力発電所（石炭）が存在する[11]。

詳細な検討を行った2009年以降の各流域の渓流水中SO_4^{2-}およびnss-SO_4^{2-}濃度の変動を，**図-9.3.2**に示した。3流域の渓流水のSO_4^{2-}濃度は，平均値に統計的に有意な差は見られなかった（t検定，$p > 0.05$）。渓流水中のnss-SO_4^{2-}濃度は，渓流水中SO_4^{2-}濃度と同様の変動傾向を示した。また，季節変化を見ると，SO_4^{2-}とnss-SO_4^{2-}濃度はともに濃度変化は小さく，明確な季節変化を示さなかった。しかし，9.3節で示した朽木渓流水群と摺墨の3渓流水群の間では，SO_4^{2-}濃度に大きな違いがあった。

図-9.3.2に摺墨A，B，Cそれぞれの渓流水群のSO_4^{2-}濃度を示す。**図-9.3.2**に示す2009年以降の結果の比較から，それぞれの渓流水群のSO_4^{2-}濃度の平均値には差が見られなかった（t検定，$p > 0.05$）。したがって，摺墨A，BおよびCを摺墨渓流水群として，一括した解析を行うことにする。

調査期間中のSO_4^{2-}濃度変動の結果から，摺墨渓流群のSO_4^{2-}平均値は6.58 ± 1.54（3.68，16.1）mg/lと，9.3節の朽木渓流水群の4.1倍であった。両渓流水群の平均濃度には統計的にも有意（t検定，$p < 0.01$）な差が見られた。また，2009年以降の朽木渓流水群のSO_4^{2-}濃度は1.45 ± 0.23（0.04，2.23）mg/lの範囲で推移した。一方，摺墨渓流水群のSO_4^{2-}濃度は，6.50 ± 1.17（3.79，10.2）mg/lであり，両渓流水群の平均値の差の検定結果は，調査期間を通して変動を見た場合と同様に，有意な差があった（t検定，$p < 0.01$）。しかし，母岩からのSO_4^{2-}の供給はないことから，摺墨と朽木両渓流水群のSO_4^{2-}濃度の差は，母岩由来の硫酸イオンではない。

湿性沈着物のSO_4^{2-}濃度の調査期間を通しての変動（摺墨（$n = 135$））を，**図-9.3.3**に示した。調査期間を通して，湿性沈着物中のSO_4^{2-}濃度の平均値±標準偏差（最小値，最大値）は，2.27 ± 1.27（0.35，6.07）mg/lであった。ここで，9.3節の朽木試験地の湿性沈着物とのSO_4^{2-}濃度について平均値の差の検定を行うと，両試験地間には統計的に有意な差は見られなかった（t検定，$p > 0.05$）。調査期間を通しての湿性沈着物の濃度変動から，季節による濃度の特徴を見ると，**図-9.3.3**のように，冬季にSO_4^{2-}濃度が上昇して，夏季に低下する傾向が見られた。

2009年の1年間，毎日2回（日本時間9：00と21：00）について，後方流跡線解析を用いて朽木試験地に到達する気塊を検討した。中国大陸から気塊が試験地へ到達した割合を合計したものを，**図-9.4.1**に示す。中国大陸から気塊が到達する割合が，1月には90 %であるのに対して，7月には11 %に減少し，冬季（12〜2月）に中国大陸からの到達回数が多く，夏季（6〜8月）にかけて低

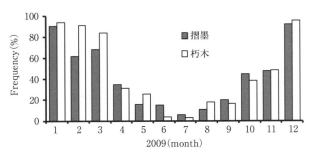

図-9.4.1　後方流跡線解析結果

下した。2009年1月と7月の代表的な後方流跡線解析（月初めの1週間）の結果を，図-9.4.2に示す。1月は中国大陸から直接到達する気塊が多いが，7月は必ずしも中国大陸から到達せず，日本国内や太平洋の海上から飛来する割合が高いことがわかった。

9.3節と同様に後方流跡線解析を用いて摺墨試験地に到達する気塊についても検討した。その結果を図-9.4.1に朽木の結果とともに示す。図-9.4.1では，中国大陸から気塊が到達した割合を合計したものを示している。摺墨試験地の2009年1月と7月の代表的な後方流跡線解析（月初めの1週間）の結果を，図-9.4.2に併せて示す。摺墨試験地でも，1月は中国大陸から直接到達する気塊が多いが，7月は必ずしも中国大陸から到達せず，日本国内や太平洋の海上から飛来する割合が高いことがわかった。

両渓流水群中のSO_4^{2-}濃度が異なる要因として，両試験地の湿性沈着物のSO_4^{2-}濃度差によると考えて，その特徴を検討した。図-9.4.3のように，全観測期間における両試験地の湿性沈着物のnss-SO_4^{2-}とNO_3^-イオンの当量濃度比（NO_3^-/nss-SO_4^{2-}）を検討すると，1990年代前半では1近辺で推移したが，2000年には両試験地でそれぞれ濃度比が2.65と2.02に上昇した。その後，イオン濃度当量比は1近辺まで再び低下するが，2005年以降2008年まで増加傾向にあった。このような

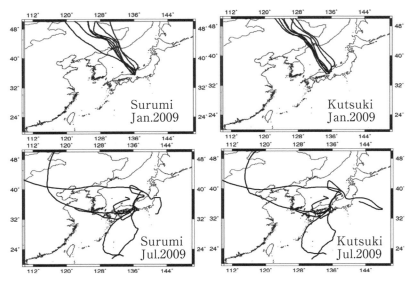

図-9.4.2　後方流跡線解析結果

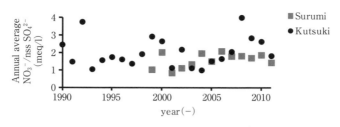

図-9.4.3　経年変動

傾向は，藤田の結果と同様であった[12]。すなわち，日本海側に位置する朽木試験地のNO$_3^-$/nss-SO$_4^{2-}$濃度当量比は中国大陸におけるSO$_2$排出量の変化と関係していることを意味する。中国大陸におけるSO$_2$排出量が，2000年代後半には脱硫装置などの導入に伴って頭打ちとなった[13),14)]。また，中国大陸における自動車保有台数の2000年以降の増大に伴って，NO$_3^-$排出量増加の影響が現れた[15]。

次に，朽木と摺墨両試験地への湿性沈着物のSO$_4^{2-}$の起源が，試験地間で差があるかどうかを，図-9.4.4のように，δ^{34}Sから検討した。朽木と摺墨における冬季の湿性沈着物のnss-δ^{34}Sは，それぞれ+5.11，+5.44‰，+5.69および+6.08‰と，およそ1の変動範囲内に分布して，試験地間に有意な差がなかった。日本国内における石油燃焼由来のδ^{34}S値は平均で－3.3‰や－0.64‰程度と報告されており[18),19)]，両試験地の降水中の硫黄化合物は日本国内の石油燃焼由来とは考え難い。

そこで，石炭燃焼由来のδ^{34}Sについて検討を行った。敦賀および舞鶴火力発電所の石炭輸入先を見ると，敦賀火力発電所は，オーストラリア，インドネシアおよび中国[11]である。また，舞鶴発電所を所管する関西電力の石炭調達先は2012年度がオーストラリア，アメリカおよびインドネシア産[16]である。両火力発電所で使用される石炭輸入国の割合は明らかでない。しかし，日本国内で使用される石炭の71％を占め，敦賀・舞鶴火力発電所でも調達されているのはオーストラリア産石炭で，そのδ^{34}S値は+0.2～+3.0‰である[17]。一方，中国北部で使用されている石炭中のδ^{34}S値は+5～+18‰程度の範囲であることから[18]，朽木と摺墨両試験地の湿性沈着物のnss-δ^{34}Sは，敦賀や舞鶴火力発電所からの影響よりも中国北部で使用されている石炭燃焼由来による硫黄化合物の影響を受けていることが明らかになった。

湿性沈着物中のSO$_4^{2-}$濃度のうちnss-SO$_4^{2-}$濃度が90％以上を占めていた。nss-SO$_4^{2-}$成分の起源の1つである火山が近傍にはないが，朽木の西北西には舞鶴火力発電所が，摺墨の北西には敦賀

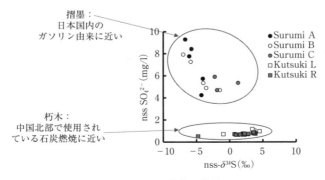

図-9.4.4　同位体の結果

火力発電所が存在する。そのため，両試験地の冬季に増加した nss-SO_4^{2-} は，両火力発電所と中国大陸起源の化石燃料燃焼由来の可能性がある。中国大陸由来の気塊の根拠として，後方流跡線解析を利用して，中国大陸からの気塊が両試験地に到達した割合を検討すると，冬季に大陸から気塊が到達する割合が増加した。すなわち，冬季の湿性沈着物の nss-SO_4^{2-} 濃度が上昇したのは中国大陸で大量に使用された化石燃料燃焼によって排出された SO_2 が1つの要因であると推察できる。

このように，湿性沈着物の SO_4^{2-}，nss-SO_4^{2-}，Na^+ および Cl^- 濃度の冬季における上昇，後方流跡線解析，NO_3^-/nss-SO_4^{2-} 比の検討結果，および，$\delta^{34}S$ による検討結果から，朽木と摺墨両試験地における湿性沈着物の nss-SO_4^{2-} は中国大陸の大気汚染物質の長距離輸送の影響による nss-SO_4^{2-} が主成分であることが明らかになった。

摺墨渓流水群の SO_4^{2-} 濃度は，朽木渓流水群と比較して高濃度であり，統計的にも有意な差であることが明らかになった。一方，湿性沈着物では朽木・摺墨両試験地の SO_4^{2-} 濃度間では統計的に有意な差が見られず，両試験地には中国大陸からの大気汚染物質の長距離輸送の影響を受けていることが明らかになった。したがって，摺墨渓流水群の高濃度 SO_4^{2-} の要因は，両試験地への湿性沈着物に含まれる SO_4^{2-} 濃度が原因とは考えられない。それでは，一体なぜ朽木と摺墨両渓流水群の SO_4^{2-} 濃度に違いが見られたのであろうか？ 朽木と摺墨両湿性沈着物群の nss-SO_4^{2-} と nss-$\delta^{34}S$ の関係を，図-9.4.4 に示した。朽木渓流水群の nss-$\delta^{34}S$ は −4.77〜＋4.57（平均 2.14）‰，摺墨渓流水群の nss-$\delta^{34}S$ は −6.99〜＋1.28（平均 −3.97）‰ の範囲となり，両者は異なっていた。それらの平均値の差の検定を行うと，統計的に有意な差が見られた（t 検定，$p < 0.01$）。nss-$\delta^{34}S$ の検討結果から，朽木渓流水群では，湿性沈着物の SO_4^{2-} がそのまま渓流水に流出している可能性が高いが，摺墨渓流水群ではそうではない。したがって，別の SO_4^{2-} 排出源がないと，nss-$\delta^{34}S$ の値が矛盾したものになる。別の排出源として，地質由来の SO_4^{2-} も考えられるが，両試験地での母岩構成からの違いは考えられない。残る可能性として，乾性沈着物の寄与が考えられる。朽木渓流水群の nss-$\delta^{34}S$ は，中国北部で使用されている石炭中の $\delta^{34}S$ の値（＋5〜＋18‰）にほぼ近い[18]。

一方，摺墨渓流水群の nss-$\delta^{34}S$ の値は朽木のそれと比較して小さく，日本国内における石油由来 $\delta^{34}S$ の影響（−3 および −0.54‰）も受けていることが示された。一般に，渓流水中の $\delta^{34}S$ は，硫酸還元細菌による異化的硫酸還元がない限りは比較的保存性の良い指標とされているため[19]，湿性沈着物と渓流水中 SO_4^{2-} の $\delta^{34}S$ 値が異なるとは考え難い。しかし，湿性沈着物の SO_4^{2-} が渓流水群に到達する間には樹冠と土壌が存在する。この朽木と摺墨両試験地の湿性沈着物はオープンスペースでバルク（林外雨）採取をしているが，朽木と摺墨両試験地は森林流域であって，渓流水群には湿性沈着物が樹冠を通過した林内雨が供給されている。したがって，両試験地間の SO_4^{2-} 濃度の差は両試験地における乾性沈着量の多寡が影響していると推測された。

そこで，表-9.3.1 から，両試験地の植生を見ると，朽木 L 流域では 1997 年 3 月に皆伐が行われたため，樹齢が 15 年以内で樹冠が貧弱なスギの植林であるのに対して，朽木 R 流域は落葉広葉樹で冬場には落葉する。したがって，朽木試験地では，冬季に樹冠にトラップされる乾性沈着量は少ないと考えられる。一方，摺墨試験地は樹齢 30〜40 年程度の針葉樹で覆われ，樹冠が発達している。さらに，摺墨試験地には，近傍からの人為的な影響として北陸自動車道が通っており，自動車から排出される排ガスが乾性沈着として樹冠に捕捉され，摺墨試験地の渓流水質に影響している可能性が大きい。すなわち，乾性沈着として捕捉された SO_4^{2-} が，降水によって林内雨として摺墨試験地

に負荷されて，大気からのSO_4^{2-}入力量は朽木に比べて摺墨の方が大きくなったと考えられる。

9.5 琵琶湖比良山地

断層湖としての琵琶湖（湖表面積 674 km²）を取り巻く琵琶湖集水域面積は 3 848 km² で，滋賀県の全県面積（4 017 km²）に近い大きさである。その集水域面積は，甲府盆地の流域内総面積の約 1.6 倍とさらに大きくなる。また，図 -9.5.1 に示すように，東西方向 63 km に対して南北方向に 94 km と細長く，縦長の矩形で北西の隅角部の欠けた盆地形状をしている。中央部に位置する琵琶湖が逆「く」の字状であるため，四周から琵琶湖に流入した河川水は南西隅の瀬田川から瀬戸内海の大阪湾の東北端に流入する。

西側は南方に比叡山（標高 848 m）から中央部の武奈ヶ岳（同 1 214 m）を経て北方の三国岳（同 959 m）の比良山地が連なり，北側は南西寄りの百里ヶ岳（同 931 m）から野坂山（同 914 m）を含めて北東寄りの行市岳（同 880 m）の野坂山地が連なる。東側は北方の上谷山（標高 1 197 m）や三周ヶ岳（同 1 292 m）から金糞山（同 1 314 m）を経て南方の伊吹山（同 1 377 m）の伊吹山地が，南側には南西寄りの鷲峰山（同 685 m）等の笠置山地から笹ヶ岳（同 738 m）等の湖南アルプス，南東寄りには那須ヶ原山（同 800 m）から雨乞岳（同 1 238 m）・御在所岳（同 1 210 m）を経て霊前岳（同 1 084 m）まで続く鈴鹿山地が存在する。

上記のように，琵琶湖集水域の流域界の山稜は標高でおよそ 1 300 m 以下と，甲府盆地のそれと

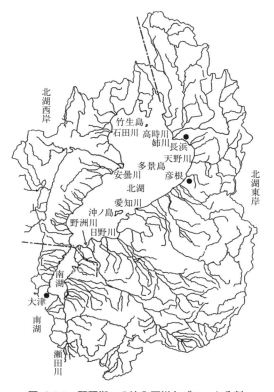

図 -9.5.1　琵琶湖への流入河川とブロック分割

比べると，ほぼ1 000 m 近く低くなる。しかも，県境の山稜の低めの鞍部を乗り越えて，北側では若狭湾からの北西風，南東側では伊勢湾からの南東風，南西側では大阪湾からの南西風が湖内へと吹き込むので，広い流域内ではそれらの影響の違いが顕著に現れる。

彦根地方気象台のほか 10 の AMeDAS 地域気象観測所が，琵琶湖を取り巻く湖岸付近に存在する。これら 11 地点での平年値を比較して検討すると，湖北部で積雪の多さを反映して年降水量が多く，湖東部や湖西部が次いで多く，湖南部で少ない。この傾向は平均気温や日照時間でも同様である。また，最多風向は彦根だけでの観測であるが，平年値で 12 月の南南東を除いて他月はすべて北西である[20]。日本海から近いこと，北側の障壁となる野坂山地の標高が 900 m 以下と低いこともあって，偏西風の影響が強い。他流域との比較のために，琵琶湖の東西南北の四隅に近い AMeDAS 地域気象観測所の年降水量，平均気温および日照時間の平年値を，**表-9.5.1** にまとめて示しておく。

琵琶湖流域の山地の基盤岩層は，中・古生代に形成された丹波帯に属する堆積岩で構成され，代表的な岩相は砂岩・泥岩・頁岩・チャートである。伊吹山地や鈴鹿山地の西側には石灰岩も含まれる。西側の比良山地，北側の野坂山地，東側の伊吹山地，南側の湖南アルプスの中央部や鈴鹿山脈の南側には堆積岩層を突き破る形で生成した花崗岩が分布している[7),21)]。

琵琶湖流域内には国設の酸性雨測定所はないが，滋賀県による琵琶湖南湖西岸の大津柳が崎に観測地点が存在する。大津柳が崎では 1 513 mm と年降水量は多くはない。平均濃度で pH が 4.66 で，H^+ が 21.8 μmol/l，nss-SO_4^{2-} が 13.4 μmol/l，NO_3^- が 20.8 μmol/l，NH_4^+ が 19.0 μmol/l と[22)]，日本列島の平均に近い値となっている。

琵琶湖流域内の人口分布は，北半分で少なく南半分に集中して多く，人為的汚濁源からの負荷排出は南側に集中する。ただ，農地排水による負荷は，農耕地の偏在によって平坦地が広がる湖東部の近江平野のウエイトが高い。とくに，人口や自動車交通量が湖南部に集中することによる大気汚染や，南西部での大阪方面からや南東部での中京圏からの大気汚染物質の流入による影響も考慮すると，偏西風の影響下のみが反映されるような単純なフィールドとは言い難い。ちなみに，琵琶湖の水質では南湖を主とする富栄養化や有機汚濁が問題視されてきた。

それゆえ，琵琶湖流域では，渓流のみを対象とするのではなく，琵琶湖への流入負荷として，河川下流端でとらえた水質調査結果で検討を行った。ただ，湖東側の伊吹山地の西側渓流については，脊梁山脈の影響を見る調査を実施しており，伊吹山地西麓の北側から南側の水質分布の特徴は，7.3 節に，見ることができる。

日本一の湖表面積の琵琶湖への流入河川数は，流域面積が 3.0 km² 以上の河川だけでも 67 流にもなる。流水断面の計測と流速測定による流量測定を実施しての全河川調査は，1 班のみでの実施ではとても 1 日では終了できない。これら 67 河川を対象に，5 班に分けて晴天時の 1 日同日調査

表-9.5.1　琵琶湖流域の気象観測所の平年値

地　点	今津	柳ヶ瀬	東近江	大津
方　位	北西	北東	南東	南西
降水量（mm/年）	1 820	2 691	1 407	1 506
平均気温（℃）	13.7	−	14.0	13.9
日照時間（時間）	1 601	−	1 754	1 631
最多風向	−	−	−	北西

として，1997 年の 1 年間に 3 回（5 月 30 日，7 月 26 日および 11 月 8 日）実施した。調査対象の水質項目は，COD, TOC, T-N, T-P 等と無機イオンであった[23]。

調査した全 67 の流入河川について，Cl^- 濃度と Na^+/Cl^- モル比の関係の分布図を 5 月と 11 月の 2 回を例として，図-9.5.2 に示す[24]。

両図において，Cl^- 濃度が 10 mg/l や Na^+/Cl^- モル比で 2.5 を超える河川は，河川下流端近くでの調査のため，流域規模の大きい河川では人為的汚染の影響が比較的大きいと考えられる。しかし，それぞれの河川の地理的位置を考慮して，流入河川を地域ごとに 5 班に分けた 5 ブロック（西岸北部，西岸南部，東岸北部，東岸南部および南岸）の平均値から見ると，東西両側の北部と南岸で Cl^- 濃度が高く，Na^+/Cl^- モル比では東西両岸の北側で低い。また，東西両岸の北部の日本海からの近さと，湿性沈着物の負荷量の多さから，東西両岸部の北部では海塩影響が強く反映されていると考えられる。ただ，生活雑排水には食塩成分が，北部の道路で冬季に散布される融雪剤としての工業塩や塩化カルシウムの流出も考えられる。しかし，5 月末や 11 月上旬の調査時期に，融雪剤の影響はほとんどない。滋賀県の下水道や合併浄化槽の普及程度や，県民の富栄養化対策の積極的な取り組みを考慮すれば，生活雑排水の影響も小さい。

琵琶湖流域の湖西部の比良山地は，中央部の最高峰の武奈ヶ岳（標高 1 214 m）を除くと標高がすべて 1 200 m 以下と低いながら，丹波高地東部に位置する脊梁山地でもある。この比良山地南端の比叡山（標高 848 m）の北側東麓に位置してその最上流部でほぼ隣接する 3 つ，あるいは，2 つの山地河川で同一降雨の降雨時流出調査を実施した。図-9.5.3 に示すように，最も南側の大宮川から，北へ真野川，次いで和邇川の 3 山地河川である。現在では，3 河川流域とも大津市に属する。

大宮川（6.3 km²）は，比叡山延暦寺の北奥の横川中堂を最上流として，横高山（標高 761 m）の西側から三石山（同 676 m）の西側を南流した後，東向きに流れを変えて八王子山（同 881 m）と日吉大社の南脇を東流して下阪本で琵琶湖南湖に流入する。調査地点の上流側流域はほとんどが急傾斜の山地で，ごく短い流下区間の下流部が住宅地である。

真野川（16.6 km²）は，梶山（太尾山；標高 681 m）の北西側を上流域として，東南東に流下して琵琶湖大橋の直ぐ北側で琵琶湖に流入する。京都市左京区大原の北東端の途中越から，琵琶湖大橋に繋がる国道 477 号が，上流部から下流部の川沿いに存在する。流域内の上流部は山地で，中流・下流部の川沿いには水田が存在し，下流部には住宅地が存在する。調査を実施したのが 1978 年であったため，現在のように下流部の宅地化はまだ始まっていなかった。真野川の北側は和邇川で，

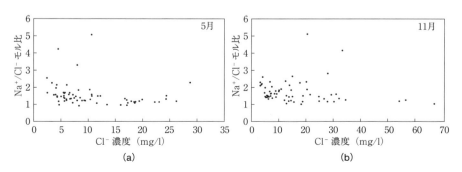

図-9.5.2　琵琶湖流入河川の下流端での Cl^- 濃度と Na^+/Cl^- モル比の分布

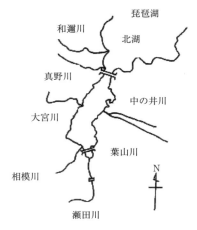

図-9.5.3 調査河川

南側は天神川を挟んで大宮川の流域となる。

和邇川（17.0 km²）の最上流は，京都市左京区の大原街道と福井県小浜市に繋がる大津市の朽木街道（国道367号）で，途中越（朽木方面，和邇・堅田の湖岸方面および大原方面の三叉路）から北上する花折峠の南側になる。北東端の権現山（標高996 m）やその南の霊仙山（同751 m）の西側を南下した後，東流して和邇浜で琵琶湖に流入する。

この3河川の同一降雨の降雨時流出調査で，NO_3^--N の早い中間流出による高濃度流出現象を初めて発見して，筑波山麓の3つ山地河川で同様の同一降雨の降雨時流出調査を実施して，その現象を確認している。これらの調査を物質量としての水質負荷量と，流量の水文因子との関係を解析するために，増水中の河川内に立ち入り，増水時には橋上から鋼管製支柱を継ぎ足して流速計を下ろして，流量測定を実施している。

図-9.5.4と図-9.5.5に NO_3^--N の濃度変化と，流量と NO_3^--N 負荷量変化の関係を示す。これは，タンクモデルを用いて流出成分を分けた解析を行えば，その NO_3^--N 高濃度の流出が，土壌層の表層部を浸透流出する早い中間流出成分によることが確認できる[26]。ちなみに，これら3山地河

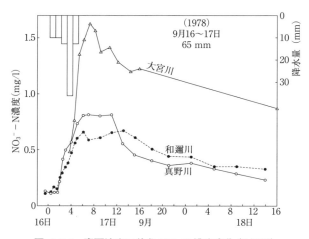

図-9.5.4 豪雨流出に伴う NO_3-N 濃度変化（3河川）

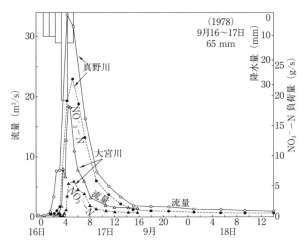

図-9.5.5 豪雨流出に伴う NO$_3$-N 濃度変化（2 河川）

川とも降雨時流出前の晴天時流出状態では，0.2 mg/l と低濃度であるが，流量ピークの直ぐ後には 0.6〜1.6 mg/l の濃度ピークを呈した。

この NO$_3^-$-N のピーク濃度は，当該降雨の前の先行晴天日数や先行降雨の規模の大きさに左右される。土壌層表層部での先行降雨による溶出の影響と，その後の先行晴天期間での湿性沈着物による負荷や有機態窒素の無機化などによる供給量に支配される。なお，通常，降水中の半分近くを占める NH$_4^+$-N は沈着直後に植生や土壌表面で NO$_3^-$-N に短時間で酸化される。この NO$_3^-$-N の濃度は，近畿地方の渓流の多くで晴天時流出では 0.3 mg/l 前後と低く，関東平野北東端の筑波山の渓流では，低くて 0.7 mg/l で高いものでは 1.3 mg/l である[27)〜29)]。

この関東平野周縁部の北麓渓流での NO$_3^-$-N 濃度が高いのは，つくば市の国立環境研究所 3 階屋上で 11 年間観測を続けて，湿性沈着物負荷量が NO$_3^-$-N や NH$_4^+$-N と NO$_2^-$-N を併せた無機態窒素濃度が 0.7〜0.8 mg/l と高かったこととも符合する。筑波学園都市内では多くの研究機関での湿性沈着物負荷量の観測が行われていて，京浜・京葉工業地帯の人為的汚染の影響を受けて，1990 年前後では年間平均の全窒素濃度が 1.2 mg/l 前後と報告されている[30)]。

◎文　献

1) 加藤禎一，牧本博（1990）：関東地方，日本地質図大系 4，p.118，朝倉書店，東京
2) 山田直利，加藤禎一（1991）：中部地方，日本地質図大系 5，p.136，朝倉書店，東京
3) 気象庁（2014）：気象統計情報，AMeDAS 観測記録，http：//www.data.jma.go.jp/
4) 佐々木裕也，辻敬太郎，清水源治（2010）：近年の山梨県における酸性降下物の降下量について，山梨県衛生公害研究所年報，53，pp.75-76
5) 遠間和広（2010）：温泉ソムリエの癒し温泉ガイド，泉質・効能別全国温泉地リンク集，http：//www.akakura.gr.jp/
6) 中澤暦，堀江清悟，永淵修，尾坂兼一，西村拓朗（2015）：琵琶湖北部の森林流域から流出する硫酸イオンの動態と起源解析，陸水学雑誌，76，pp.11-23
7) 國松孝男（2000）：地質，琵琶湖－その環境と水質形成－（宗宮功編著），p.258，技報堂出版，東京，pp.20-21
8) 国土交通省（2010a）：豪雪地帯の地域指定図－道府県別の地域指定図（滋賀県）
9) 国土交通省（2010b）：平成 22 年度道路交通センサス全国道路・街路交通情勢調査
10) 関西電力（2010）：関西電力の発電設備 関西電力有価証券報告書 2010 年度版
11) 北陸電力ホームページ（2013）：火力発電所
12) 藤田慎一（2013）：日本列島における陸水の NO$_3^-$/nssSO$_4^{2-}$ 濃度比の経年変化，大気環境学会誌，48(1)，pp.12-19

13) Lu and Steet (2011): Sulfur dioxide and primary carbonaceous aerosol emissions in China and India, 1996-2010, Atmospheric Cemistry and Physics, 11: pp.9839-9864
14) EANET (2011): The second periodic report on the state of acid deposition in East Asia Part 1:Regional assessment
15) 日刊自動車新聞社，日本自動車会議所編集（2010）：自動車年鑑 2010-2011 年版，大日本印刷，東京
16) 関西電力ホームページ（2013）：火力発電 火力発電の燃料
17) 丸山隆雄，大泉毅，種岡裕，南直樹，福崎紀夫，向井人史，村野健太郎，日下部実（2000）：中国および日本で使用されている石炭と石油の硫黄同位体比，日本化学会誌，1：pp.45-51
18) 本山玲美，柳澤文孝，赤田尚史，鈴木祐一郎，金井豊，小島武，川端明子，上田 晃（2002）：東アジアで使用されている石炭に含まれる硫黄の同位体比，雪氷，64(1)，pp.49-58
19) 土井 崇史，永淵 修，横田 久里子，吉村 和久，阿久根 卓，山中 寿朗，宮部 俊輔（2011）：硫酸イオンの現場捕集濃縮法を用いた屋久島の渓流河川における硫黄同位体比の測定，陸水学雑誌 72，pp.135-144.
20) 海老瀬潜一（2000）：降水量，琵琶湖－その環境と水質形成－（宗宮功編著），p.258，技報堂出版，東京，pp.83-90
21) 山田直利，滝沢文教（1996）：近畿地方，日本地質図大系 2，p.126，朝倉書店，東京
22) 全国環境研協議会酸性雨広域大気汚染調査研究部会（2014）：第 5 次酸性雨全国調査報告書（平成 24 年度），季刊全国環境研会誌，39，pp.100-145
23) 海老瀬潜一（2000）：流入河川，琵琶湖－その環境と水質形成－（宗宮功編著），p.258，技報堂出版，東京，pp.53-65
24) 海老瀬潜一（2014）：四周の山地から盆地に流下する凹地形状河川群の水質方位分布，水質流出解析（海老瀬潜一著），p.217，技報堂出版，東京，pp.156-159
25) 海老瀬潜一，宗宮功，平野良雄（1979）：タンクモデルを用いた降雨時流出負荷量解析，用水と廃水，21，pp.46-56
26) Ebise S. (1984): Separation of runoff components by NO_3^--N loading and estimation of runoff loading by each component, Hydrochemical balances of freshwater System (edited by Erik Eriksson), IAHS Publication, No.150, pp.393-405
27) 海老瀬潜一，村岡浩爾，大坪国順（1982）：降雨流出成分の水質による分離，土木学会第 26 回水理講演会論文集，26，pp.279-284
28) 海老瀬潜一，村岡浩爾，佐藤達也（1984）：降雨流出解析における水質水文学的アプローチ，土木学会第 28 回水理講演会論文集，28，pp.547-552
29) 海老瀬潜一（1985）：降雨による土壌層から河川への NO_3^- の排出，土木学会衛生工学研究論文集，21，pp.57-68
30) 海老瀬潜一（1993）：降雨流出過程におけるトレーサーとしての溶存物質，ハイドロロジー，23，pp.47-58
31) 海老瀬潜一（1991）：酸性雨と降雨時流出河川水質，京都大学防災研究所水資源研究センター研究報告，pp.33-44

索　　引

【あ行】

アイスコア　　40
アクティブサンプラー　　85, 87, 92, 103
アルカリ度　　50

硫黄安定同位体比（$\delta^{34}S$）　　66, 182
硫黄酸化物（SO_x）　　29
イオンバランス　　98, 106
異化的硫酸還元　　188
一般局　　8

雲霧帯　　7

エアロゾル　　11, 23
越境汚染　　13
越境大気汚染　　11, 24

凹状盆地　　179

【か行】

海塩　　48
海塩由来　　16
海成段丘　　2
海洋起源　　32
化学風化　　50, 54, 55, 57, 58, 62
火口湖　　145
ガス状水銀　　85
カルデラ湖　　122
過冷却水滴　　14
間隙水　　79
緩衝能力　　50
乾性沈着物　　iii

起源解析　　16
汽水域　　7
キャニスター法　　100

凹地形状　　179
グランプロット　　51

グランプロット法（N_2）　　52
グラン法　　52
クリティカルレベル　　33, 34

元素態ガス状水銀　　23, 92

光化学オキシダント　　29
高山島　　2
豪雪地帯　　183
高層気象観測　　113
高層湿原　　7
高層大気　　113
降灰　　42
後方流跡線解析　　17, 20, 29, 31, 32, 33, 34, 38, 68, 87, 92, 94, 96, 104, 106, 185, 186, 188
国設酸性雨測定所　　8
固有種　　6
混合層　　113

【さ行】

山岳島　　2
酸緩衝能　　53, 54
サンゴ礁　　6
酸性沈着物量　　5
酸中和能　　49

JIS法　　52
自然遺産登録地　　13
湿性沈着物　　iii
自排局　　8
自由大気　　85, 91, 96
自由対流圏　　85, 87, 100, 101
樹幹流　　48
樹氷　　13, 14, 15, 19
蒸散能　　64
上昇気流　　113
植生の活性化　　35
食性被害　　7
針葉樹　　6
森林生態系　　182

195

水銀　　23, 24, 25
水銀沈着　　23, 24
水銀排出インベントリー　　94
擂り鉢状地形　　177

正規化植生指標　　35
成層火山　　115, 119, 120, 135, 147
世界自然遺産　　1, 89
接地境界層　　113
絶滅危惧種　　6, 78
全国環境研協議会　　9
全天写真　　80

【た行】

大気境界層　　91, 96, 100, 101, 104
卓越風　　11, 68, 71
断層湖　　179, 189
炭素系球形粒子　　16
炭素系粒子　　19
炭素・酸素安定同位体比（δ^{13}C, δ^{18}O）　　39

地域気象観測所　　4
窒素酸化物（NO$_x$）　　29
地熱地帯　　150
柱状堆積物　　40
中和滴定法　　50
中和能力　　52, 53
長距離輸送　　70
地塁山地　　165
沈水植物　　77
沈着物　　iii

天然記念物　　78

特別豪雪地域　　185
特別地域気象観測所　　4
凸状孤立高山　　179
凸地形状　　179

【な，は行】

鉛同位体比　　15, 19

2価のガス状水銀　　23

熱帯低気圧　　72
年輪コア　　40, 41

曝露実験　　34
曝露評価　　33
バックグラウンド値　　87, 93, 95, 96
バックグランド濃度　　85
パッシブサンプラー　　87, 92
白骨樹　　6

ひと雨　　48
非メタン炭化水素（NMHC）　　11, 30

風化安定図　　54
複合火山　　128
複合成層火山　　145
付着藻類　　79, 80
フロン類　　100

ベンゼン類　　100

【ま行】

マングローブ林　　3

水サンゴ礁　　3
水ストレス　　6
水 - 二酸化炭素 - 岩石相互作用　　53
水俣病　　23

無機系球形粒子　　16
無機系粒子　　19

メチル水銀　　23

【や，ら行】

ヤクシマカワゴロモ　　77
ヤクタネゴヨウ　　32, 35, 36, 39, 41

有害性評価　　33

溶解平衡　　54, 55
溶脱　　36, 38

ラムサール条約　　3, 7

ランドサット TM データ　*35*

陸域起源　*32, 33*
リスク評価　*33*
粒子状水銀　*23, 85, 92*
粒子状物質（PM）　*11*
林外雨　*48,*
林内雨　*48, 64*

【英字】

AOT40　*33*

Distance Index　*66, 106*

Enhancement　*87*

GOM（gaseous oxidized mercury）　*23*

Hg（0）；GEM（gaseous elemental mercury）　*23*

IAS　*90, 91, 95, 96*

JIS 法　*52*

NO_3^- の酸素安定同位体比　*66*
NO_3^- の窒素安定同位体比　*66*

O_3 濃度　*29*

p-Hg（particulate mercury）　*23*
$PM_{1.0-2.5}$　*21, 22, 23*
$PM_{2.5}$　*11, 21*
$PM_{2.5-10}$　*21, 22, 23*

rain out　*25, 47*

TGM（Total gaseous mercury）　*85*

wash out　*47*

著者略歴

永 淵　修（ながぶちおさむ）

1974 年　鹿児島大学工学部応用化学科卒業
1998 年　山口大学大学院理工学研究科博士課程修了
1974 年　福岡県庁土木部入庁
1982 年　福岡県衛生公害センター主任技師
1991 年　福岡県保健環境研究所（名称変更）専門研究員
1996 年　University College London 客員研究員
2004 年　千葉科学大学危機管理学部環境安全システム学科教授
2008 年　滋賀県立大学環境科学部環境生態学科教授
2016 年　同上　退職
2016 年　福岡工業大学総合研究機構環境科学研究所客員研究員
　　　　　九州大学総合博物館専門研究員
現在に至る

著書　「琵琶湖と環境」分担執筆（サンライズ出版）
　　　「草原と鉱石」分担執筆（明石書店）
　　　「水銀に関する水俣条約と最新対策・技術」分担執筆（シーエムシー出版）
　　　「よみがえる富士山測候所」分担執筆（成山堂書店）
　　　「環境化学の事典」分担執筆（朝倉書店）
　　　「化学物質の生態リスク評価と規制－農薬編－」分担執筆（アイピーシー）
　　　「日本の水環境 7 九州・沖縄編」分担執筆（技報堂出版）
　　　「酸性雨研究と環境試料分析－環境試料の採取・前処理・分析の実際－」
　　　分担執筆（愛智出版）

海老瀬　潜一（えびせせんいち）

1967 年　京都大学工学部衛生工学科卒業
1971 年　京都大学大学院工学研究科博士課程退学
1971 年　京都大学工学部衛生工学科助手
1976 年　京都大学工学博士
1979 年　国立公害研究所水質土壌環境部水質環境計画研究室研究員
1986 年　同上　室長
1990 年　国立環境研究所水土壌圏環境部水環境工学研究室室長
1995 年　摂南大学工学部土木工学科教授
2010 年　摂南大学理工学部都市環境工学科教授
2014 年　同上　退職

著書　「河川汚濁のモデル解析」分担執筆（技法堂出版）
　　　「環境流体汚染」分担執筆（森北出版）
　　　「地球の危機的状況」（共訳）（森北出版）
　　　「水質流出解析」（技報堂出版）

高山の大気環境と渓流水質
―屋久島と高山・離島―

2016年9月5日　1版1刷発行

定価はカバーに表示してあります。

ISBN 978-4-7655-3469-7 C3051

著　者	永　淵　　　修	
	海　老　瀬　潜　一	
発行者	長　　　滋　彦	
発行所	技報堂出版株式会社	

〒101-0051　東京都千代田区神田神保町1-2-5
電話　営業　（03）（5217）0885
　　　編集　（03）（5217）0881
　　　FAX　（03）（5217）0886
振替口座　00140-4-10
URL　http://gihodobooks.jp/

日本書籍出版協会会員
自然科学書協会会員
土木・建築書協会会員
Printed in Japan

装丁　ジンキッズ
印刷・製本　愛甲社

©Osamu Nagafuchi and Senichi Ebise, 2016
落丁・乱丁はお取り替えいたします。

JCOPY ＜(社)出版者著作権管理機構　委託出版物＞

本書の無断複写は著作権法上での例外を除き禁じられています。複写される場合は，そのつど事前に，(社)出版者著作権管理機構（電話：03-3513-6969，FAX：03-513-6979，E-mail：info@jcopy.or.jp）の許諾を得てください。